U0528596

情感管理的艺术

〔韩〕姜信珠 著

李尚静 译

人民文学出版社
PEOPLE'S LITERATURE PUBLISHING HOUSE

著作权合同登记号　图字 01-2016-2721

강신주의 감정수업 by 강신주(姜信珠，Kang Shin Joo)
Copyright © 2013 by Kang Shin Joo
All rights reserved.
Original Korean edition was published by Minumsa Plublishing Co., Ltd. in 2013.
Chinese translation rights arranged with Minumsa Plublishing Co., Ltd.

图书在版编目(CIP)数据

情感管理的艺术/(韩)姜信珠著；李尚静译.—北京：人民文学出版社，2016
ISBN 978-7-02-012003-1

Ⅰ.①情… Ⅱ.①姜… ②李… Ⅲ.①情感-通俗读物 Ⅳ.①B842.6-49

中国版本图书馆 CIP 数据核字(2016)第 222021 号

责任编辑　朱卫净　潘丽萍
封面设计　汪佳诗

出版发行　人民文学出版社
社　　址　北京市朝内大街 166 号
邮政编码　100705
网　　址　http://www.rw-cn.com
印　　刷　山东临沂新华印刷物流集团
经　　销　全国新华书店等
字　　数　299 千字
开　　本　890 毫米×1240 毫米　1/32
印　　张　14
版　　次　2017 年 1 月北京第 1 版
印　　次　2017 年 1 月第 1 次印刷
书　　号　978-7-02-012003-1
定　　价　52.00 元

如有印装质量问题，请与本社图书销售中心调换。电话：010-65233595

对加布里埃尔来说，伊丽莎白是他心灵深处的太阳，为了成为加布里埃尔常常为之惊异的对象，为了超越"平凡的关系"，贤明的伊丽莎白做出了努力，只有这样，他们的爱情才能继续维系下去。

乍一看，奈尔和苏拉这两位发小是因为裘德而展开竞争的，可是她们是无话不说、不分你我的朋友，"面对同样的一个男人，两个女人想要得到同等热情的吻，或者说，一个男人是怎样分别跟两个女人接吻的，她们一定会有比较"。

© Nam Kyung Min

因为爱情也已经变成了紧随野心的影子，爱上一个人的瞬间，我们会有意无意地将爱情所带来的幸福告知周围的人，也想要得到那些人的关注。

陷入爱情的人会尽最大的努力给予对方想要的所有东西，但是不能因此就草率地认为爱情是一种献身的行为。尊重他的意见，实际上是为了留住他，只有当他留在身边，你才会感到幸福。但这是一种危险的行为。所以"我听你的"实际上是一种诱惑，想尽一切办法让他留在身边，你也为此自愿地成为他的奴隶，他还会永远得到你的尊重，这是一种致命性的诱惑。

三十多岁的老处女玛丽心态完全失去了平衡,恍惚而不知所措,可惜她毫无自知之明,听到几个唠叨的女人说应该结婚,就心神不宁起来。

爱情以非所有原理为基础。如果在寒冷的冬天里，恋人被冻得瑟瑟发抖，谁都能脱下自己的衣服，为恋人取暖。此时此刻，他们两个人至少形成了一个小小的共同体。界定共同体的范围依赖于我们究竟能为对方牺牲多少所拥有的东西。

可悲的是，怜悯绝对不会演变成爱情。当人们察觉到他人的不幸时，所表现出的情感往往是怜悯。怜悯产生的基本条件是，自己没有经历这样的不幸，而且对帮助他人摆脱不幸的这一行为感到自豪。

意识到自己轻视丈夫,却不敢与他分手,伊莎贝尔脸红了。她要明白,一旦轻视了丈夫就等于轻视了自己。为了拥有属于自己的生活,她需要跟轻视过自己的自我以及自己轻视的人做一个诀别。

"我对你根本没抱幻想。"他说,"我知道你愚蠢、轻佻、头脑空虚,然而我爱你。我知道你是个二流货色,然而我爱你。为了向你展示我并非不是无知、庸俗、闲言碎语、愚蠢至极,我像个傻瓜一样煞费苦心。"

那渴望不仅仅是性的欲望,还包括像浪漫、冒险、罪恶、疯狂、兽性等一样,被禁止的,控制不了的一切欲望。

当你爱上一个人时，你会给他过高的评价。爱情使相爱的人成为彼此人生的主人公，所有的缺点都不那么重要，爱情是主角，其他一切都是爱情的配角。过奖是证明一个人陷入爱情的有力证据。

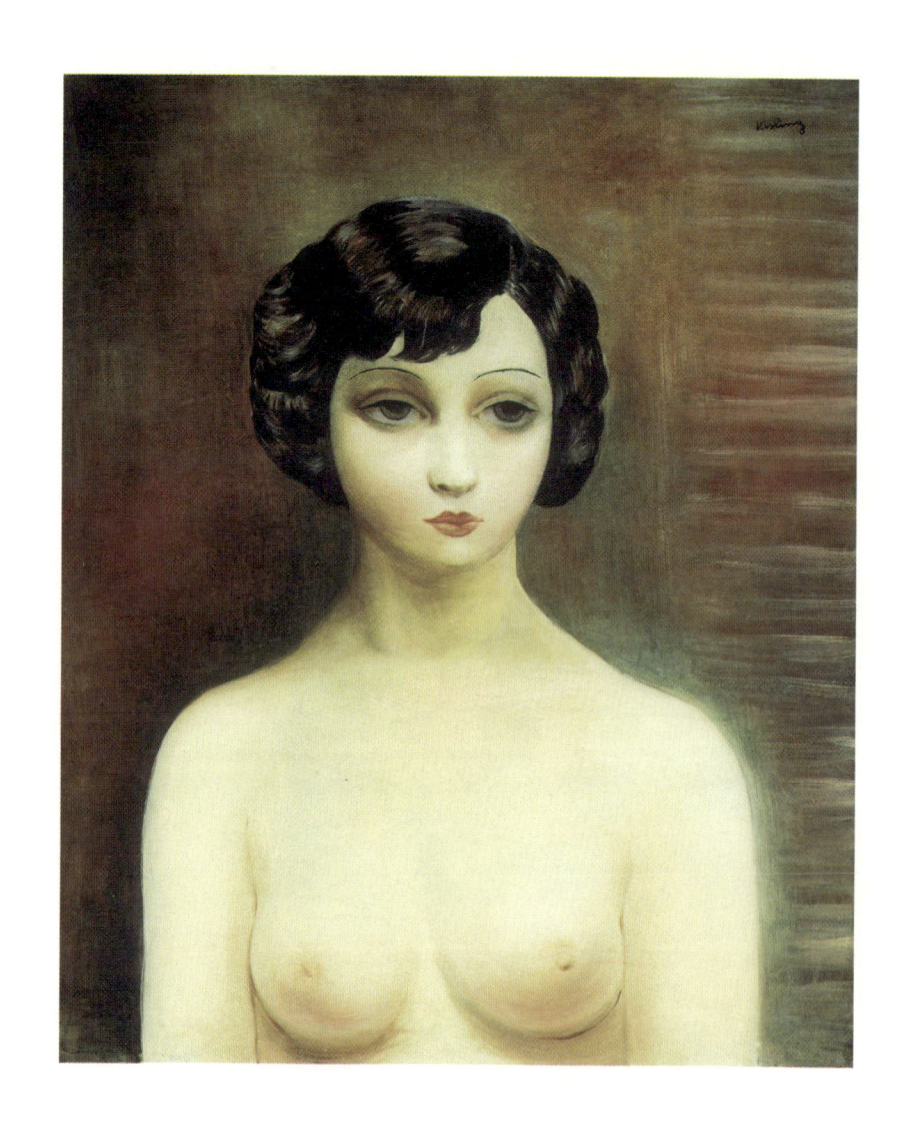

青春时代是年少气盛、桀骜不驯的时代。明明年少无知，却偏偏装出一副老成的样子，浑浑噩噩地过日子，心智还没有成熟，但身体外形却和成年人无异，这让青年人更加懵懂痴狂。青春时期留下的往往都是对性的冲动和对爱情的憧憬。

只是心怀小小的希望,现实却给了我们更美好的东西,比我们所期待的更加让人满意,此刻的情感就是欣慰,如同收到了意想不到的礼物时所产生的欣喜若狂的感觉。产生欣慰的根本条件是意想不到、从来没有期待过。对大部分采取被动态度或者很容易受到别人影响的人来说,欣慰只是一种自然而然产生的情感,其意义并不大。

在追求荣誉时，有时候会受到他人的轻视和藐视。权力或者金钱之所以作为奖赏的标准来诱惑我们，是因为我们拥有追求荣誉和远离耻辱的欲望。

感谢之情中分明包含着一种被称为爱的热烈情感,但可笑的是,表达感谢的目的往往是让自己对对方的爱情冷却。有时候,为了冷却爱情,我们才会仓促地、艰难地向对方说出感谢的话。

拉斯柯尔尼科夫的侮辱感其实并不是因当铺的老女人而产生的。他感到羞耻的真正原因是他自己都没意识到的资本主义本性将珍贵记忆赋予了主观性的价值,并换算成金钱,却被贪婪无比的老女人彻底否定。

嫉妒就是被一种想要成为主人公的情感所笼罩,因为成为主人公本可以是自己。

如果鸟真的成长了的话,他成长过程中关键的一点就是他洞察到"现实的生活其实是被要求以传统形式而活着"。

主人高度评价这封书信的惟一理由,如同道家之尊敬《道德经》、儒家之尊敬《易经》、禅门之尊敬《临济录》,只因大多一窍不通。

肉欲是具有个体性意义的宝贵情感。人类与动物不同，人类的性欲不应该具有人性吗？人性的本质是拥有奔放、自由的热情，否则性对人类来说就是一种没有任何意义的本能行为。

不幸的过去不会成为过眼烟云，而是现在和未来生活中令人窒息的沉重负担。事实上人类是一种通过过去来构想未来的动物。过去幸福的人对未来的构想是玫瑰色的，过去不幸的人对未来的构想则是灰色的。

© Kim Jung Wook

埃里卡的母亲自己对音乐一窍不通,却逼迫埃里卡去面对音乐。孩子是母亲的理想,这只是母亲对孩子的要求,而这个要求的代价不是别的,正是孩子的一生。

相信所有的不幸是自己造成的，就等于相信自己拥有绝对的、自由的选择权，这是一个很大的错觉，也没有比这更傲慢的态度了。可见，懊悔是自我意识很强的人才会产生的情感。

© Nam Kyung Min

吸引并不等于爱情,如果说吸引只是依附在过去的状态,那么爱情就是与现在的本质相关联的。有的食物可以果腹,有的食物之所以美味,是因为它合口味,可见这两者之间在本质上是完全不同的。为了不把吸引误认为爱情,应该清点生活的不幸。只有在并不感到饥饿的时候,才能去寻找合乎口味的食物。

认为害怕爱情的女人在爱情方面超脱,这是维亚尔的错觉。
将科莱特看作经验丰富又非常成熟的女人,这更是维亚尔
的错觉和误会。这难道不是她的悲剧吗?

确信是在没有疑心的情况下才能产生的情感。事实上引起疑心的因素有很多，也只有在这些因素消失得无影无踪时，才会有一种叫做确信的快乐降临在我们身上。疑惑越大，确信带来的喜悦就越强烈。但是确信难以让疑心造成的伤口愈合。

人类的希望依旧倾向于人类自身。俗人和俗人，真挚的人和真挚的人，他们的相遇不是蕴涵着不确定性，而是一种人生哲理，即只有阅历丰富，才能阅人有术。

也许与"爱"同义的是"我要知道"。但是，当我们陷入认为自己无所不知，或者没有必要知道更多东西的傲慢情感中时，我们已经不会再继续喜爱那些东西或钟爱那个人了。

彻底的喜悦并不是通过牺牲身体和心灵的任何一方来获得的。当身体和心灵都充满这种喜悦时，我们的生活就会因这种喜悦带来的快感而振奋不已，只有此刻才是我们像鲜花一样盛开的瞬间。

在财富和爱情中,哪一个能带来快乐、哪一个能带来痛苦并不是问题的核心,更重要的是认识到强迫人们在两者之间做出选择的资本主义体制才是痛苦的起源。

具有羞耻心的人会把他人的指责第一时间拒之门外。感到羞耻时,我们不但在乎别人的目光,还会对自己的言行进行反思。但是从生活陷入瘫痪状态的人身上是无法找到羞耻二字的。

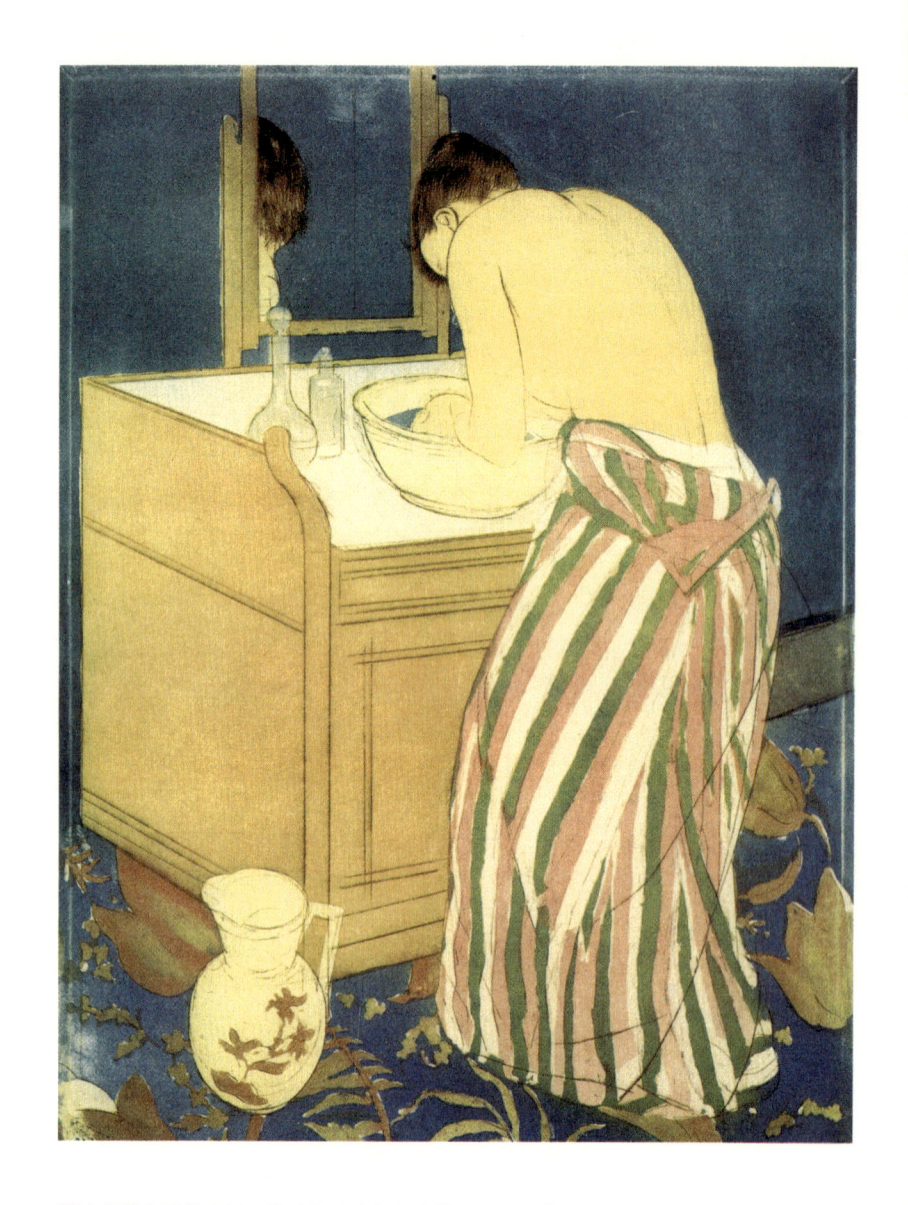

原谅背叛自己的妻子，这才是让冷如坚冰的心灵不再冷硬下去的唯一的办法。然而"不是只有努力就能够做到的"。复仇会造成一个又一个的悲惨危局，也许是要经历这些危局，才能把冰点变成熔点。

目录

前言 / 1

序 / 1

第一部 地之语 / 1

1 自卑 / 3

2 自满 / 11

3 惊异 / 19

4 好胜 / 27

5 野心 / 35

6 爱情 / 44

7 勇敢 / 52

8 贪婪 / 60

9 厌恶 / 69

10 博爱 / 78

11 怜悯 / 86

12 悔恨 / 94

第二部 水之歌 / 103

13 惊慌 / 105

14 轻蔑 / 113

15 残忍 / 121

16 欲望 / 129

17 渴望 / 137

18 轻视 / 145

19 失望 / 153

20 酗酒 / 161

21 过奖 / 169

22 嘉奖 / 177

23 欣慰 / 186

24 荣誉 / 194

第三部 春之花 / 203

25 感谢 / 205

26 谦逊 / 213

27 义愤 / 221

28 嫉妒 / 229

29 敌意 / 237

30 嘲弄 / 245

31	肉欲 / 253		40	胆怯 / 327
32	贪食 / 261		41	确信 / 335
33	恐惧 / 268		42	希望 / 343
34	同情 / 276		43	傲慢 / 350
35	恭顺 / 284		44	谨慎 / 357
36	憎恨 / 292		45	快感 / 365
			46	痛苦 / 373

第四部　风之痕 / 301　　　47　耻辱 / 381

37　懊悔 / 303　　　　　　　48　复仇 / 389

38　吸引 / 311

39　耻辱 / 319　　　　　　　后记 / 396

前 言

我们之所以喜欢照相，是因为看到了让自己激动万分、情不自禁的风景和朋友，从而想要使其永远留在记忆当中。若没有以上那些情绪的产生，我们是不会将手机或相机拿出来的。可见风景和朋友并不是我们照相的真正目的，真正的目的是留下这份激动和快乐，风景和朋友只不过是一个媒介罢了。是的，这样的照片所要表达的并不是风景和朋友如何的美好，而是为了传递我们当时的心情。当然这些心情并不仅仅是激动和快乐，有时也有惊叹、憧憬、悔恨、愤怒等情绪。

人类是一个有情感的族类，也是以情感为基础而活跃于社会的族类。所以，不管是什么样的人、什么样的东西，还是什么样的事情都能够吸引我们的眼球，引起情感上的波动。如果没有情感的话，那么我们对任何事物都会漠不关心，也不会留下记忆。换言之，世间万事万物都是过眼烟云，我们对此也不会产生任何情感上的波动。幼年时期的幸福和不幸为什么总会在潜意识中浮现在我们的脑海呢？因为，幼年时期的记忆就像畅游在湖中的鳟鱼一样，也会在我们情感的海洋中畅游，快乐、痛苦、渴望、失望等各种各样的情感使我们的情感世界更加绚丽多彩，也让我们的情感记忆更加深刻难忘。在人生的每一段路上，我们所见过的晚霞、白云，陪伴过我们的朋友、老师和家人，都会在我们的心里留下一个位置，就像每一张已经褪色的照片一样。

可长大成人之后，我们学会了压抑甚至埋没情感，因为社会生活和职场生活让我们懂得了一个道理：如果对每件事情都心存亦喜亦悲的情感，我们就会感到很疲惫；或者如果太诚恳地表达自己的情感，我们就会失去很多利益。情感是记忆大门的敲门砖，成人之后，我们的情感变得如一潭死水一样，无风无浪，没有任何起伏。也许正因为如此，当我们长大成人以后，在我们的记忆海洋中，再也找不到相关的记忆了。更加悲惨的是，当我们变老年后，甚至连当天所做的一切都不记得了。人生只有一次，为了我们的人生，我们要找回一直被压抑得变形的感情，活出风采，活出自我。

情感是非常珍贵的东西，没有情感生活，人生就没有喜悦，没有激情，更没有记忆，所以我们要感受自己的情感。只有这样，我们才会拥有五彩缤纷、光彩耀目的记忆，我们的人生才会充满欢声笑语。好了，亲爱的朋友们，言归正传，现在让我们开始吧。这本书会让我们找回与记忆有关的形形色色的人间众相，在读这本书时，你并不是独自一人，有许多作家和他们的作品在陪伴着你，同时还有情感专家斯宾诺莎和作为作者的我陪伴各位坐在这趟寻找情感的列车上。为了让我们宝贵的人生绽放出更加绚丽的光彩，请认认真真地阅读这本书吧！

2013年11月深夜
于光华门工作室

序

"理性"是我们篡改感官证据的根源。

只要感官显示生成，流逝，变化，它们就没有说谎。

——弗里德里希·威廉·尼采

一

在当兵的日子里，没有比休假更让人兴奋憧憬的了，特别是第一次休假，简直有一种如上天堂般的幸福感，这种感觉可能会终生难忘。相反，每次假期结束以后要归队时，总会感到惆怅，好像有一种跳下万丈悬崖的决心。第一次休假时，父母和朋友一见到我总是问个不停："听说军队管理很严哟！"而我本身也是一副呆板无趣的军人模样。此外，我的生活也像在军队一样按部就班，例如，每天按时起床。面对这样的自己竟被问起这样的问题，自然就有一种哭笑不得的感觉。在休假期间，有时候跟朋友一起喝酒聊天，有时候一个人去看电影或去书店看书，我想尽可能地尝试完全不同于军队的生活。现在回想起来，其原因可能是军队的紧张生活让我的情感有所收敛，而休假时所做的一切事情只不过是情感的宣泄罢了。

韩国军队的生活让我变得像机器人——一台没有感情的机器。在军队，一条铁的纪律就是必须服从上级的命令，就像韩国军队里流传很久的一句话："服从上级命令就如同服从上帝。"这就是军队的生活，没有自我，只有命令。人类所拥有的情感在军队里可以说是一种奢侈品，或者是一种妨碍军队生活的障碍物。在韩国军队里，有时候上级下达的命令让人觉得不仅不公平，还很荒诞。这些命令和上级的无理行为将我的自尊心摔得粉碎，为了忍耐，我不能以我的情感和过去的经历来判断，甚至要保留我所有的思想。上级们不但践踏队友之间的感情，还嘲笑队友："小兵根本就不是人。"这种生活已经过去了二十年，可那种舔马桶盖似的羞辱感至今还挥之不去，深深地烙印在我们的脑海里。当时那些侮辱我人格的事情之所以能够忍下来，是因为我将愤怒和侮辱这样的情感强制性地压抑下去了。

是的，在那时的情况下，我只有将这种本能的情感吞咽下去。当人不能彻底地向外界传递自己的情感时，他只好压抑所有的情感。难道只有军队是这样吗？在职场的上司面前，学校的老师和教授面前，在公公婆婆面前，在警察和监察面前，在黑社会暴力面前，或者在政治权利面前，在社会理念面前，我们不可能将自己的情感完全表露出来，而是尽可能地加以掩饰。但这很难办到。这些情感包括愤怒、快乐、冷漠、绝望、憎恨、同情，甚至爱情，当我们心中充满其中任何一种情感时，本能告诉我们，我们有可能面临不利于自己的情况，也就是说，我们可能会做出一些让自己受到伤害的事情。

压抑情感或者扼杀情感的行为都是不幸的。明明活着，却如尸体一般没有情感，怎么可能幸福呢？因此必须让我们的情感复活，这也是人生的本能和义务，所以我们才会去电影院看电影、去林荫附近的探戈舞厅跳舞、欣赏舒伯特的《阿佩乔尼奏鸣曲》，或去书店买小说和诗集来阅读，以此来舒缓自己的情感。如果我们所压抑的情感不能复活，我们的人生将了无意义，只是为了活着而活着。如果什么事情也不想做，那就放下一切去旅行吧！去一个没有人认识我们的陌生地方，这样也不用压抑自己的情感了。在那个陌生的地方，不会出现公司的领导，不会出现严厉的公婆，更不用去遵循使人窒息的社会理念。在那个陌生的地方，遇见新的朋友，欣赏新的风景，让自己所有的情感如同燃烧的篝火一样完全地释放出来。

与上一代人相比，我们这一代人的生活更加忙碌和紧张，这也说明幸福离我们越来越远。生活条件越恶劣，情感越容易被压抑。但幸福的生活取决于我们是否能够自然和自在地表露情感。"樱花的凋零，让人心生惆怅；银河的闪烁，让人心生喜悦；朋友的幸福，让人心生愉快；聆听马勒《第五交响曲》第四乐章，让人心生悲哀；与漂亮的人相遇，让人心生爱意；公婆的骄横行为，让人心生愤怒；他人的恶评，让人心生羞辱；蹦极台的跳跃，让人心生不安。"只有将这些情感完全表露出来，我们才能活出真正的自我。在这些情感中，有我们想要的情感，也有我们不想要的情感，但不管是怎样的情感，都是从我们内心迸发出来的，使我们拥有与众不同的固有色彩。这也是我们真正地活在世上的证明。因此，痛苦、博爱、嫉妒等情感对我们很重要。今日的不快让我们更期待明日，对未来也更充满希望，相信未来会幸福，也许是让我们努力生活的一种力量。

二

纳博科夫写的《洛丽塔》，相信大家都看过吧。这部小说讲的是一个中年男子爱上了十几岁的少女洛丽塔的故事。这个故事既凄婉如泣又动人心弦，但是它曾经因违背社会理念而备受抨击。中年男子爱上跟自己女儿一样年纪的少女，这件事本身就是一种乱伦的行为，所以这部小说一直以来都让读者产生一种不快的情感。"洛丽塔综合征"这个词也应运而生，指对小女孩产生性幻想的一种精神疾病。小说的男主人公亨伯特的告白"洛丽塔，我生命之光，我欲念之火，我的罪恶"也是小说的开场白，可谓动人心魄，引人入胜。亨伯特的爱情自然会引起那些曾经对爱情有过刻骨铭心记忆之人的共鸣。

亨伯特对洛丽塔的爱情是一种受万人诅咒的爱情，对于这种疯狂的爱情，亨伯特的心情是怎样的呢？最初，亨伯特非常理性地控制自己的感情，因为他深深地了解那会给洛丽塔和自己带来怎样的影响。但是感情有如弹簧一样，越压抑爆发得越猛烈，在某一个瞬间，情感如同革命，使凌驾于心头上的理性屈服。也就是说，与理性相比，情感位于上风，这难道不是所谓的悲剧吗？不，这并不是悲剧，当然主人公的爱情与社会理念格格不入，但主人公还是决心保护自己的情感，因为主人公并不是理念的奴隶，而是自己人生的主人。不认同自己爱情的人，就是不认同自己；相反，认同自己爱情的人，就是认同自己。最终主人公认清了这一点，即对洛丽塔的感情的本质就是自我本质的再现。

从本质上来看，人类是理性的吗？当面对情感时，人类所爆发的欲望只不过是难以得到的渴望罢了。当我们彻底地面对情感时，即便只有一次，不管是谁，都会很容易知道，人类是感性动物而不是理性动物。事实上，与人类的理性相比，人类的感性更容易释放出来，理性之所以会出现，也是为了控制感性。但是当理性和感性敌对时，总有一天，在情感的残忍报复面前，我们都会承认自己是多么的无能。在这里，我们要把康德所认为的理性与其他的理性区分开来，因为康德对所有的情感都无条件地采取敌对的态度，这并不是理性的做法。盲目地抵制情感的爆发是不理智的，斯宾诺莎的理性值得称道，而对情感，他不但认同，还理性地将其发挥出来。

在哲学家中，斯宾诺莎是唯一追求"情感伦理学"的哲学家，而其他哲学家几乎都倡导"理论伦理学"，斯宾诺莎所阐述的情感伦理学非常简单，即与他人相遇时，以事实来说明我们的情感是如何产生的，这其中包括快乐和痛苦，甚至任何一种情感。

> 我们在精神上可以感受重大的变化，有时候可以渐趋完美，有时候只是向完美迈出一小步。但这些激情（passiones）向我们阐述了快乐（laetitia）和痛苦（tristitia）是怎样的情感。
>
> ——斯宾诺莎，《伦理学》

是的，当我们遇见某个人时，有时候会有一种自己更加完美的感觉，这种感觉就是快乐。如果和这个人分开，我们会觉得人生好像缺少了什么。与给我们带来快乐的人分手，不管什么时候，总会刺痛我们的心灵。还有一种相反的情况，当与某个人相遇时，我们会产生一种自己并不完美的感觉，这种感觉就是痛苦，也就是说，与其在一起感到索然无趣，不如分别，反而会感到快乐无比。这种痛苦对于双方来说都是不幸的事实。斯宾诺莎劝告我们，当面对痛苦和快乐这两种截然不同的情感时，我们会拒绝给予我们痛苦的人，保持与给予我们快乐的人的关系。所以斯宾诺莎的"情感伦理学"也叫做"快乐伦理学"。

我们可以借助斯宾诺莎的帮助,来分析深爱洛丽塔的亨伯特的内心状态,也可以说是复杂的情感状态。亨伯特与洛丽塔在一起时感到无比的快乐;与洛丽塔分手时感到无限的痛苦。按照斯宾诺莎所言,亨伯特在爱着洛丽塔的同时,就会感到自己的人生越来越完美。普通人无法接受亨伯特对于洛丽塔的这种爱情,甚至会诅咒它,所以亨伯特站在了爱情的十字路口:是选择让自己更加完美,还是放弃这个机会呢?是选择快乐,还是冷漠的理性呢?令人欣慰的是,亨伯特的选择符合斯宾诺莎的理论,而面对所谓的社会和理性,他坦然自若、置之不理,宁可受到他人的鄙视。对亨伯特来说,洛丽塔是他人生的航灯,是他的"生命之光,生命之火"。所以对他来说,所谓"罪"的标签只是他甘愿忍受的一个小小的影子罢了。

三

不管什么样的情感都是神性的,因为情感扎根于平凡的人生,具备使其发生巨大变动的力量,更是我们个人无法选择和控制的。所以情感只能是"神性的",而不是"人性的"。在古希腊和古罗马的神话中,有掌管人类所有情感的神,其中最具有代表性的有与不安情感有关的嘲神摩墨斯,与不和情感有关的不和女神厄里斯,还有与爱情和热情有关的厄罗斯。古希腊人认为,陷入自身意志无法掌控的情感都是神的捉弄所致。因为与人类相比,这些希腊神更懂得情感。古希腊人认为情感是神性的,从情感可以主宰我们未来这一点来看,可以说完全正确。若与某个人相遇时感到快乐,我们就会梦想着与他生活在一起，并努力使之成为现实。相反，若与某个人相遇时感到痛苦，我们就会有种潜意识的欲望，希望不是我离开对方就是对方离开我。

就像浩瀚无边的海洋拥抱着无数波浪一样，我们的心里也隐藏着各种各样的情感。但是，对我们来说最困难的是确定我们究竟被何种情感所包围。最初以为是快乐的情感，后来却发现是痛苦的情感；同样的道理，表面上认为的情感和事实上感受的情感是截然不同的。比如，被称为怜悯的情感，看起来与爱情类似，好像属于快乐的范畴，事实上只不过是基于别人的不幸而产生的一种痛苦的情感，所以不能与我们怜悯的对象生活在一起。最初两个人看起来可能很快乐，可是不需要多长时间，他们就会伤害对方，陷入痛苦之中。基于怜悯而与对方在一起的人其实内心愿意看到对方的不幸，因为他人的不幸才是他生活下去的"动力"，这和"吸血鬼"没有任何差异。如果对方幸福，他就会产生自己不再被需要的感觉，这就是一种痛苦。

所以，因为怜悯而在一起的两个人怎么能幸福呢？他们之间的关系怎么可能是快乐的呢？"他是一个不幸的男人，他需要我。"怜悯由此产生，但是陷入怜悯情感的女人并不希望男人得到快乐和幸福。她真正需要的是一种感觉，一种可以照顾不幸之人的优越感，或者一种比他人更幸福的感觉。口渴的人若没有得到足够的水，为了继续求水解渴，就不会从给水的人身边离开。然而总有一天，口渴的人会完全解渴，他就会掐住给水的人的脖子，因为他已经知道自己的不幸被利用并加深了。可见怜悯是一种非常残忍的情感。不过我们还是将这种情感与最让人欣慰的爱情混同，这是一种致命的行为。怜悯会让双方完全失去自我，陷入颓废的状态，所以我们要具有识别情感的锐利目光。当我们被某种情感所困扰并因此迷失自我的时候，就需要确定这种情感属于快乐的情感还是痛苦的情感。

很久以来,我们被自己的情感所压迫,连表露这些情感都十分吝啬。所以当我们受情感困扰时,所表现出来的态度只能是不成熟和生涩,甚至对自己的情感感到惧怕。"唉,这难道是爱情吗?""我真的讨厌那个人吗?"在与情感有关的问题上,我们甚至连孩子都不如,总是弄得一塌糊涂。因为孩子是坦率真诚地表现自己情感的,而作为成年人的我们总是认为自己的情感不可信,甚至很危险。如果你听不到"你将来会变成这样"的心灵低语,那么你根本无法想象未来是幸福的。现在我们开始进入情感课堂。我们所讲的课程并不是社会上流行的英语课程,也不是所谓的专业知识课程,而是为了我们的精神健康所开设的课程。从现在开始,我们逐个分析已经发生、正在发生,或即将发生在我们身上的情感。换句话说,我们将要明确地分析每一种情感会带来怎样的依托和命令。

在学习情感的课程中,我们并不是孤独的,这一点让人非常欣慰。一位堪称人文学灯塔的同行者将给予我们帮助,这位同伴是历史上对人类情感研究贡献颇大的哲学家斯宾诺莎。他是一位前所未有的伟大哲学家,将人类的情感分成四十八种,并对每一种情感给出明确的定义。此外,还有很多文学家将以他们的著作告诉我们,人生会因各种情感而发生怎样跌宕起伏的变化,这些文学家包括:约翰·福尔斯、加缪、富恩特斯、埃米尔·左拉、托尔斯泰、乔治·奥威尔、屠格涅夫、菲茨杰拉德……他们的名著也会对我们的情感课程有很大的帮助。事实上,这些文学巨匠的作品都是我们分析各种情感的有力例证。例如,约翰·福尔斯的《法国中尉的女人》就通过各种人物故事的展开来探求欲望情感。我们情感教程的教学方式是站在哲学家斯宾诺莎的角度，对文学作品进行深刻的分析，进而解释各种各样的情感。

在本书中，我将四十八种情感分成四个部分进行说明，当然这四个部分并不是绝对的分类，而是为了更加方便解释情感，基于加斯东·巴什拉的理论来进行分类的。加斯东认为人类的想象由物质产生，所以他把人类的想象分成四类，这四类想象由四种物质产生。本书的四个部分就以这四种物质命名，即土、水、火、风。微妙的、可爱的又不可或缺的人类情感，好像大地上遍地绽放的新芽，美不胜收。变幻莫测但有时候充满激情的情感，好像弯弯曲曲的溪水，时而引吭高歌，时而喃喃低语。热烈却很容易熄灭的情感，好像纤细颤抖的篝火，让人浮想联翩；而冷漠空虚的情感如同让人瑟瑟发抖的寒风，使人陷入沉思。在讲述每一种情感之后，附加了"哲学家的劝告"，这些小节是出于我的苦口婆心。其实，安排这些小节的目的在于，在完成立足于斯宾诺莎和大文豪的情感教程之后，对于这一情感到底会给我的人生带来怎样的影响，作一个具体性的总结。所以"哲学家的劝告"是情感教学的应用部分和实践部分。好了，现在准备扬起情感之帆，航向广阔无边的情感大海。让我们尽情聆听四十八首情感之歌。在此过程中，我们不能被某一种情感迷惑，一定要掌握好这四十八种情感，应该像走在回家路上的奥德修斯一样，去寻找只属于我们自己的情感！Bon Voyage（一路顺风）！

第 一 部

地之语

完美的子宫里影子不再颤抖，

婆娑摇曳的光芒也不会摇动。

完美的子宫是一个封闭的世界，

黑暗材质相互作用的宇宙洞穴。

——加斯东·巴什拉，《大地与休息的梦想》

自卑
ABJECTIO

为了成为生活的主人
要克服的奴役意识

《木木》
伊万·屠格涅夫

奴隶是没有资格拥有爱情的，作为人世间最重要的感情，爱情仅仅对自由之身敞开大门。对此，盖拉辛深有感触，且是两次，通过自身所受到的苦痛深深体会到这一点。一个奴隶陷入爱情是一件多么危险的事情，上了年纪的女地主对此也了然于胸。因为当所爱的人出现时，为了保护那个人，有的时候奴隶会拒绝执行主人的命令。农奴和奴隶一样，只能否认自己的感情，即使难以否认，也要想尽一切办法加以否认。

盖拉辛虽是一个聋哑人，却力大无比，他对与自己处境相同的塔基雅娜心生爱慕之情。女地主的直觉告诉她，危机正在逼近。因为忠心耿耿的盖拉辛在保护自己这份珍重情感的过程中，会让自己获得新生，成为一个坦然自若、堂堂正正的个体。从女地主的立场来看，拥有这样为了爱而奋不顾身的奴隶，多多少少是危险的，正是出于这个理由女地主才会仓促地将塔基雅娜嫁给别的农奴。

对盖拉辛来说，这是他第一次失去如此宝贵的东西，因此他感到无比的伤心和困惑。但很快他就死了心，还自我解嘲爱情对农奴来说是一种奢侈品。女地主的第一次诡计非常"成功"地得逞了。但是不管多么淳朴的农奴，自己的感情一旦被否认，自然会产生不悦之感，让他难以忘怀。就在盖拉辛痛苦伤心的时候，他很偶然地发现了一条在河岸泥潭中挣扎的小狗，并且救下了它。看到小狗垂死挣扎的样子，盖拉辛仿佛看到了自己作为农奴痛苦生存的样子，所以他把小狗带回自己住的地方，倾尽他所有的真诚饲养它。或许是为了抹去那个叫塔基雅娜的女人带来的痛楚，以及失去爱情的苦痛，盖拉辛给小狗取名叫"木木"，对它倾注所有的爱，因为他潜意识里认为只要不爱人，自己对动物的爱，女地主不会表露出什么不满的。

出乎意料的是，女地主一如既往，没有任何改变。事实上，作为女地主，她的主人意识不可能对任何有可能带来危机的事情置之不理，因为在她的意识中，农奴无论如何也不能成为感情的主人。

这次，盖拉辛放下心中的石头，完全没有意识到女地主的心态。不，只能说他太天真了，因为他根本不明白，主人对于奴隶拥有自己的感情这件事情本身就持否定的态度，所以不论是人还是动物，都没有例外。与上次将塔基雅娜嫁人不同，这次女地主干脆将木木置于死地。以塔基雅娜是农奴为理由，女地主可以随心所欲地摆布她的命运，何况是像木木这样不能开口说话的牲畜呢？处死木木根本不需要什么冠冕堂皇的理由。非常珍惜木木的盖拉辛无法将木木交于女地主手中，让她杀死它，即便是这样，农奴身份的盖拉辛还是没有办法保护木木，因为对盖拉辛都可以任意左右的女地主，对盖拉辛的所属物更是可以肆意处置。

结果盖拉辛决心亲自处死木木，他觉得为了与他形影不离的木木，这是最后一次表现爱的机会。与其死在厌恶的人手中，不如死在爱它的人手中,这样会让木木更好受一些。这是屠格涅夫短篇小说《木木》中所描述的一个让人惆怅难眠的场面。木木喜欢的食物是在一碗盛满肉的白菜汤里,放进撕成碎片的干面包,当盖拉辛最后一次喂木木吃的时候,他的心情是怎样呢?盖拉辛在为木木准备着这丰盛的晚餐时,他的泪水止不住流淌下来。最后在晚餐之后,他将木木带上船,摇起桨来,将船划到江中心。

终于盖拉辛将身体挺直,脸上挂着痛苦的愤懑之情。他用绳子将两块砖头缠在一起,在绳子上打了一个活结,把它套到木木的脖子上,之后把木木举到河面上,默默地注视"她",那是他最后一次看"她"。……木木以毫无恐惧且信赖的眼光看着他,轻轻地摇着尾巴。他转过脑袋,眯起眼睛,松了手。不管是木木掉下去时发出的尖厉的哀号,还是沉重的砖头击起水花的声音,所有的声音盖拉辛全都听不到。就像对于我们正常人来说,最寂静的夜晚也一定不会那样寂静,对于他来说,最喧闹的白天也是寂然无声。

从表面上看,盖拉辛屈服于女地主的压迫,但不要忘记,女地主从来没有命令过盖拉辛杀死木木,所以盖拉辛的行为是出于一种消极的主观性判断。换句话说,这是盖拉辛从自身的性格出发对女地主的一种消极的反抗。当然即便采取积极的方式,盖拉辛也未必能保护木木,因此哪怕是采取消极的做法,他也不能让木木死在女地主手中。这一点难道不是最关键的吗?当木木被投进江水中的那一刹那,盖拉辛作为农奴所拥有的自卑感也随之一起被丢弃了。如果完全顺从女地主，他不可能做出这样的判断：从女地主的手中夺走木木，用自己的双手结束木木的生命。最终盖拉辛开始与支配自己的自卑感展开积极的斗争，斯宾诺莎不是也这样说了吗？

> 自卑是由于痛苦而将自己看得太低。
>
> ——斯宾诺莎，《伦理学》

"痛苦"是在被他人摧毁生活意志时所产生的情感。女地主作为主人否定盖拉辛的生活态度，他的感觉就是痛苦。如果一个人不断地经历这样的痛苦，不管是谁，都很容易陷入自卑的情感中。即便是这样，不管出于什么理由，盖拉辛也是自己决定亲手结束曾经那么珍惜的木木的生命。在这里最重要的一个词是"自己"，盖拉辛的行为哪怕是有限的，也是他在自己力量所能发挥的范围内做出的主动性判断。当塔基雅娜被夺走时，盖拉辛只能顺从；与第一次的顺从态度截然不同的是，这次盖拉辛却从自卑感中一点点走了出来。即便木木是一条狗，盖拉辛对它的爱也使他渐渐有了主人的意识，这难道不是爱的奇迹吗？究其原因，是爱带来的快乐一直默默地但又强烈地要求我们，要成为能保护爱情所带来的快乐的主人。

不管是塔基雅娜还是木木，只要爱的对象没有出现，盖拉辛或许还是一个农奴，只是追随和信赖女地主，无怨地生活下去。但是当爱的对象，给自己带来快乐的对象——所有这些都被夺走时，盖拉辛的心境发生了巨大的变化。他深刻地觉悟到，一个奴隶是不能保护自己的感情的，只有成为主人才能做到这一点。这就是在木木死后盖拉辛决心从女地主身边逃走的原因。如果不把深陷自卑感的自己解救出来，他绝对做不了任何事情，这种思想在盖拉辛的心头萦绕着。对于从女地主的掌控中逃脱出来的盖拉辛，屠格涅夫是这样描写的："在这之后，他再也不跟女人交往，甚至不看她们一眼；除此之外，他再也不在自己家里养狗了。"以此作为故事的结尾。对于这样的盖拉辛，我们不要理解为那是因失去爱而受到创伤的表现。难道这不是盖拉辛的决心吗？在完全成为自己生活的主人之前，他对任何事物都不会付出自己的感情。对，就是这种含义，也必须是这种含义，这也是为了木木的悲伤灵魂。

伊万·屠格涅夫

（1818—1883）

屠格涅夫在德国柏林大学留学时，被谢林、黑格尔以及德国文学深深地吸引，他告别贵族官僚生活，走上了作家之路，他余下的大部分人生都是在欧洲特别是巴黎度过的，在此期间，他所写的小说主题几乎都是人道主义和爱情。"爱情能战胜死亡和死亡带来的一切恐怖，爱情能给予生命无限的力量，还能推动生活向前。"

约翰·高尔斯华绥对于《木木》(1854) 这部小说给予了极高的评价，称之为19世纪世界文学史中最让人感动的小说。这部小说之所以闻名于世，也因其对沙皇亚历山大二世决定废除农奴制度产生了巨大的影响。小说中女地主的形象是以作者母亲为原型塑造的。屠格涅夫从小就在残暴、没有仁慈心的母亲身上看到了地主对农奴的残酷剥削和虐待，认为农奴制度是非常不合理的制度。所以他通过这个短小的故事，描写了像盖拉辛这样庄重的农夫形象，从而歌颂了劳动和自由的价值。

盖拉辛被认为是一个最讲诚信的农夫，他天生神力，一个人干四个人的活都没有问题。不管干什么活，他总会非常顺利。在圣彼得节里，他会像要将整座白桦林连根砍掉那样，用力挥舞镰刀；在耕地的时候，他把宽阔有力的手掌按在木犁上，好像他一个人就可以将大地那富有弹性的胸脯切开，根本不需要借助那匹小马的帮助；在不停地用三尺长的连枷打谷子的时候，人们看到这些景象，没有不高兴的。他那不知疲倦的劳动，因为他的沉默而显得更加庄重。他本来是一个非常出色的农夫，只可惜是个残疾人。要不是这样，有哪个姑娘不对他产生好感，不愿意嫁给他呢？可是，女地主把他带到了莫斯科，给他做了冬天穿的羊皮外套，夏天穿的长襟外衣，还给他买了靴子，又将一把铁铲和一把扫帚交给他，让他负责打扫院子。

哲学家的劝告

自卑比人类所拥有的任何情感都容易使我们的生命受到致命性的打击。谁会爱上一个把自己看得很低的人？因为爱情是一种需要很强的自尊心才能保护的欲望。所以,"卑谦的生活"绝对不是一种称得上让人满意的生活。导致自卑或者类似情感形成的决定性因素,往往都可以在儿童时期的经历中找到。斯宾诺莎将自卑定义为"一种由于痛苦而将自己看得太低"的情感是有原因的。这里强调的是"痛苦"这个词。若父母对待孩子的态度往往是批评和诋毁,完全没有称赞的话,在这样的环境中成长的孩子,即使在成年后,他的生活也总是被痛苦的情感所笼罩。也就是说,在别人的父母眼中看起来是一件值得称赞的事情,但自己的父母还是冷漠无情地加以贬斥。"学习好有什么用,得先学会做人!""你像你妈妈,一模一样,无药可救!"像这样的话听得多了,怎么可能坦荡自若呢?做得再好也没有用,换来的还是指责,那么谁都会认为自己的行为,甚至自己的存在没有任何价值,由此陷入痛苦的深渊。在儿童时期所形成的痛苦情结若成为一种习惯,并使之内在化的话,我们就会经常将自己看低,由此陷入自卑。习惯性的痛苦,或者像被催眠一样接受的痛苦,这些才是自卑的实质,可见摆脱自卑是何等的艰难。但如果能一直得到关爱和称赞的话,自卑也会一点点地消失。对于容易倾向于自卑的人,要想治愈他的自卑,所花的时间与他长久以来形成习惯性的痛苦需要的时间是等同的。就像春天的阳光融化冬天厚厚的积雪一样,自卑的人要想除掉根深蒂固的痛苦,就需要一个懂得如何治愈他的人,而爱情往往是能把他从自卑中解救出来的灵丹妙药。

自满
ACQUIESCENTIA IN SE IPSO

创造爱情的

美妙奇迹

《身份》
米兰·昆德拉

让·马克没有想到事情越来越严重了，他连做梦也没有想到，自己微不足道的行为竟会像蝴蝶扇动微薄的翅膀一样，带来一场巨大规模的暴风雨。这就是所谓的"蝴蝶效应"。让·马克有一位同居的情人，年纪比他大，名字叫尚塔尔。有一天，她非常痛苦且忧郁地告诉让·马克一件很残酷的事情："男人们不再回头看我了！"事实上，对跟自己同居的男性说出这样的话是十分不礼貌的行为，会使让·马克有一种"我不是男人吗？"的感觉。然而，让·马克看起来和以往一样，依然爱着尚塔尔，他尽力想让自己难以抑制的嫉妒之火熄灭，并努力去理解她的悲凉。让·马克经过反复思考和斟酌，做出一个判断："每个女人衡量自己是否已经变老的标准就是男人对她是否还有兴趣。"所以他打算自己做一个隐身的跟踪者。

　　当然，即便做出了这样的打算，让·马克也不能直接尾随在尚塔尔身后，这是不可能的。所以首先要创造一个人，一个单恋尚塔尔的身份不明的人，给她留下这个人在跟踪她的印象。于是让·马克给尚塔尔写了信，这是一封表示他总是在注视她的信件："我像一个间谍一样追随着你——你真的太漂亮了。"故事就这样开始了,蝴蝶的翅膀似乎开始振动了。事情发展到这里,连让·马克都没有想到,他的信件在尚塔尔的生活以及他们两个人的关系中掀起了怎样的轩然大波。昆德拉的小说《身份》就是这样开始的。

更多的信像雪花一样飞来了,她已经越来越不能忽略它们。它们是智慧的,庄重的,一点也不荒谬,也不纠缠。……那些信不是诱惑的,而是尊敬的。如果那些信中充满了诱惑,那这一定是一个精心策划的长期计划。最近收到的那封信,显然是大胆的:"我三天没见到你。当我再一次见到你时,我是那么兴奋,我对你的举止感到惊奇。你就像跳着舞的一团火焰,只有跳跃才能存在。你迈着似乎比过去更修长的双腿,大步前进着。你周围环绕着明亮的、疯狂的、喝醉酒的、野性的火焰。我想象着,向你赤裸的身体抛去一件火焰编织而成的披风,我要把你雪白的躯体裹入红衣主教深红色的披风中。然后就这样把你放到一个红色房间中的红色床上,我的红衣主教,最美丽的红衣主教!"几天之后,她买了一件红色的睡袍。

尚塔尔收到信之后有了很多变化,使让·马克坠入云雾之中,困惑不解。她的变化是由于有人偷窥,或者是由于他人的赞扬和崇拜。例如,信中写到珍珠项链非常漂亮,她就在外出时,很自豪地在自己的颈上佩戴着那串红色的珠子,其实这串珍珠项链是让·马克送给她的礼物,但以前她一直认为它过于惹眼,所以很少戴。信中还提及红色的衣服,尚塔尔就穿上红色的睡衣,变成了与以往完全不同的女人,也就是说给人一种以前从来没有过的感觉。可见,现在的尚塔尔连自身的"身份"也完全改变了,因为她从一个不喜欢珍珠项链的女人变成了一个喜欢珍珠项链的女人,从一个鄙薄红色的女人变成了一个喜欢红色的女人。尽管如此,跟踪者的信件都是赞扬尚塔尔的,信件的内容和她并不是没有关系,因为为了写出充满赞美和崇拜之情的信件,让·马克必须比以前更加仔细地观察尚塔尔。

跟踪者的信件,也就是让·马克的信件,事实上不过是将尚塔尔已经忘却的自身魅力重新放在聚光灯下而已,但就是这个聚光灯给尚塔尔带来了无法比拟的自我满足,或者是一种叫做自满的情感。当知道自己身上有那么多的闪光点时,她怎么能不为自己的生活感到自满呢?

> 自满是由于一个人审视他自己和他的活动力量而引起的快乐。
>
> ——斯宾诺莎,《伦理学》

斯宾诺莎的解释并不是很明确,但是回头看一下自己的样子,当我们仅仅感到自满时,就会有一种快乐情绪涌上心头。当自己所拥有的无上的魅力以及无上的美丽得到认同时,不仅是尚塔尔,不管是谁都会感到快乐。可见,自满是一种魅力无穷的情感,会让我们走在路上的姿态好比走在红地毯上的女明星一样,婀娜多姿,坦然自若;在我们和陌生人说话时,也可以使我们的言语和行动更有气场。但平凡之人需要真正地觉悟到,自己是一个有价值的个体,充满自满的人会拥有惊人的体验,可以说这并不罕见,我们在大多数情况下总是被某种受害意识所束缚而不得不畏首畏尾，这也是尚塔尔收到跟踪者的信件很兴奋的原因。如果没有崇拜者告诉你，你是一个身上有无数亮点的人，那么拥有自满的感觉可是一件非常不易的事情。

是的，让·马克的判断是错误的。比他年纪大的同居女友并不是担心自己的衰老，尚塔尔的忧虑和痛苦事实上是出于自身的感觉。她感觉到，在自己的生活中，这种所谓的自满似乎像烟云一样消失得无影无踪。尚塔尔以谁都不再回头看自己为由，将自己看作是上了年纪的人，而拥有这样的想法就是失去自满的表现，或许可以这样说，夺走她自满情感的元凶难道不是让·马克吗？尚塔尔将让·马克视为情人，但他不再关注她的举手投足，也就是说，她的举手投足不再是聚光灯下的焦点。女人维护自满的情感并不容易。让·马克所写的跟踪者的信件可谓意义非凡，虽然是出于同情和怜悯，却使尚塔尔重新找回已经失去的自满。

让人深感有趣的是，这些情书不仅使尚塔尔的本性发生了巨变，连让·马克的本性也发生了巨变。为了写这些信，让·马克不得不寻找尚塔尔的魅力，在此过程中，让·马克有可能重新发现了自己曾经是多么崇拜和深爱尚塔尔的。更准确地说，或者从积极的角度来说，在此期间，尚塔尔在各个方面有了惊人的变化，成为一位全新的女性，这使让·马克重新认识了尚塔尔，并爱上了这样的尚塔尔。作为跟踪者，为了写信，让·马克对自己一直漠不关心的尚塔尔进行了仔细的审察，在这一过程中，他重新注意到迄今为止一直忽略的情人的魅力，以及随着时间的推移情人所发生的很多新的变化。面对全新的尚塔尔，让·马克感到一种与以往截然不同的爱情，一种从来没有过的爱意旋绕在自己的心头。

当尚塔尔知道跟踪者的信件实际上是让·马克写的这一真相时，无法压制愤怒的她毅然地离开了让·马克。若尚塔尔和让·马克是相爱的，那么当所爱的人从身边消失后，他们才会后知后觉对方对自己来说是一个怎样的存在。只有在分手之后才会醒悟，对方对自己来说是一个多么重要的人。所以这两个人最后在伦敦再会时的结局无论如何都是顺理成章的。几经周折，最后不计前嫌的两个人通过肉体的结合，明白了爱情是相互关注，进而相互崇拜、相互满足的。所以小说《身份》的最后一幕虽然让我们心酸，但也是动人心魄的。

　　她说："我再也不会让你离开我的视线了。我会一直注视着你，永不停止。"沉默了一会儿，她又说道："我害怕当我眨眼的时候，就在那一秒，在我目光暂时消失的时候，你的位置就被一条蛇、一只老鼠或另一个男人取代了。"

　　他想坐起来，用嘴唇轻吻她。她摇着头："不，我只想这样注视着你。"然后她又说："我要让灯整夜都亮着。每一夜。"

米兰·昆德拉

（1929—　）

　　昆德拉在自己的祖国发起了主题思想为"带有人性面孔的社会主义"的"布拉格之春"运动，由此受到当局的迫害，其教职工作被解除，所有作品都从书店和公共图书馆消失，同时还被禁止发表任何作品，不得不在法国开始发表自己的作品。"我，作为一个作家，选择将法国作为自己的祖国，我的所有作品都会最先在法国出现，对我来说，所代表的意义是非常宝贵的。"在此期间，他的小说《生命中不能承受之轻》被《时代周刊》选为"20世纪最伟大的小说"和"20世纪80年代世界十大杰出的文学作品"。

在小说《身份》(1997)中，让·马克的情人觉得自己已经衰老，且越来越畏首畏尾，而让·马克出于怜惜才以假名"西哈诺"写信给她。

> 无论他告诉她自己有多么爱她，认为她多么美丽，他饱含爱意的目光也无法抚慰她伤感的心。因为那种深情的目光更让她感到孤零零的。让·马克想，两个老人之间孤独的爱情是其他人看不到的。那种悲伤的孤独预示着死亡。不，她所要的并不是深情的目光，而是截然不同的、粗鲁的、好色的目光。那种目光毫无爱意，毫不体贴地、居心叵测地在她身上扫来扫去——那种目光是命中注定不可避免的。就是那种目光成了她在人世间的精神支柱，而充满深情的目光则使她游离于人世间。

西哈诺是埃德蒙·罗斯丹的喜剧《大鼻子情圣》的主人公，他朋友所爱的女人也是自己所爱之人，为了帮助朋友，他隐瞒自己的感情，冒充他写了很多情书。让·马克也是如此，为了自己所爱的女人，假设出一个男人，并以这个男人的身份写信，没想到自食其果，让·马克因这个根本不存在的男人而深感莫名的嫉妒。

哲学家的劝告

我们永远看不到自己的背影，但是他人却对我们的背影清清楚楚。爱你的人有时候会对你说："你的头发上好像沾了什么东西，过来，转过身去，我帮你拿掉。"反之，你爱的人若衣角没塞好，你也肯定会告诉他。他人就像镜子一样，能照到我们的全貌，也就是说，能看到我们的一切。普通镜子只能照到我们现在的样子，他人却犹如魔镜，可以照到我们以往和未来的样子，甚至能看透我们的内心。他人若说出连我们自己都不知道的优点，我们就会感到幸福；反之，若说出我们的缺点，我们就会感到烦闷。也许就是因为这样，我们才会跟爱自己的人在一起。爱会让人具备一种才能，就是与缺点相比，更容易发现对方的优点。所以，爱上对方缺点的人也是一种让人感叹的人，致命性的缺点怎么能进入这种人的眼帘呢？可见，恋人让我们找回他人绝对无法给予的自满。若有人对我们的一切都漠不关心，或者能同时发现我们的优缺点，那么这样的人肯定不是爱我们的人，而可能是我们的好朋友或者好同事。对自己不满意的人，唯一的良药就是谈恋爱，因为仅仅是有人爱这样简单的情况，就能让我们很快找到自满。如果你不是一个非常可贵和有魅力的人，那么就不会发生有人爱上你的奇迹。

惊异
ADMIRATIO

爱情是

感情的晴雨表

《长久》
艾瑞克·欧森纳

爱情是一个伟大的奇迹，让人生充满了玫瑰色，同时也带来了无比的喜悦。男女老少憧憬爱情的理由也在于此。谁都会希望自己的人生出现奇迹，从而让自己平凡的或者是让人厌倦的灰色人生变得绚丽多彩。面对给自己带来奇迹般的爱情并让生活充满幸福的人，我们只能将其看作"女神"或者"神"，这或许是一种理所当然的反应。若不是这个人，这种期待已久的奇迹般的爱情绝对不会降临到我们的头上。同样，当我们深陷爱情时，总是会有一种自卑感，而正是这种自卑感往往使我们觉得与高贵的他或她相比，自己是多么微不足道。所以，爱情总是与惊异相伴而生，且形影不离。在我们的心中，假如对自己的恋人没有一种惊异的情感，那么爱情已是过往烟云的说法也并非言过其实。

可见，我们将要面临一个问题：怎么做才能拥有天长地久的爱情？法国现代小说家艾瑞克·欧森纳的小说《长久》所探求的便是这个主题。这部小说所描写的是伊丽莎白和加布里埃尔之间持续四十年之久的坚韧不屈的爱情。详细地说，他们这种持久的关系已达到绝妙的程度，因为他们的关系违背了正常的伦理道德。一般情况下，所谓的不伦关系指的是一种被禁止的欲望，但这只是暂时的性关系，或者说这种性关系若反反复复的话，时间一长，也很容易失去以往的热情。可是这两人之间不伦的性关系却有着微妙的地方：与正常的恋人关系或者夫妻关系相比，他们之间的爱情更加长久。与其他相爱的人一样，加布里埃尔和伊丽莎白一开始就从对方身上捕捉到一种情感，这种情感就是"惊异"。好吧，各位，我们先听听他们的故事。

　　她黑黑的眼仁中绽放着金灿灿的光彩，喜怒哀乐中不管哪一种情感，她都会让他在面对这种情感时，充满有趣和新鲜的感觉，加布里埃尔全身战栗。他完全不了解这个女人。他有妻子，他认为，从女人答应求婚并成为男人的妻子开始，命运就让她从女性种族中走出来，成为另一个种族。总之，加布里埃尔活了四十年，这样调皮又具有女王风范的女人，他从来没有见过。

　　事实上，无论是伊丽莎白还是加布里埃尔，他们都有自己的配偶。很多人对夫妻关系的认知都存在一个误区，认为妻子和丈夫之间只是夫妻关系，而绝对不可能成为情人关系。无论在怎样的社会里，人类都是作为一个家庭成员存在于社会之中，之后离开原来所属的家庭，与他人构成一个新的家庭。简而言之，就是离开双亲，与陌生的男人或女人相遇，形成新的关系。而谋求这种新关系的动力便是爱情。根据基本的家庭关系概念，爱情也可以说是一种背叛原有家庭的行为。因为与父母相比，更愿意和他人在一起，即使这个人才认识不久，这都让原有的家庭结构瓦解。鉴于此，爱情的本质就是一种基本的"不伦"。为了否定基本的所属群体而制造出一种情感,爱情的概念由此产生。所以加布里埃尔才会说出这样意义非凡的话:"从女人答应求婚并成为男人的妻子开始,命运就让她从女性种族中走出来,成为另一个种族。"

按照加布里埃尔的话,所谓的求婚是一种命运的瞬间,是一种建立新群体的需求的实现。从相爱到求婚,即便两个人都有自己所属的家庭,也还是坚持不懈地想要从原来的家庭中走出来。这种情况属于一种"不伦"的状态。求婚的那一刹那,两个人将会组成一个新家庭,将会以新的群体关系捆绑在一起,而此刻就是解除"不伦"关系的时候,被称为爱情的情感在此时也会消失。当某个女人成为加布里埃尔的妻子时,他和妻子之间就不再是"不伦"的关系。他们夫妻之间虽然拥有灿烂夺目的"不伦"的过去,但同时女人和加布里埃尔属于同一群体的人。因此加布里埃尔自然会有妻子属于"另外的种族"的想法。记忆中的"不伦"指爱情,而在现实中,她还是扮演着妻子的角色,一个家庭成员罢了。

不过,不要忘记,在结婚之前,加布里埃尔的妻子与现在正在交往的伊丽莎白一样,也曾是一个让他充满惊异的女人,是加布里埃尔的求婚让妻子与她从来都没有否定过的神圣的原属家庭保持距离,甚至还让她从原来的基本家庭中走出来。对于这样的妻子,怎么能不惊异呢?为了更加全面深刻地领悟加布里埃尔的话,最好借助斯宾诺莎的定义来体会。

> 惊异是心灵凝注于一个对象的观念,因为这个特殊的观念与其他的观念没有任何联系。
>
> ——斯宾诺莎,《伦理学》

与其他观念没有任何联系的观念，简而言之就是指无法与其他观念进行比较的观念。当我们站在从来没有见过的雄伟壮观的瀑布前，我们会感到无比的惊异，以至于瞠目结舌，这是独一无二的、无法进行比较的风景。哲学家康德所说的"崇高"的情感与这种惊异的情感是完全相同的。对加布里埃尔来说，伊丽莎白就像刚才所说的瀑布一样，是独一无二的，由此引起他的惊异。面对这样的女人，他怎能不拜倒在她的石榴裙下呢？若伊丽莎白是女王的话，他宁愿自己是一个想要得到恩宠的侍从。加布里埃尔对于伊丽莎白的感情，作者是这样描写的："活了四十年，这样调皮又具有女王风范的女人，我从来没有见过。"

加布里埃尔认为，伊丽莎白就是他心灵深处的太阳，因为她的女王风范让他永远有一种安全感，让他变得安逸平和，当然她也是跟他调皮而又有趣的女人。这样的伊丽莎白给人的印象是一个贤明的女人，她对加布里埃尔来说是一个永远可以依赖的太阳，所以她的身上依然拥有让他惊异的地方，而伊丽莎白也非常明白，唯有在此刻，也就是在加布里埃尔惊异的时候，他们的爱情才能继续维系下去。在现实中，不管伊丽莎白属于哪一个群体，她依然走出这个群体，维持她和加布里埃尔的"不伦"关系，这种行为难道不是爱情的本质吗？读了这本小说，就会知道伊丽莎白是作者笔下的一个代表人物，作者借助伊丽莎白之口告诉我们爱情的秘密以及让爱情长久的方法。

"婚外情和婚姻生活不同，不能是不思改变的老样子，要不断地掌握各种东西，超越平凡，否则，婚外情就会一点点变成即便认为对方低级无趣，也还是为了满足生理上的欲望而要求见面的关系。"

正如伊丽莎白说的那样，为了超越平凡而做出的努力如果消失的话，两个人的关系就只能是性关系，即便认为对方低级无趣，也还是为了满足生理上的欲望而要求见面，这样，双方就不再会有相互惊异的情绪。与恋人和夫妻的关系相比，"不伦"或许是维持爱情的更有利的条件。一般来说，人们所认同的正常男女关系都是"不思改变的老样子"。如果想要超越平凡并为之做出努力的话，那么所谓惊异的情感就会永不改变，随之爱情也会天长地久。

艾瑞克·欧森纳
（1947— ）

这位非常有才气的小说家在他的作品中对爱情的描写非常到位，此外他对各国文化也进行了广泛深入的研究，并将其丰富的经验写入小说中，从而受到很大的欢迎。欧森纳曾在高等师范学院讲授国际金融课程，在密特朗总统执政时期担任国家要职：总统的文化顾问、总统演讲稿初稿的撰写者，以及最高行政裁判所审议官。他还是法国国立高等园艺学校的校长。为了实现青年时期的梦想，他每天凌晨花两个小时来撰写《殖民博览会》，此作品荣获法国龚古尔文学奖，他还为电影《印度支那》写了剧本。

小说《长久》（1998）讲述的是一个非常荒唐的故事：八十岁的园

艺师加布里埃尔在年轻的时候，对有夫之妇伊丽莎白一见钟情，他们为了能够长久在一起，竟然以爱情的名义来维系这种违背社会伦理道德的关系。从萨克维尔·韦斯特夫妇的西辛赫斯特城堡花园到中国清朝的皇家园林圆明园，作者通过对各国园林的象征物进行描写，来暗示爱情的所属性。同时作者将努力维系爱情的这一行为与在园林里不断地尽力栽种花草的行为相提并论，认为只有努力才能浇灌出拥有爱情之花的美丽园林。

　　以前，有一位叫做哈罗德·尼克尔森的男人和一位叫做维塔·萨克维尔·韦斯特的女人。男人是政治家也是外交官，女人是文人。他们在 1930 年买下一座废弃的古堡，此后三十年里，男人设计，女人栽种花草和树木。他，比起女人更喜欢男人；她，比起男人更喜欢女人。尽管他们的性取向不一致，但他们并没有为此感受到苦痛。……不管是什么样的事情，结论每次都差不多，他们相互认同、拜托，接受现在这样的彼此，哈罗德和维塔就是这样聪明的人，所以他们才会结婚，才会建造出这座伟大的花园。他们的智慧和境界造就了一个杰作。

哲学家的劝告

　　要做好随时离去的准备，要给对方一定的自由，这是让对方一直关心并在乎我们的最佳方法。随时可以离开的人,也是随时可以留下的人,拥有这样心态的人,才有资格爱。当我们成为自己人生的主人时,也就是说,在我们的心中充满自由的时候,对方才能以同样的心态对待我们。不管在什么情况下,主人总是众人关注的焦点,而对奴隶人们总是漠不关心。"没有你,我活不下去!"这句话实际上是恋人之间常用的花言巧语,但绝对不能变成现实。爱并不意味着彻底成为对方的奴隶。所谓的奴隶,一般会心甘情愿地顺从对方,换言之,对方也对其姿态了如指掌。同时对方也非常清楚,奴隶的这种献身精神是他本人的自由选择。但奴隶也有另外的选择,就是不听从对方的意见。对于不管怎么对待都不会离开的人,还用得着给他快乐吗?即使厌恶他,他也会抓住对方的裤脚不放,即使推倒他,他也会紧紧地将对方抱在怀里。无私奉献的爱情不会天长地久的,反而会陷入恶性循环。当对方认为自己无论做什么都会得到顺从时,就不会为读懂他人内心而努力,这样的爱情终究会有冷却的一天。

好胜
AEMULATIO

惆怅凄婉的爱情变奏曲

《苏拉》
托妮·莫里森

当孩子在幼儿园认识了第一个朋友时，妈妈都很新奇，因为这是孩子除了家人以外第一次喜欢上外人。不管是孩子还是成年人，所有的人都想给自己喜欢的人送去快乐。假如喜欢的人从自己这里得到了快乐，那么对方就不会离开自己。孩子把最喜欢的玩具送给自己的朋友，是因为孩子想到了自己在收到妈妈送的礼物时所感受到的快乐，而孩子也想把这种快乐传递给自己的朋友。但孩子终归是孩子，前一刻还玩得不亦乐乎，下一刻却哇哇大哭，互相埋怨，哭声破坏了之前的和谐气氛，也让在厨房做家务的妈妈深感吃惊，慌张地跑出来想要知道到底是什么原因让两个孩子哭得如此伤心。妈妈看到的情景是，自己的孩子一边哭一边紧紧抱住已经送给朋友的玩具不松手，坐在旁边的孩子的朋友也不知什么原因跟着一起掉眼泪，看到这一场面，孩子的妈妈往往束手无策，十分迷茫。

　　玩具是孩子自己送给朋友的，现在却抱住明明已经送给朋友的玩具嚎啕大哭，原因是什么？解答这个问题最简单的方法是弄清楚孩子究竟想要什么，孩子就是渴望朋友能喜欢上自己，但是孩子没有想到朋友把全部的注意力都集中在自己送的玩具上,对此,孩子产生了一种绝望的情绪,因为朋友喜欢的不是自己,而是自己送的玩具。此时此刻,在孩子和玩具之间形成了一种奇妙的竞争关系,喜欢我还是喜欢玩具?可是玩具曾经是属于自己的呀!于是,只有从朋友的手中夺回玩具,朋友的注意力才会回到自己的身上。但不幸的是,这种行为就等于把快乐从朋友手中夺走,多么尴尬无奈呀!因为送给朋友玩具的本意是想给朋友送去快乐。

在小说《苏拉》中,托妮·莫里森通过描写苏拉和奈尔这两位黑人女性的爱情来探索的就是刚才提及的竞争关系。苏拉和奈尔从小就是无话不说的非常要好的朋友,她们之间根本就没有秘密可言,苏拉长大以后离开自己成长的村落,当她再次回到家乡后发生了很多事情。奈尔目击到苏拉和自己的丈夫裘德在床上的场面,虽然裘德对自己的行为深感羞愧,但还是毫不犹豫地将妻子奈尔丢在一旁,也离开了故乡。备受伤害的奈尔对苏拉深恶痛绝。十年前,在奈尔举行婚礼时,苏拉欣然愿意做奈尔的伴娘,这样的苏拉怎么能在十年后,跟自己最要好的朋友的丈夫发生关系呢?奈尔是痛苦的,但她没有想到,在苏拉因病离开人世时,奈尔最终发现自己所爱的人不是裘德,也不是别人,而是苏拉。

"在所有流逝的岁月里,我一直以为此前我思念的是离我而去的裘德。"与此同时,一种无所适从的失落感涌上奈尔的心头,且一点一点地堵住喉咙。"当我们还是少女时,"奈尔喃喃自语,又好像在解释什么,"哦,上帝呀!"她禁不住嚎啕大哭,"这个死丫头、这个死丫头、这个死丫头!"她的哭声悲痛欲绝,撕心裂肺，但是这哭声对奈尔来说，只是永无止境的悲伤的源点。

刚才我们读到的是这部小说的结局部分，描述的是奈尔因思念永远离开自己的苏拉而苦苦挣扎、痛不欲生的一幕。在这一幕中，奈尔的眼泪、奈尔的痛苦非常引人注目。即便为时过晚，奈尔还是意识到了苏拉的重要性，在她的生命中，苏拉的位置是谁也代替不了的。是的，当某个人从我们的生命中消失时，他的离去给我们留下的是无尽的伤痛，心灵被痛苦折磨得七零八落，这种切肤之痛难道不是爱情的表现吗？非常不幸的是，对奈尔来说，岁月不待人，意识到自己爱上苏拉时已是时过境迁，然而爱情往往就是这样后知后觉，让人念念不忘。

想要知道我们爱得究竟有多深，最好的方法就是与另一半分别一段时间。假如想着只是分别就感到无比痛苦，那么痛苦有多大，爱就有多深。当我们身处森林之中时，根本无法想象出森林全貌，只有身在森林之外，才可以遥望森林全貌。只有保持一定距离，才能清楚对方对我们来说究竟具有怎样的意义。相反的情况也是有可能的，如果只是想象对方的离去就难以抑制悲伤之情，痛苦好像从天而降让我们无所适从，那么我们是真的爱着对方。若分别的时候并没有想象的那样痛苦，这就表明我们并不深爱对方，这种尴尬的情况时有发生，看似悲剧性的结局，也许是一种祝福的开始，为了能够确认爱情到底有多深，暂时离开所爱的人也是需要的。

向清澈的湖水中投掷石子，随之一层涟漪就会浮现，且一层一层扩展开来，这就是人们常说的一石激起千层浪。虽说是"悲伤的源点"，但悲伤犹如激起的涟漪会越积越深。在这痛苦的海洋中，即便为时已晚，奈尔还是终于意识到究竟谁才是自己最爱的人。因裘德这个男人而展开的竞争最终导致了这场悲剧的发生，但这场悲剧的元凶则是两个互相渴望的黑人女性之间的爱情。更重要的是，裘德并不是悲剧的导火索，而是放在两个被称为奈尔和苏拉的小鬼之间的"漂亮玩具"。斯宾诺莎对好胜作出以下的定义。

> 好胜是关于一物的欲望，这种欲望的起因是我们想象着他人也拥有同样的欲望。
>
> ——斯宾诺莎，《伦理学》

概念中的他人不是随便什么人，而是我们非常喜爱的人，因为我们不可能与自己厌恶的人拥有共同的欲望。这难道不是深陷爱情的人都经历过的吗？假如爱上一个人，我们会努力满足他的欲望。如果他喜欢清爽的短发，我们会为他剪掉长发，以此满足他的愿望。如果他喜欢勃拉姆斯，我们的 MP3 里就有可能找到勃拉姆斯的作品。有人说，人若有爱，就会有变化，这句话的意义就在于此。

不仅是爱情，在友情中也必然存在好胜心。举个例子，在篮球场上有两个朋友正在打篮球，抢球、运球，最后将球投进对方的篮筐里，无不尽兴。不过，谁赢、谁输并不重要，友情第一。但这样的情况时有发生：为了让对方从心里认证和佩服自己的球技，欲望在双方心里发芽了。事实上，如果两个人中有一个人不喜欢打篮球，比赛也不会开始。双方为了得到"你今天球打得真好，生龙活虎的！"这样的称赞，努力地在球场上跑来跑去，自然也会陷入白热化的竞争状态，玩耍演变成一场争夺胜负的战争。因友情而进行的比赛，可能会因过度的好胜而使友情出现难以缝补的裂痕。

乍一看,奈尔和苏拉这两位发小是因为裘德而展开竞争的,可是她们是无话不说、不分你我的朋友,"面对同样的一个男人,两个女人想要得到同等热情的吻,或者说,一个男人是怎样分别跟两个女人接吻的,她们一定会有比较"。所以裘德对她们来说只是两个人都喜欢的玩具。若苏拉早一点明白这个真相的话,她就会明白自己的感情。可惜事不随人愿,奈尔是在裘德离开以及苏拉告别人世之后才知道这一事实的,即便为时已晚,最终还是知道了自己的真爱是谁,也是不幸中的万幸了。很晚才明白自己的内心,这才是奈尔的悲剧所在。但从某个角度来看,奈尔至少也是幸福的人,因为我们中间的大部分人至今还没有弄清楚自己的感情归属问题,这难道不是真正的悲剧吗?

托妮·莫里森

(1931—)

莫里森就读于康奈尔大学,专攻弗吉尼亚·伍尔芙和威廉·福克纳的小说,并获硕士学位。她在兰登书屋担任高级编辑时,开始从事写作。

在《苏拉》这部小说中,主人公苏拉是一个追求自我、忽视"社会性的自我"的黑人女性,作者通过对她的描写打破了传统的黑人女性形象,塑造了一个独立自主的全新人物。"他们已经知道,在数百年前,对于白人,对于男人,对于他们自己,自由和胜利是被禁止的。

所以他们很早就开始尽可能创造自己和任何其他的群体。"这是一部立足于友情寻找和追求自我的有关女性成长的小说。

就像去掉白内障之后,眼睛又能看东西了,她的老朋友回到了故乡。是苏拉,使她欢笑;是苏拉,使她用新眼光看旧事物;和苏拉在一起,她感到聪明了,文雅了,而且还觉得自己有点浅薄。和苏拉有着共同的过去,想要与苏拉分享现在的时光,直到永远。跟苏拉在一起说着话,就像和自己在说话一样。在苏拉的面前,她绝对不会傻乎乎的,这样的苏拉不会有第二个。和苏拉不合拍的只有一点,不是缺点,而是个性,苏拉是一个绝佳且有趣的同谋者,不会有第二个人能留下这样甜蜜的感觉。苏拉绝对不会要争什么,她还是尽量帮助那些想要得到帮助的人。

1993年莫里森作为黑人女性作家荣获诺贝尔文学奖,也是第一位获奖的美国黑人。她认为"作品最重要的是其包含的政治性"。

哲学家的劝告

一般来说,友情存在于同性之间,爱情则在异性之间开花结果,不过这只是对友情和爱情的一种肤浅的见解。那么,我们要怎么区分友情和爱情呢?首先要明确一点,友情和爱情具备相同点:都可以从与他人的交流中得到快乐，同时让自己有一种比以往更加完美的感觉。只有当曾给我们带来快乐的人从身边消失时，我们才能明白什么是爱情，什么是友情。此外，当两个人分开时，可以通过分别所带来的伤感的程度来辨别友情和爱情。如果伤感程度高的话，即使两个人说他们之间只是友情，实际上也是爱情。相反，若伤感程度低的话，表面上看起来是爱情，其实只不过是友情。可见，友情和爱情不仅具备本质上的区别，在数量上、程度上也具有一定的差异。重点是，给我们带来快乐和痛苦的个体是什么并不重要，这个个体可以是同性，也可以是异性，可以是狗或猫，甚至舒伯特的音乐。不管是友情还是爱情，好胜心总是存在的。当我们陷入爱情时，对对方的欲望，也可以说属于自己的欲望，一定会产生。所以可以这样审察自己的感情，如果与并不讨厌的人之间形成了一种竞争关系，这种关系既可能是友情，也可能是爱情，但还是需要一个重要的前提，就是对方不是自己讨厌的人。当然了，跟自己讨厌的人，根本不会产生好胜心的。

野心
AMBITIO

深入人性的弱点

《漂亮朋友》
居伊·德·莫泊桑

老板瞪起双眼,直愣愣地看着他,以为眼前的这位新闻记者喝醉了:"哎呀,你在胡说什么!"

"我说的是真的。拉罗舍-马蒂厄和我妻子通奸,刚才被我当场抓住。整个情况警方也亲眼目睹。这位部长大人现在算是完了。"

瓦尔特呆若木鸡,将眼镜一把推上前额:"你这不是在同我开玩笑吧?"

"当然不是。我打算马上就此写一篇报道。"

"你想怎么样?"

"让这个流氓、恶棍、混入政府部门的骗子永世不得翻身!"

杜洛瓦把帽子放在扶手椅上,接着说道:

"谁要是挡我的道,那可要小心点,我是决不轻饶的。"

老板似乎依然莫名其妙,嗫嚅着问道:

"可是……你妻子呢?"

"明天早上,我就正式提出离婚,把她还给她的死鬼丈夫弗雷斯蒂埃。"

"离婚?"

"当然,她让我丢尽了脸面,成为天下人的笑柄。为了能把他们当场捉住,我不得不对他们睁一只眼闭一只眼。现在好了,主动权已掌握在我手中。"

瓦尔特仍然有点懵里懵懂,张大嘴惊恐地看着他,心下想道:"天哪,这家伙可不是等闲之辈!"眼镜仍放在脑门上的瓦尔特老头,一直在瞪着大眼看着他,心中不由得嘀咕道:"是的,这个混蛋,为了出人头地,现在什么都做得出来。"

刚才我们所读的是莫泊桑长篇小说中最精彩的一部分,这里提到的杜洛瓦可以说已经出人头地,但还在谋划着让自己更加飞黄腾达的阴谋诡计,他计划以通奸罪将妻子告上法庭,将她从自己的生活中赶出去,即便他的妻子玛德莱娜为了让他成为一名成功的记者,曾经倾尽全力,耗尽心血。一直以来,玛德莱娜利用自己的裙带关系帮助杜洛瓦一步步走向成功,不辞辛苦地扮演着"孵化器"的角色,但是现在的杜洛瓦却将她看作是辱没自己名誉的障碍物。事实上,站在杜洛瓦的立场上,除掉玛德莱娜可谓易如反掌,他对妻子和外交部部长拉罗舍-马蒂厄之间的暧昧关系一直采取默认的态度,其真正的目的是等待时机,使妻子的奸情暴露于众人之下,并成为目击者,从而使妻子无话可说,不得不从他的生活中消失,而这种事情对杜洛瓦来说做起来根本不费吹灰之力。可笑的是,为了自己的成功和仕途,若没有发现新的牺牲品,杜洛瓦是绝对不会放弃妻子的。

新的牺牲品终于出现了,她就是操控着巴黎经济走向且对杜洛瓦有着巨大影响力的《法兰西生活》的老板瓦尔特的女儿苏珊。对于杜洛瓦来说，使苏珊成为自己的囊中之物并不是一件难事，因为上帝没有让他成为一位品德高尚、智慧超群的人，却"赐予"了他让全巴黎女性为之倾倒的外貌和魅力以及如簧之舌。杜洛瓦别名"漂亮朋友"，被称为"漂亮情人"的理由也在于此。面对杜洛瓦的魅力，哪一位女性不为之倾倒、投怀送抱呢？不过是乡巴佬的杜洛瓦，却可以与才华横溢、美貌的记者玛德莱娜结婚，甚至让瓦尔特的妻子、苏珊的妈妈弗吉尼亚成为自己的情妇，所有这些都是因为他拥有让人神魂颠倒的英俊外貌。莫泊桑的小说《漂亮朋友》将故事设定在19世纪的繁华城市巴黎，对巴黎那些推崇外貌至上主义的女性以及沉溺于成功的男性进行了细致入微的刻画，这些人只是一群外表华丽光鲜的俗物，根本不懂得纯真的爱情为何物，甚至将爱情当作向上爬的垫脚石。此外小说还涉及有关国家军事行动的描写。

杜洛瓦利用上流社会女性的地位走上飞黄腾达的道路，而那些魅力十足的上流社会女性可以挽着杜洛瓦散步或者参加聚会，都是这些俗物的欲望在作怪。这被称为野心的欲望跟爱情毫无关系，欲望带来的行为只是沽名钓誉，希望得到第三者的关注，这是一种社会性情绪的表现，即希望他人能向自己投来羡慕的目光。比如，希望拥有外貌英俊的男性情人，希望拥有地位高的女性情人，而希望的产生就是追求稀少性的社会性原理在推动。简单地说，当其他女性看到一位女性拥有一位英俊潇洒的情人，自然就会心生嫉妒；若一位男性的情妇是一位社会地位较高的女性，其他男性就会心生羡慕。那么纯真的爱情，没有掺杂任何野心的爱情真的不存在吗？若是斯宾诺莎的话，他也许会说，可能有，但是这是一种非常辛苦而又稀少的感情，毕竟斯宾诺莎说过，爱情是我们人类所具备的情感中的一种，这一点是不容置疑的。

> 野心是助长并加强一切情绪的欲望，因此野心几乎是不能克制的。因为只要一个人被欲望束缚，他必然滋生野心。西塞罗说过："伟大的人物都受到野心的支配。许多哲学家著书教人蔑视荣誉，却仍然将他们的姓名写在书的封面上。"
>
> ——斯宾诺莎，《伦理学》

按照斯宾诺莎所说的那样，野心是助长并加强一切情绪的欲望。也许觉得自己所下的定义让人很难理解，所以斯宾诺莎在这里引用了西塞罗的"名誉欲"进行补充说明。野心存在于两个人的关系中，或者人和物的关系中，或者人和事的关系中，自然会带来不同的情绪或欲望。野心是一种除了当事者之外，为了得到第三者的关心和尊重的情绪。举个例子，当一位女性爱上一位男性，她的同事关心她是怎样和这位男朋友相识的，同时也对她的男朋友表示了称赞，认为他是一位帅小伙，她就顺其自然地成为同事们所赞美和羡慕的对象。在这种情况下，这位女性就会强烈要求她的男朋友加深他的爱意，这就是野心的表现。根据斯宾诺莎的话，野心适用于所有的情感和欲望。

野心有时会对原有的情感和欲望产生压力，单纯地想要交往的情感当然属于爱情，可是野心会在不知不觉中慢慢地产生希望他人认同、希望被认为是天作之合的爱情，而这种野心会一点一点地吞噬原有的爱情。她开始不自觉地对男朋友的衣着打扮或收入情况不厌其烦地加以管制，因为她希望他人认为她的男朋友是因为有了像她这样的女朋友才变得如此优秀，甚至连男朋友发给她的私人信件也向同事公开炫耀，只是为了显示她帅气的男朋友有多么爱她。在这种情况下，属于两个人的私有而又共享的爱情连个人空间都没有，爱情就会慢慢地走向灭亡，此外，男朋友也沦为一种粉饰个人生活的装饰品。

当读到斯宾诺莎的"只要一个人被欲望束缚，他必然滋生野心"这句话时，我们会感到苦涩的悲伤，因为爱情也已经变成了紧随野心的影子。真的是这样吗？爱上一个人的瞬间，我们会有意无意地将爱情所带来的幸福告知周围的人，这难道不是我们真实的写照吗？我们想要得到知道自己幸福的那些人的关注，生活中的大部分人并不是处于幸福之中，所以真正幸福的人很容易且很有理由得到关注，这个道理每个人都知道。可见与所爱的人相比，我们反而更重视第三者的态度，这种情况下的情感怎么可能是爱情呢？

以自己的外貌作为诱饵引诱女性，并以女性的社会地位作为垫脚石而出人头地的杜洛瓦，还有那些为了向他人展示自己得到英俊男友的幸福女性，以及在《漂亮朋友》小说中出现的形形色色的人物，从本质上说，都是野心的化身。当然，这些人曾经分明都有过因爱而激动的经历。但是不知从何时起，野心一点一点侵蚀了他们，他们的爱情由此被扼杀在摇篮里。爱情并不是每个人都能承担的，因为我们很容易被野心吞噬。莫泊桑的小说描写这些人类面貌，是否想要告诉我们，对于连爱都不能消弭的日益膨胀的野心，人类并不是无能为力，而是可以控制它的滋长，总有一天纯真的爱情或许会降临到我们身边？

居伊·德·莫泊桑

（1850—1893）

莫泊桑在普法战争爆发时应征入伍，由此他认识到了战争的残酷，在"反战情绪"的影响下，他决心要成为一名小说家，从而开始了文学创作。莫泊桑在文学方面得到母亲儿时挚友福楼拜的指导，同时在埃米尔·左拉的帮助下，小说《羊脂球》得以出版。莫泊桑的代表作《一生》和福楼拜的小说《包法利夫人》共同被认为是19世纪法国现实主义文学的杰作。

《漂亮朋友》（1885）的主人公杜洛瓦把所有人都看作是自己出人头地的政治工具，这些人中不乏深爱杜洛瓦的女性。以贵族自封的杜洛瓦能够平步青云、飞黄腾达的原因在于当时的法国社会背景：上流贵族社会的虚伪狡猾；热衷于交际的有钱人家女性淫荡无耻的生活；新闻界和政治界的狼狈为奸。由此可见，腐败淫荡、追求名利的法国上流社会才是杜洛瓦野心滋生的温床。

心情沉重，难以言表，微妙的嫉妒滋味转而迅速变成对玛德莱娜的憎恨。她既然让前夫戴了绿帽子，他杜洛瓦又怎能相信她？不过他的心情很快平静下来。为使痛苦的心灵得到抚慰，他自我安慰道："没有一个女人是规矩的，她们都和妓女一样，只能为己所用，决不可对她们有丝毫的信赖。"这样，内心的痛苦转眼之间变成满腔的鄙视和厌恶，他真想把这些想法和盘托出，发泄一通。不过话到嘴边还是克制住了，他在心里反复重复着一句话:"世界属于强者。我必须做个强者,凌驾于所有人之上。"

在小说中,作者对杜洛瓦的描述是这样的:"虽然他没有领会这一点,但他完全和街上的流浪汉一样,是一个所谓善于社交的流浪汉。"

哲学家的劝告

野心是一种希望自己名声在外的欲望。不管是谁,人总想得到他人的羡慕和关注、称赞和讴歌。谁赞扬并不重要,因为只要是赞扬,就有可能使一个人发生巨大的变化,让一个一无是处的人改头换面成为一个不可缺少的人。回顾我们的学生时代,每个人都会有这样的经历:刚上某一位教授的第一节课时,直觉就告诉我们,这位教授所传授的课程并不值得我们认真学习,我们甚至也知道他没有认真备课。不过假设这位教授在作业或考试方面给我们高分数,时间一长,我们就会觉得这位教授很优秀。更准确地说,在我们心里有这样一个逻辑:给予自己很高评价的人,一定是一个优秀的人。野心大的人,事实上灵魂是非常脆弱的。如果有人称赞他,他就会高兴得像孩子一样手舞足蹈。野心大的人外表看起来很坚强,但事实上软弱不堪。正所谓忠言逆耳,他们根本不想听别人的忠言,当然也就不能客观地发现自己正处于什么状态。如果将人生比作一场战争,做不到知己知彼的人怎么能在战争中保住性命、安然无恙呢?我们的职位越高,野心也越大，真正的危机就会降临到我们的头上，更危险的是，日益膨胀的野心会让很多情感慢慢地消失，而这些情感是让我们的人生更加丰富多彩、不可或缺的元素。野心好比洋槐树，不但生命力极强，而且树根"横行霸道"，让周围的树木面临被吞噬的危险。不过洋槐树在开花的时候，花香沁人心肺。由此可见，我们一定要适当地控制自己的野心，只有这样，我们内心各种各样的情感才能自由自在地丰富起来，我们也可以向幸福迈进一大步。

爱情
AMOR

使自己

从头到脚

焕然一新

《东风·西风》
赛珍珠

"我听你的。"这句话你对别人说过吗？如果没有的话，很遗憾，你必须要承认，你连一次真正的爱情也没有经历过。被爱情俘虏的那一刻，即便是固执如牛的人也会放弃他的固执，享受爱情的快乐。当你很想喝拿铁，另一半却想要喝美式咖啡时，爱情就会让你选择与对方一样的咖啡，因为只有这样才会让你感受更大的快乐，但前提是，对方一定是你爱的人，这难道不是爱情的神圣力量吗？你的想法并不重要，顺从对方的想法可能会让你获得更多的幸福。但这种情况只会发生在陷入爱情的时候，在一般情况下，当你的想法被拒绝时，你往往会感到伤心和挫折，自然也就不会有幸福可言。遵循自己想法的人是生活的主人，顺从他人想法的人是生活的奴隶，像奴隶一样生活，谁会感到快乐呢？

　　陷入爱情的人会将自己认为很重要的东西，比如生活原则、价值观，甚至宗教弃置一边，而这一行为就是已被爱情所俘虏的最好证据。爱情会让人自愿成为奴隶，因此大部分人都会说爱情是最伟大的情感，像意愿、真诚、信念等这些让人自傲且又不容易放弃的东西，在爱情前面都失去了任何作用，变得软弱无力。奴隶是没有任何想法的，也不可能发出自己的声音，到底是什么原因让人愿意成为奴隶呢？ 为了解决疑问，斯宾诺莎的洞见显得尤其重要。

> 爱情是因为一个外在原因的观念所伴随着的快乐。
>
> ——斯宾诺莎，《伦理学》

谈到爱情，人们最先想到的是快乐。斯宾诺莎所说的快乐是在"一个人从较小的圆满到较大的圆满的过渡"时发生的。所以快乐是让人更加充实的情感，而不是让人感到不满足的情感。区别爱情和快乐的界限是什么呢？在爱情中可以找到外部因素，首先，爱情是为某个特定的外部对象而感到的快乐。具体地说，与遇到某个特定的外部对象之前相比，现在你因感觉自己是一个完整的人而感到快乐。结果自然就与这个特定的外部对象陷入爱情，更不会让这个给予你快乐的外部对象离开，还会想尽方法防止他离开，因为你知道，这个外部对象一旦离开，你就会从一个完整的自我沦为一个不完整的自我。

"我听你的"可以说是爱情的口号。为了抓住他，你尽可能地给予他想要的所有的东西。面对一个给予自己一切想要的东西的人，怎么忍心分手呢？但是不能因此就草率地认为爱情是一种献身的行为。尊重他的意见，实际上是为了留住他，只有当他留在你身边，你才会感到幸福。所以"我听你的"实际上是一种诱惑。想尽一切办法让他留在你的身边，你也为此自愿地成为他的奴隶，此外，他还会永远得到你的尊重，这是一种致命性的诱惑，想一想，谁会拒绝这种充满魔力的诱惑呢？

赛珍珠的小说《东风·西风》的主人公桂兰,作为东方女性,可以毅然地舍弃自己所推崇的传统观念,放开自己非常喜欢的缠足,只是为了了却丈夫想要让她成为新女性的心愿。桂兰的丈夫是一位具有启蒙意识的医生,而桂兰却是一位传统的女性,舍弃东方文化而接纳西方文化是一件非常不容易的事情。习惯于东方文化的人却要按照陌生的西方文化风俗生活,并不是想象的那么简单,需要从头到脚彻底地改变自我。小说中的桂兰最终放开缠足是一种具有象征意义的行为,桂兰很清楚将自己从小就裹起来的缠足放开的那一瞬间,她的身体将会面临无法用言语来形容的巨大痛苦,但是桂兰还是愿意解开已经成为她身体一部分、好像皮肤一样的裹脚布,忍受这种割掉身体一部分的切肤之痛的原因就在于爱情。

真的很新奇,丈夫不为我美丽的面容心动,但我的苦痛却牵扯着他的心,他像哄孩子一样安慰我。我备受折磨,无法忍受苦痛,我越来越依赖他,甚至忘掉了他是谁、他的职业是什么,只是不停缠着他。"桂兰,我们一起来克服这场苦痛,"丈夫这样对我说,"那么不堪的样子虽然不忍心看,可这不是只属于我们两个人的事情,想想看,桂兰,这也是为了其他人,为了反抗迂腐丑陋的旧习俗,知道吗?""不要!"我抽泣道,"我只是为了你才忍受的,成为新女性也是为了你!"丈夫放声大笑,随后,他的脸上绽放出和柳夫人说话时才有的光彩,而这光彩才是我苦痛的补偿。今后,像这样艰难的事情不会再有了。

在桂兰的爱情中,存在着一个悲伤的角落。为了得到丈夫的喜爱,她勇敢地承担丈夫想要的一切，可是丈夫仅仅是希望桂兰成为一位新女性。爱上一个人，总是渴望得到他，除了"你"和"我"以外，剩下的一切都不能进入眼帘。而桂兰的丈夫真的爱桂兰吗？当桂兰用米粉将自己涂抹得漂漂亮亮并幸福地等待丈夫的归来时，等来的并不是丈夫的欢喜，丈夫见到这样的桂兰后冷漠地说："拜托，为了我，不要把你的脸弄成这个样子，我更喜欢你自自然然的。"与桂兰自身相比，她的丈夫更关心的是她的外貌。符合他喜欢的样子时就表示关心，反之就无动于衷，这根本不是爱一个人的表现。

一直以来，桂兰的丈夫对她不理不睬，不闻不问。这样的丈夫突然有一天对她表示了关心，而那也是桂兰决心放开缠足的一天。桂兰从来都没有改变过自己的想法，这样循规蹈矩的桂兰却将自己的身心全部奉献给了这场所谓的伟大爱情。反之，她的丈夫对桂兰本身并不关心，他关心的只是桂兰的缠足，因为他想要从医学的角度来研究陈旧的习俗是如何摧残桂兰的脚趾的。可见，桂兰的丈夫只把她当作一个接受启蒙教育的对象，只是从人类友爱或者说人道主义的角度来关心她。桂兰的丈夫对桂兰实际上只怀有恻隐之心，因为她是以缠足为代表的东方文化的受害者。最后，桂兰的丈夫因为桂兰按照他的想法，抛开未开化的风俗，走上文明开化的道路，才向桂兰报以微笑，而这微笑和对新女性柳夫人的微笑是一样的。

桂兰的丈夫永远不知道，真正不幸的人不是桂兰，而是他自己。桂兰放开缠足的那一瞬间，也是桂兰将自己的身心全部献给让她彻底改变的爱情的时候。与桂兰相比，她的丈夫没有与之相当的爱情，他不可能为了桂兰放弃他追随的西方文化，接受东方文化的洗礼，但桂兰能做到。我们可以感受到在桂兰和她丈夫之间存在一道不可逾越的鸿沟，这也是他们的悲剧，妻子为了爱情将自己彻底改变成丈夫想要的样子，但丈夫关心的只是妻子是否符合自己的要求，由此推断，他们两个人会在不久的未来走上不幸之路，他们的矛盾不是东西方文化的差异，而是本身存在的更大的矛盾，这个矛盾将会像更猛烈的暴风雨一样袭击他们。

赛珍珠

（1892—1973）

赛珍珠跟随传教士父母来到中国，并成长于中国。她的大女儿是智障儿童，她为了挣稿费贴补家用而开始从事写作。她的第一部小说《东风·西风》（1930）获得了意想不到的成功，随后发表的小说《大地》（小说中王龙的女儿是作者大女儿的化身）还荣获了普利策奖，接着后续篇《儿子们》《分家》也得以出版。1938年她获得诺贝尔文学奖，是第一位获奖的美国女性作家，诺贝尔颁奖委员会对她的评语是："对中国农民生活进行了丰富与真实的史诗般描述，且在传记方面有杰出作品。"回到美国之后，她与自己的出版商沃舍再婚，并创建赛珍珠集团，旨在帮助美国军人在海外与亚洲妇女非婚所生弃儿，且亲自收养了九名子女，因此获得人类特殊贡献奖。

《东风·西风》虽然只是一部小说，却将东西方文化的矛盾浓缩在其中。桂兰的母亲说过："你同龄人中，像你这样有这么好看小脚的人根本找不到。"可见她为女儿的缠足感到骄傲。相反，她儿子的未婚妻在私塾学习时,她却很担心地说:"学问和美貌根本搭不上边。"这部小说围绕着"缠足"这个小插曲,深入刻画了因价值观的差异所带来的冲击和分歧。

丈夫面带微笑,深情地凝视着我,我急忙将椅子下面的脚挪了出来。他的话给了我很大的打击,缠足不美吗?一直以来,我都为自己的小脚骄傲,在儿时永远是母亲亲自将我的脚放在温水中,每天都将裹脚布一点一点地、紧紧地缠在我的脚上,我疼得掉下眼泪,但还是咬着牙挺着,因为我总是在幻想将来有一天我的丈夫会赞美我小脚的美丽。

哲学家的劝告

相爱的两个人可以通过彼此的存在而成为对方人生的主人公。除了两个人之外,其他的一切都会退居到配角的位置,包括像家人或朋友一样的个体,也包括像宗教或政治信念一样的理念。以主人公的身份生活时,我们的人生充满幸福;以配角的身份生活时,我们的人生只有黑暗。连梦想和思想都不能坚持到底的配角人生,怎么会幸福呢?所以我们才会不顾一切地寻觅爱情。"不自由毋宁死!"这样的口号也贯穿在爱情中。"不作主毋宁死!"爱情的危机或悲剧可以利用爱情的定义来说明。首先,相爱的两个人不是处于平等关系的时候,他们的爱情就会出现失衡的现象。真正的爱情是，女性将男性作为自己人生的主人公，男性也将女性看作自己人生的主人公，但不知从何时起，女性依然很努力地把男性视为自己人生的主人公，男性却有可能不再继续努力。当然相反的情况也有。此刻的爱情就陷入了危机。另一种危机是，除了相爱的两个人之外，第三者从配角的位置上升到主人公的位置。这第三者有时候是公公婆婆，比如，公公婆婆过于干涉两个人的生活；有时候也可以是一种理念，比如，当其中一方的宗教或政治信念成为两个人思想领域的核心时，两个人的爱情便从主角降到配角，与此同时，爱情所带来的快乐也会慢慢地消失。如何既理智又果断地克服这样的危机，对所有相爱的人来说都是不得不面对的唯一的难题。

勇敢
AUDACIA

使懦夫

变成勇士的秘密

《1984》
乔治·奥威尔

光明磊落的人才有资格爱上一个人，爱情才会堂堂正正。但有时候一个卑怯懦弱的人也会深陷爱情，这种爱情的开始就是悲剧的序幕拉开的时候。举个例子，当一个人走在寂静无人的深巷中时，突然被一群蛮横无理的地痞流氓围攻，他们要求他下跪来表示对他们的服从。若他是一个胆怯而又懦弱的人，他肯定连一句话也不敢顶撞，为了从这一窘境中逃脱出来，他很容易会双膝跪下，当然这种情况往往是在他一个人的时候才有可能发生的。假设他是和所爱的人共同处于这样的窘境，那么即便他是一个软弱的人，或许也难让自己双膝跪下。在所爱的人面前，听从流氓的命令而双膝跪下，就等于将所爱的人拱手相让于流氓，更不用说用自己的力量来保护所爱的人了。在主人面前，奴隶如何宣告对自己所珍爱事物的所有权呢？

　　有时候，爱情也会让奇迹发生，因为爱情可以让一个卑怯而又懦弱的人变成勇士。当恋人在身边时，即便是一个胆怯的人，也会变得像狮子一样勇敢，可以跟比他强很多、占有绝对优势的对手展开搏斗。在恋人面前，与其暴露软弱胆小的一面，还不如被流氓打死更痛快，这种想法会使他变得更加勇敢。只有光明正大的人才有资格谈恋爱，因为爱情会使人变得更加坦荡自若。这种情况并不局限于异性之间的爱情。只要心中有爱，独自一人时从来没有体验过的勇敢，就会因爱而爆发出来，这种经历可能每个人都有过。我们经常看到，母亲为了保护自己的孩子，不顾歹徒好像恶鬼一样凶横，不顾自己根本不是歹徒的对手，不要命地扑上去与其搏斗。不可否认，爱情使我们变得勇敢无畏，对于这种勇敢，斯宾诺莎又是怎样想的呢？

> 勇敢是一个人受到刺激而做出同辈的人不敢做的危险之事的欲望。
>
> ——斯宾诺莎，《伦理学》

斯宾诺莎的定义看起来过于平凡，站在一般人的角度，心甘情愿地不顾生命去面对充满恐怖色彩的危险，人人皆知这是一种勇敢的表现。在《伦理学》中，斯宾诺莎却将勇敢视为欲望的一种，这一观点让我们再一次为他的非凡思想由衷地叹服。斯宾诺莎认为，欲望是一种谋求增进快乐的手段。像爱情这样能给予人们生活的勇气，或者能让幸福持久下去的情感是很难找到的。乔治·奥威尔的小说《1984》所描述的就是爱情的这种威慑力，这是一种在至高无上的权力面前毫不畏惧的勇气。小说的主人公温斯顿·史密斯生活在一个极权主义的社会里，在这个社会里，到处都粘贴着一种口号："老大哥在看着你呢！"

平凡的小市民温斯顿竟敢于向自己所在社会的体制发起挑战，到底是谁向他传递这样无畏的勇气的呢？不是别人，是裘莉亚，故事也由此展开，讲的就是温斯顿和裘莉亚如何对抗"老大哥"。如果心中有爱，弱者不但会变成强者，还能以爱的名义抱成一团。小说中的"老大哥"成功建立了一种坚不可摧的社会制度，这样的"老大哥"不可能不知道这种事情。"老大哥"对于男女之间的交往十分警觉，为了防止这种情况发生，建立了很多制度和规范，甚至还创建了监视体系。

无法触摸到的权力要想统治大多数人，唯一可行的方法就是切断人和人之间的纽带或连带关系。例如，公司的部长向属下高喊："你们都过来，都要听我的指示。"事实上，这是非常轻率的举措，还不如将职员一个一个分别叫到办公室，针对他们之间的关系"说三道四"，甚至挑拨职员之间的和睦关系，这不失为一种控制职员的"最佳"方法。"老大哥"虽然对爱情十分忌讳，但也不能将它从人们的生活中全部铲除，因为即使生活在极权社会里，人类依然是人类，还是对爱情心存渴望的。

《1984》描写非常惧怕"老大哥"的温斯顿和裘莉亚深深地相爱了，他们的相爱也是悲剧的开始。在至高无上的权力面前，他们能保护好自己的爱情？起先他们坚信，在权力面前，也许他们不得不暂时屈服，但权力还是无法将根深蒂固的爱情从他们的心中铲除。他们甚至相信，即使"老大哥"的手下将他们杀死，他们的爱情也会天长地久。以下的一幕就是他们之间的对话，其内容非常悲壮。

"我不是说招供。招供并不是出卖。无论你招不招供都无所谓。但有所谓的就是感情。如果他们能使我不再爱你——那才是真正的出卖。"

听了这些话，裘莉亚深深地陷入思索中。

"他们做不到，"她断然地说，"这是他们唯一做不到的事。

不论他们可以使你说些什么话,他们都不能使你相信这些话。他们不能钻到你肚子里去控制你的心。"

"不能,"他说,"不能。这话不错。他们不能钻到你肚子里去。如果你确信保持人性是值得的,即使这没有任何结果,你也已经打败了他们。"

不管是裘莉亚还是温斯顿,他们都预感到一旦被"老大哥"的监视网看到,就要承受各种各样的严刑拷打,然而这两个人依然坦然自若。他们知道在酷刑面前,能经受住的人几乎没有,他们也明白,他们中间若有一个被抓住,一定会招供。即便是这样,他们还是坚信自己的爱情牢不可破,对于他们的爱情,"老大哥"无可奈何。果不其然,不久他们双双被"老大哥"的手下抓住,隔离开分别进行审问,也被施行了各种各样的酷刑。可是他们还是有可能活下来的,因为他们并没有舍弃自己的爱情。最后"老大哥"的手下只能选择一种办法,就是将爱情从他们的心中连根拔起,只有这样,才能让他们屈服于他。

小说以悲剧收场,温斯顿舍弃了对裘莉亚的爱,重新找回对"老大哥"的尊敬。他不但背叛了自己的爱情,还完全投降于极权主义。这等于他放弃了成为自身主人的权利,最终温斯顿沦为"老大哥"的奴隶。小说的最后一句话富有戏剧性:"一切都很好,斗争已经结束了。他战胜了自己。他热爱老大哥。"在温斯顿背叛裘莉亚的爱情那一瞬间,"老大哥"的手下射出的子弹——这是温斯顿等待已久的子弹——在一束火光的照耀下穿透了温斯顿的脑袋,这也是"老大哥"所期待的结局。与自己所拥有的绝对权力相比,杀死怀揣爱情的温斯顿这件事微不足道,就像踩死一只蚂蚁那样不费吹灰之力。但任意处死温斯顿是"老大哥"的权力无法发挥作用的领域,"老大哥"也承认这一点,所以他等温斯顿自己来背叛并亲手扼杀爱情。

对于已经完全降服于"老大哥"的温斯顿的结局,很多人纠缠于他到底死还是没死这一问题,但这并不重要,重要的是在温斯顿背叛爱情的那一刹那,他已经是行尸走肉,和死人没有任何不同。真正的悲剧或许不是温斯顿的脑袋里被射进了子弹,而是他背叛了裘莉亚,并顺从"老大哥"的选择,而他对这一选择深信不疑。若爱情已死,被称为勇敢的情感,也就是敢于面对各种不义行为和压迫的人性化的情感也随之销声匿迹,不再存在。这些也许就是作者想要告诫我们的,守护好自己的爱情,否则,人类一切有价值的东西,以及作为人类所拥有的自豪感也会走向灭亡。

乔治·奥威尔
(1903—1950)

乔治·奥威尔作为英国警官在英国的殖民地缅甸工作过,在此期间,他深感"罪恶良心所带来的自责",于是开始辗转于世界各地,在巴黎和伦敦深入社会底层过着穷苦生活。此外,西班牙内战爆发后,他作为共和国国际志愿军的一员加入战争,并以战争的经历为基础,发表了自传体小说《向卡特洛尼亚致敬》。《1984》是向高度情报化社会的危险性提出警告的一部具有预言性质的小说(小说的书名在1948年编辑整理书稿时最终改为"1984")。这部小说通过对极权社会如何抹杀人性的描写，提醒世人对此要进行反思，是一部严肃的、让人感到窒息的政治小说，但简单明了的主题反而使读者更容易接受。

不像温斯顿，她了解党在性方面搞禁欲主义的内在原因。按照他所说的，这只是因为性本能创造了它自己的天地，非党所能控制，因此必须尽可能加以摧毁。尤其重要的是，性生活的剥夺能够造成歇斯底里，而这是一件很好的事，因为可以把它转化为战争狂热和领袖崇拜。她是这么说的："做爱的时候，你就用去了你的精力；事后你感到愉快，天塌下来也不顾，什么辱骂和诅咒都无所谓。他们不能让你感到这样。他们要你永远充满精力。什么游行、欢呼、挥舞旗帜，都只不过是变了质、发了酸的性欲。要是你内心感到快活，那么你有什么必要为老大哥、三年计划、两分钟仇恨等他们的这一套名堂感到兴奋吗？"

朋克时尚女王维维安·韦斯特伍德也是乔治·奥威尔的热心读者，她说："阅读像《1984》这样的小说可以了解过去的人们对事物的看法，这使我们更容易了解现在我们生活的世界。"

哲学家的劝告

勇敢的人是指有勇气的人，不过事实上勇气是不存在的。"你的勇气可嘉!"正因为有了这种表达方式,我们才会误以为每个人的内心似乎都存在勇气。敢站在蹦极台上的人很多,但敢于抓住栏杆向前勇敢跳出那一步的人很少。这一点很重要,当我们处于像站在蹦极台上一样的危险情况时,进一步说,就是站在危机边缘的时候,就是我们应该做出决定的时候。向前迈出一步,你就会飞身跳向空中,向后退一步,你就安全了。对于大胆地跳向空中的人,我们认为他很有勇气,很大胆;而对于向后退一步的人,我们认为他很胆小,优柔寡断。不过,不是有勇气才跳向空中,而是跳向空中的行为本身是有勇气的行为;不是因胆小才向后退,而是向后退一步的行为本身是胆小的行为。所以这样解释更好:若处于危险情况时,也可以像蹦极一样不顾一切地去面对的话,那么可以说这个人曾经是一个有勇气的人。不过在遭遇新的危机时,他却不能果断地面对,甚至根本没勇气面对,那么曾经拥有过的勇气是没有任何意义的。可见勇气和没勇气并不属于永远不变的性格。一个人原本很胆小,或者原本很勇敢,类似这样的情况是不存在的。只有在面对危机时,勇气才会被释放出来,并发挥其作用。当处于像站在蹦极台上一样的危险情况时,是向前跳一步还是向后退一步,对于结果谁都难以预料。但明确的一点是,如果有所爱的人,向前迈一步的可能性会更大一些。

贪婪
AVARITIA

连爱情

都吞噬的怪物

《了不起的盖茨比》
F.S. 菲茨杰拉德

"金子！黄黄的、发光的、宝贵的金子！不，天神们啊，我不是白白地祈愿得到这些！这东西，只这一点点，就可以使黑的变成白的，丑的变成美的，错的变成对的，卑贱变成尊贵，老人变成少年，懦夫变成勇士。……它可以使害着麻风病的人为众人所敬爱；它可以使窃贼得到高爵显位，和元老们在会议上分庭抗礼；它可以使黄脸的寡妇重新得以做新娘，即使她浑身有着化脓的伤痕，人人见了都要呕吐，但有了这东西也会恢复五月的青春，得到以往的娇艳，吸引更多的求婚者。"

这是莎士比亚的戏剧《雅典的泰门》第四幕第三场。在资本主义产业化发展之前，人类对于金钱的态度可以说是过于执着、顽固不化，19世纪工业革命以后，资本主义主宰人类生活，但人类对金钱的贪婪依然贯穿于整个19世纪。

正如莎士比亚所感慨的那样，富有可以使一切变得更好、更年轻、更高贵，甚至更加可爱，充满魅力。但所感慨的真正内在含义没有改变，依然在强调：黑色是黑色、不好是不好、丑陋是丑陋，反之也含有其所谓的浪漫主义的真实性，即白就是白、好就是好、漂亮就是漂亮。19世纪之后，人类社会正式进入资本主义社会，而且只是在这一个世纪里，人类果断地脱下了一直以来在名义上维系的浪漫主义的外衣，内心的丑陋情感也随之显现出来。金钱无法买到的物质并没有上升为具有高价值的物质，而是沦为不具有任何价值的东西。当几乎所有的物质都可以通过金钱得到时，在人类的所有欲望中，贪婪也进而牢牢占据着第一位。那么情感哲学家斯宾诺莎是怎样解释这一概念的呢？

> 贪婪是对财富无节制的欲望和爱好。
>
> ——斯宾诺莎，《伦理学》

正如斯宾诺莎所讲的那样，被称为"无节制"的欲望和爱好就是贪婪的实质。所以，在贪婪这种情感里，不存在中庸的概念。贪婪的情况就好比口渴的时候喝海水，海水可以解一时之渴，但过一段时间就会比之前更加口渴难耐。佛教用语中有一个词叫做"渴爱"，意思是"如渴而爱水也"，即"渴爱难满，如海吞流"。欲望是如渴而见海水，越喝越想喝，没有节制，是一种致命性的情感。钱已赚得盆满钵满，即刻起可以好好规划生活，像这样的节制力在贪婪面前是不可能存在的。不管是从法律层面还是社会层面来看，虽然最低生活费有一定的规定，但最高生活费是无法规定的，同样，生活在资本主义社会里的人们对于欲望也是没有界限的。

年薪为三千万元（韩币）的人更希望能获得五千万元（韩币），当梦想成真时,他会满足吗?不会的,他会希望自己的年薪涨到一亿元(韩币)。再多的金钱也不能保障人会拥有像死后进入天堂那样的幸福,但可以保障人活着的时候能得到世间的快乐。对于一夜暴富这种从天而降的幸福,我们的想象力就会变得极度丰富。"要去环球旅行,还要买兰博基尼,嗯,对了,还要换一个恋人,因为她根本不配拥有这笔钱,也许她会不顾一切,得意忘形,想尽一切办法和我一起使用这笔钱。"这是一种多么现实的幸福呀!所以有一种更为恰当的解释:有的人的梦想就值三千万元,有的人的梦想却值一亿元,那么拥有价值一百亿元梦想的人该会多么幸福呀!不仅是眼前的东西,相信连未来的衣食住行、未来的恋人等所有的一切都可以用金钱买到。由此可见,我们怎么可能摆脱对金钱的贪婪呢?结果,正是这种贪得无厌的行为让我们的生活濒临崩溃的边缘。

20世纪伟大的小说家F.S.菲茨杰拉德所写的小说《了不起的盖茨比》捕捉到了这一点,并对此进行了深刻的描述。

盖茨比转向我硬邦邦地说:"我在他家里不能说什么,老兄。"

"她的声音很不谨慎,"我说,"它充满了……"我犹疑了一下。

"她的声音充满了金钱。"他忽然说。

正是这样。我以前从来没有领悟到。它是充满了金钱——这正是她声音里抑扬起伏的无穷无尽的魅力的源泉,金钱叮当的声音,铙钹齐鸣的歌声……高高的,在一座白色的宫殿里,国王的女儿,黄金女郎……

刚才所读的章节给我们留下深刻的印象，这部小说对于贪婪的阐述与开头读到的莎士比亚戏剧《雅典的泰门》的台词一样精彩无比，让人铭刻在心。从表面上看，小说的情节就好像一部言情肥皂剧一样，围绕着爱情和婚姻这种老套的话题而展开。然而，若读者没有把握小说所描述的与富有相关的人类贪婪性，那么读过也跟没读一样。《了不起的盖茨比》的主人公仅四位：一位是叫"尼克"的作为小说叙述者的"我"；一位是通过五年的时间积累了巨额财富，却在寻找昨日之爱的盖茨比；一位是盖茨比的前女友黛茜，黛茜虽然已婚，但魅力犹存；最后一位是黛茜的丈夫汤姆，他以庞大的财产作为武器来诱惑黛茜，名正言顺地成为黛茜的丈夫，但是当盖茨比重新出现在黛茜的面前时，黛茜的心开始泛起波澜，让她在汤姆和盖茨比之间徘徊不定，不知所措。

事实上，对黛茜而言，盖茨比也好，汤姆也罢，只不过是她手中掌控的傀儡，一种只需要给予她更多财富的傀儡，由她决定谁来扮演这种傀儡的角色。从目前的情况来看，丈夫还是魅力十足，她也满意自己的生活，但当曾经贫困交加，现在却家财万贯的盖茨比回到她身边之后，情况发生了转变，她甚至为了是否应该与汤姆决裂而苦恼万分。归根结底，通过汤姆，不，更准确地说，通过汤姆的金钱可以实现的梦想，远远敌不过盖茨比的金钱所造就的梦想，因为后者能让黛茜对自己的未来更充满幻想和期待。面对盖茨比的财富，被称为"黄金小姐"的黛茜此时更加幸福不已，她在梦想着更加灿烂的未来。"抑扬起伏的无穷无尽的魅力的源泉，金钱叮当的声音，铙钹齐鸣的歌声。"这首歌是黛茜对于金钱的态度的真实写照。

小说通篇讲的是，在盖茨比和汤姆之间，黛茜面临着选择，但态度暧昧，虽然她认为盖茨比可以完全满足自己的贪婪，但贪婪的苦恼中也缠绕着家庭的苦恼，就在黛茜的天平渐渐倾向于盖茨比而忽略汤姆时，汤姆看出了其中的端倪。当汤姆知道盖茨比的财产是通过不法手段而积累下来的时，他马上向黛茜揭露了这一真相，告诉黛茜盖茨比的富有就像空中楼阁一样，随时会倾家荡产。听到这一消息，黛茜马上舍弃了盖茨比，重新回到汤姆的身边，而正如盖茨比看透了黛茜的贪婪本性一样，汤姆对此也是非常清楚的，进而利用这一点，给了盖茨比很大的反击。

不要忽略一点，事实上，五年前，贫穷的少校军官盖茨比爱上"大家闺秀"黛茜，也有对富有存在幻想的一面，当时的盖茨比若能和黛茜走到一起，那么黛茜所拥有的富有甜蜜的生活，他也会与之共同享受。

> 黛茜是他所认识的第一个优雅的"大家闺秀"。他以前以各种未透露的身份，使出浑身解数与这一类人接触过，但每次总有一层无形的铁丝网隔在中间。他为她神魂颠倒。

可见，盖茨比的爱情也是从贪婪开始生根发芽的，因此了不起的并不是盖茨比，真正了不起的难道不是将盖茨比、黛茜以及汤姆连在一起的贪婪吗？所以小说真正的主人公不是以上三个人，而是金钱！

F.S.菲茨杰拉德

（1896—1940）

菲茨杰拉德的小说基本上都融进了自己的故事，对于金钱，他有着强烈的追求，因为他憧憬上流社会中令人炫目的交际圈，也想将"泽尔达"留在自己的身边。小说《人间天堂》和《了不起的盖茨比》(1925)的成功使菲茨杰拉德积累了财富和名气。对于主题是否单一化这一问题，他的回答是："天哪！不是钱，那还能有什么别的主题吗？"

她的家使他惊异——他从来没进过这样美丽的住宅，里面洋溢着一种动人心弦的情调，而这就是因为她住在那里……这房子充满了引人入胜的神秘气氛，仿佛暗示楼上有许多比其他卧室都美丽而凉爽的卧室，走廊里到处都是赏心乐事，还有许多风流艳史——不是霉烘烘、用熏香草保存起来的，而是活生生的，使人联想到今年雪亮的汽车；联想到鲜花还没凋谢的舞会；很多男人曾经爱过黛西。这也使他激动——这在他眼中增高了她的身价。

《了不起的盖茨比》的叙述者尼克将盖茨比所憧憬的这种神秘性打破了，尼克让盖茨比知道，汤姆和黛茜外表看起来温文尔雅，事实上已堕落成冷酷无情、追求奢侈与财富的俗物。与这两个人相比，盖茨比虽然用可疑的方法积累起财富，但他的梦想反而更加单纯，只是为了重温爱的旧梦。"盖茨比本人到头来倒是无可厚非的、使我对人们短暂的悲哀和片刻的欢欣暂时丧失兴趣的,却是那些吞噬盖茨比心灵的东西,是在他的幻梦消逝后跟踪而来的恶浊的灰尘。"菲茨杰拉德曾为好莱坞写电影剧本,却接连遭到失败;妻子又一病不起,使他精神濒于崩溃,终日酗酒,最终于四十四岁因并发心脏病而离开人世。

哲学家的劝告

　　人类对金钱的渴望是根深蒂固的,在资本主义社会里,没钱什么事都做不了,资本主义社会是一种金钱万能的拜金主义社会体制。在现代社会,金钱不再是单纯的结算手段,而是不可缺少的绝对性的生活手段,同时也有着绝对性的目的。如果没钱什么事都做不了的话,那金钱的地位已经上升到让人推崇的程度,所以我们只能对金钱充满渴望。回到现实中来看,在我们选择大学和专业时,花大力准备就业时,这些行为的最终目的难道不是挣更多的钱吗？只要有钱,不但可以去旅行,还可以买自己喜爱的东西,甚至连幸福、爱情、恋人都好像很容易得到。如果有钱,朋友、恋人,甚至连不认识的酒店大堂经理也会对我们体贴、温柔。这些人对金钱就好像对神一样崇拜。当我们身无分文时,朋友或恋人也会随时从我们身边流失。为了避免这种情况的发生,我们存钱、存钱,再存钱,不停地存钱！我们为了得到关心和爱情而努力挣钱,但让人不可思议的是,随着对金钱的渴望越多,我们的人际关系反而越疏远和陌生。打个比方,就像很多愚昧的女人把自己的身心全献给神，却无法顾及家人，这里的"神"指金钱，为钱而失去天伦之乐，可谓得不偿失。那么究竟有没有从对金钱的渴望中摆脱出来的方法呢？有！就是规定最低生活费，以此来计算需要挣多少钱。想把金钱的地位从现在的绝对性生活手段转变为本来所具备的结算手段，只能利用这种方法。金钱是一种手段，通过它，可以去旅游，品尝美食，买漂亮的衣服。金钱是一种润滑剂，让相爱的人之间的关系更加浪漫，更加情意绵绵。但不管怎么说，计算好最低生活费，在生活中要做到坚持不变。这就是唯一摆脱金钱诱惑的方法。"可以了，这样就可以了。""现在是享受人生和爱情的时候了。"只有这样，我们才能从对金钱的渴望中轻松地迈出第一步。

厌恶
AVERSIO

疼痛的伤口

演变为

对世界的诅咒

《野草在歌唱》
多丽丝·莱辛

有这样一种男人，不但对妻子，还对亲生的孩子施加暴力。对所爱的人和应该得到保护的孩子拳脚相加，必定是由于酒精的作用，或者身心处在不健康的状态，否则怎么下得了手呢？毫无疑问，这种暴力行为可以"成功地"使他发泄压力和不满，然而代价是他的压力和不满将原原本本传输给自己的家人。不过大部分男人酒醒之后，就会在妻子和孩子面前痛哭流涕，尽力表现出软弱和可怜的一面，以此博得同情和获得原谅。"我一定是疯了，对不起，我错了。"这种软弱的样子使家人深陷暴力的恶性循环，继续承受着无休止的暴力行为，并成为其牺牲品。反倒是那些不管有没有喝酒，都向手无寸铁的妻儿施加暴力的人，情况会更好一些，因为家人可以真正做到恨之入骨。若因经济能力不足而无法离开这种人，那么很不幸，这也是无可奈何的选择。

家暴的恶性循环给孩子造成致命性的伤害，甚至一辈子也不可能得到治愈，可谓是"刻骨铭心"，特别是对女儿来说，家暴带来的创伤更加严重，更加难以治愈。暴力父亲一般都有两副面孔：其一，酒醉之后变成疯子一样、肆意妄为的父亲。其二，酒醒之后自责而又可怜的父亲。前者是恶魔，后者却是"天使"，而就是这两副面孔才是女儿（即便是成熟的女儿也）挥之不去、永远伴随着她的伤痛，这才是伤害的实质。若父亲是天使与恶魔的混合体，那么女儿也很难交到一个正常朋友。她担心看起来像天使一样的人背后或许隐藏着恶魔般的暴力性，可能就是因为这样，这种人微不足道的体贴反而让他看起来像天使的化身。此外，很多女性或许就是因为在幼年时期目睹了暴力父亲的所作所为，所以往往很难拥有正常的爱情生活和幸福的婚姻生活。

幼年时期所受的暴力性的创伤能伴随人的一生，就好像恶魔一样缠绕着我们无法根除，所带来的苦痛也像死后的幻觉一样，根本无法想象。似乎只有死去，创伤带来的负面影响才能消失。多丽丝·莱辛的小说《野草在歌唱》让人潸然泪下，也是出于这种原因。这部以南美社会为背景的小说所描述的是一个凄凉惆怅的故事。玛丽是一位幼年时期经历了不少痛苦的女性，成人之后，她的爱情也以悲剧收场，小说详细地刻画了她的爱情是如何失败，如何走向崩溃的。玛丽的父亲"是一个卑微的底层管理员，一旦被人毕恭毕敬地叫着'先生'，就会原形毕露，对比自己身份还低的黑人土人大喊大叫，尽管他只是火车上一个管水的小职员"。在这里，需要注意一点，玛丽的父亲向家人施暴的原因就在于他作为一家之主所感到的无能以及无法摆脱的贫穷。

玛丽的父亲的家暴行为究竟是怎样造成的呢？真的是因为贫穷，还是因为玛丽的被害意识？从强者的角度来看，玛丽的父亲是卑劣的人，从弱者的角度来看，玛丽的父亲是暴力型的人，这是庸俗的、软弱的小市民身上所具备的两大特征。从精神层面来看，软弱的人所显示的特征是，当他从强者那里受到压迫时，他不敢发作，而是把这些全部发泄到弱者身上。以自身经历为基础写小说的多丽丝·莱辛，在小说中宣泄更多的就是父亲的这种小市民的特征，而不是父亲的暴力性。但这只不过是文学评论家从文学的角度对小说所述说的情况经过分析而做出的解释。身为小市民的父亲怎么会向自己的妻子和女儿施暴呢？因为父亲已感觉到，对于柔弱的妻女来说，自己只是一个灾难性的、可有可无的存在，而父亲的暴力只是无形的情感暴力。

父亲的无能以及小市民般的庸俗让玛丽心生厌恶，导致玛丽在十几岁时离开家，一个人去城市生活。她担心自己也像母亲一样，对父亲的无能以及贫穷只是无奈地接受。这种生活是她惧怕的。玛丽的童年生活是痛苦的，连最亲密的家人的亲情也得不到。后来她成为一位秘书，从事打字工作，过着有条不紊的生活，对于结婚她连想都不敢想，玛丽父母不幸的婚姻生活让她对组成家庭完全失去了信心。如果父母给她带来的伤害不能完全治愈，即便结婚，她也很难得到幸福。直到有一天，连一次恋爱也没有谈过的三十多岁的玛丽听到她的朋友在背后议论她"不正常"，这些曾在她面前表现得亲切有礼的朋友让玛丽感到非常恐慌，为了不再受到这样的诋毁和伤害，玛丽选择与无所作为的农场主人迪克结婚，自己也成为农场的女主人。缺少爱情的玛丽因为不能忍受他人的中伤，而在仓促之间选择结婚。

他如此这般地讲下去，她听他讲述着一样样东西的来源，凡是她认为寒酸和简陋的东西，他都认为是克服艰难困苦之后得到的胜利，她渐渐感觉到，现在并不是在这所房子里跟丈夫坐在一起，而是回到了母亲的身边，看着母亲在无休无止地筹划家务，缝衣补袜，最后她实在忍不住了，突然跌跌撞撞地站了起来，着了魔似的,好像觉得是自己的亡父从坟墓中送出了遗嘱,逼迫她去过她母亲生前非过不可的那种生活。

结婚对玛丽来说是悲剧的开始,她来到农场之后,直觉自己所面临的现实是多么的残酷。对于玛丽来说,迪克是父亲的化身,而她则是母亲的化身。她与迪克之间的婚姻生活是她父母生活的延续,其前景将是一片黑暗。玛丽的农场生活刚开始不久,她就已经对迪克心生厌恶,这一结果是玛丽意料之中的,她预感到迪克的软弱和小市民般的庸俗将会给她的生活蒙上一层阴影,使她不得不去面对生活中的风霜雨雪。事实上玛丽在结婚前曾经认为迪克是一个有魅力的人,或许这是她的错觉,错把他的世俗性当时一种体贴而已。但在结婚之后,玛丽把这一点看作使自己的生活变得更加苦不堪言的"元凶"。此外,玛丽还通过其他层面再次确认迪克的性格是懦弱而又优柔寡断的。玛丽曾经为了逃避因父亲一手造成的黑暗的家庭生活,孤身一人来到另一个城市,过着快乐的单身生活。现在她与父亲的翻版迪克相遇,迪克同父亲一样,给她的生活带来无比沉重的压抑感,她自然而然就对迪克产生了厌恶。

厌恶是为偶然引起痛苦的对象的观念所伴随着的痛苦。

——斯宾诺莎,《伦理学》

在这里,我们应该注意斯宾诺莎的定义中的"偶然"这个词。和某个人在一起感到痛苦时,这个人会让你的生活有一种无比沉重的压抑感,那么厌恶这个人也在情理之中,在这种情况下,感到的痛苦和厌恶是必然的。这种痛苦和厌恶直接来自两人之间的关系。此外，还有一种让人感到痛苦的情况，就是当看到某个人时，你想起了曾经厌恶过的人，这会让你更加无法控制自己去讨厌现在站在眼前的人，这种厌恶并不是必然的，而是一种反感的情绪。玛丽所看到的迪克让她回忆起自己曾经厌恶的父亲，明确地说，玛丽讨厌迪克的真正原因可以归结为迪克将反感情绪带给了玛丽。反感也有反感的法则，最终玛丽的反感不但使她与迪克的生活走向崩溃的边缘，还延续到在农场工作的黑人土人身上。他们中有一个叫做"摩西"的黑人曾将玛丽从创伤和反感中解救出来，最后却杀了玛丽，原因就是这种像黑死病一样蔓延的反感情绪。这是一个让人胆战心寒的悲剧。摩西这个名字来自《圣经》，是一个与迦南地有约定的人，想必大家知道这故事吧，我就不多言了。

多丽丝·莱辛
（1919—2013）

多丽丝·莱辛成长于曾是英国殖民地的罗得西亚（津巴布韦的旧称）。十五岁时她离开家，先后当过打字员、电话接线员等，结过两次婚但都离异，生活非常艰苦，这些苦难使莱辛决心成为一名作家，三十岁时回到英国并出版了小说《野草在歌唱》(1950)。莱辛的大部分小说都针对女权主义和种族矛盾进行了深刻的阐述，这些作品使莱辛在英国文学界一举成名。2007年，莱辛获得诺贝尔文学奖。在颁奖词中,莱辛被称为"女性经验的史诗作者,以其怀疑的态度、激情和远见,清楚地剖析了一个分裂的文化"。

《野草在歌唱》以作者生活过的罗得西亚某个村庄发生的真实案件为题材,主人公玛丽是一位打字员,在属于自己的社会里,可以说是一位成功的职业女性。然而她在面对自己的未来这么重要的事情上,迫于社会压力草率地做出了决定,再加上性格的软弱,幸福对她来说只不过是空中楼阁,根本无法降临在她身上。

  玛丽已经三十多岁了,受过很"好"的正规学校教育,作为"文化人"一直问心无愧地享受极其舒适和安逸的生活,此外,托低级趣味的小说的福,对于自己所处的时代,玛丽该知道的全部都知道了。但是现在的玛丽心态完全失去了平衡,恍惚而不知所措,对于自身知道得太少的玛丽,只因听到那些喜欢议论别人的女人们说她应该也必须结婚,而陷入了混乱之中,仅仅是因为这么简单的理由。

通过自学成为作家的莱辛曾经这样劝告读者:假如在读书的时候,感到冗长和厌烦,就要果断地放弃读这本书,而且读书也不应该是出于义务或者因为它是畅销书。在二三十岁时不能读的小说,到了四五十岁时可以重新阅读,因为同样的作品在不同时期能带来不同的感受,可以说能展现一个全新的世界。

哲学家的劝告

很多女性都有过这样的经历：在应该跟丈夫分开的时候，却无法走到离婚这一步，原因主要在于经济上的问题。跟施暴的丈夫一起生活真的很艰难、很辛苦，可一旦离开现在的家庭，女人的未来就难以保障，甚至连最基本的吃住问题也难以解决，由此打消了离婚的念头。但一看到丈夫那冰冷而又嫌弃的眼神，女人就觉得自己好像是丈夫很厌恶的虫子一样，更有一种丈夫可能随时扑上来碾死自己的恐惧感。这种恐惧感将女人淹没，让她难以喘息。她厌恶这样的丈夫，更厌恶离不开丈夫的软弱的自己。更难以接受的是，连她的亲生儿子也开始厌恶她，随着儿子渐渐长大，儿子好像是父亲的翻版，不仅是在外貌上，连思想上也继承了父亲的衣钵，母亲如果洗饭碗时不小心打碎了饭碗，儿子的表现跟父亲一样，嘴里发出"啧啧"的声音，向她投来冰冷的目光，母亲怎么能不对他产生怨恨呢？当发现自己连对亲生儿子都会产生怨恨时，她就会有无法言明的自责感。被称为厌恶的情感就在这样的情况下产生了。在新认识的朋友身上发现曾经厌恶的人的影子，这是一件让人感到很恐惧的事情，事实上，在这样的情况下，只能对新朋友产生厌恶，虽然对不起新朋友，不过这也是无可奈何的事情。当我们第一次与某人相见时，也有可能因过去的某种经历而对他产生厌恶，但他有可能与我们心灵相通，也可以成为我们的好朋友，甚至给我们带来幸福。不过，如果他让我们联想到曾经让我们伤心的人，我们怎么跟他走到一起呢？像这样很容易对别人产生厌恶的人可以说是生活在过去的人。不管是现在还是未来，若都想要生活在幸福之中，虽然不容易，但必须与过去的自己告别。可是这并不是一件说到就能做到的事情啊！

# 博爱
BENEVOLENTIA

形成

共同体意识的

原动力

《悲惨世界》
维克多·雨果

1789年会永远留在世人的记忆中，因为在这一年爆发了法国大革命。只有君王才是主人，而剩下的所有人只是君王的奴隶的君主制度被无情地从历史舞台上赶了下去，追求民主的公民社会最终走进了世人的视野中。此次历史性的民主革命运动不仅在法国，在人类社会所包含的每一个地方都开花结果。更重要的是，它至今还在很多地方延续着。不管是君主制度还是独裁制度，人民都不能当家做主，而将人民看作奴隶的当权者，最惧怕的就是当时推翻法国封建制度的革命理念，即"自由、平等、博爱"。所有追求建立充满希望的社会的人，迄今为止还在高喊"自由、平等、博爱"。他们之所以将这一理念作为口号，是因为所有人都在追求建立人人平等的社会，但是对于法国大革命的这三大理念不要过于沉醉，因为这里的"自由"属于私人的自由，而"平等"只是指在法律面前的平等。

　　"对柯赛特来说，我算什么呢？只是她人生中的一个过客。十年前，我连柯赛特是谁都不知道，我爱柯赛特，这是真的，只要是见过她的人，都会觉得自己已经老了，都会爱上这个女孩。当人老的时候，看到所有的孩子，都会觉得自己是一个爷爷，你也知道我是一个平凡的人，拥有常人的情感，柯赛特是一个孤儿，没有父母，柯赛特需要我，就是因为这个，我才开始喜欢上她，所有的孩子都是脆弱的，所有的人，甚至像我这样的人都可以成为他们的保护者，我对柯赛特尽了这样的义务，我从来没有认为这么小的事情是一个善举。如果这是善举的话，那么我确定做过。"

刚才我们所读到的是小说中收养柯赛特之后的冉·阿让的心理活动。对无情的社会充满绝望的冉·阿让，从米里哀神父给予的博爱中看过了人生的希望。冉·阿让为了饥寒交迫的七个侄子而偷了一块面包，就以偷窃罪被处十九年的徒刑，十九年的铁窗生活使冉·阿让对社会充满了仇恨，使他更加冷酷无情。正是这种无情无义的心理在作怪，导致冉·阿让偷取了米里哀神父的银器，尽管米里哀神父因他无家可归给他提供了一天的住宿。最终，在米里哀神父的感化下，冉·阿让冷硬如冰的心不由得一点一点地融化了。警察看到衣裳褴褛的冉·阿让手里拿着银器，觉得很奇怪，就把他带到米里哀神父面前进行对质，没有想到在警察面前米里哀神父说这个银器是他送给冉·阿让的礼物，他甚至还想把银烛台也送给冉·阿让，米里哀神父的以善治恶使冉·阿让的心灵重新获得温暖，冉·阿让在神父的感召下成了一个善良的人。可见使人心变硬的是人，使人心变软的也是人。

遇到米里哀神父的那一天，冉·阿让有了巨大的变化，成为博爱的化身，他不再是接受博爱的对象，而是对别人施爱的对象，为了把冉·阿让所说的博爱的概念解释得更加明确，我们应该从哲学的角度来看，那么斯宾诺莎的伦理学自然成为我们的参考对象。

博爱是施恩惠给我们所怜悯的人的欲望。

——斯宾诺莎，《伦理学》

概念解释得很明确，但还有一点不足，按照斯宾诺莎所归纳的概念，博爱这种情感的产生必须建立在同情别人的基础上。但用什么标准来判断别人的不幸，以及同情他人的标准又是什么？我们感谢斯宾诺莎对此给出答案，并揭开了谜底。"一个与我们相同的对象，虽然我们对它并没有感情，但是当我们想象它有着某种情绪时，我们亦随之产生同样的情绪。"是的，冉·阿让失去父母，无家可归，他历经坎坷，备受社会歧视，这一点与柯赛特相似，而这就是斯宾诺莎所说的"与我们相同"，柯赛特的悲惨人生使冉·阿让重新回想起自己所受的苦难，这种苦难是根深蒂固的，所以当他看到柯赛特时，同病相怜的情感使他对柯赛特充满同情。

曾经饥寒交迫的人遇到在寒冬中瑟瑟发抖、无家可归的人，会把手中的食物分给对方，把身上的衣服脱下来给对方，使其度过寒冷。相反，面对露宿街头的人，如果没有同样的经历，很难同情对方，甚至还把对方当做是另一个世界的人，表现出轻视的态度。现在我们终于知道小说的名字叫《悲惨世界》的原因：小说记录的都是主人公的悲惨人生。当我们的人生惨不忍睹的时候，当我们的人生处于低谷的时候，也许我们会更加宽容地善待他人，当我们忘记挫折，有望重新站起来的时候，事实上在此过程中我们已经学会了博爱。

我们不能把作者所强调的博爱和"贵人行为理应高尚"混同在一

起，这里所说的"贵人"是指上流社会的人站在道德义务的角度来帮助那些生活悲惨的底层社会的人，他们之所以这么做，并不是为了真正帮助别人，而是为了他们自己。准确地说，是为了在社会上树立更高的威信而做出所谓的善举，是向那些生活悲惨的人展示自己处于上流社会的优越，同时也为了得到社会的认证，才利用自己所拥有的一部分财产来帮助那些贫穷的人。但是这种情况也有发生变化的时候。当经济处于危机的时候，他们什么善举也不会做，他们已经忘了"贵人行为理应高尚"的道理。不是为了自己的社会形象和社会利益而去帮助那些生活悲惨的人，这种行为就上升到了博爱的境界，其价值无可估量。

当一个人将全部财产都奉献出来时，才能体现博爱的真正含义。但别忘了，这种博爱也会使他变得一贫如洗，他的人生也会变得悲惨。可是，他却享受到了博爱所带来的幸福。"自主的贫穷"才是体现博爱的行为。与悲惨的人相比，自己更悲惨、更贫穷，这种决心才是博爱的真谛。有过一次悲惨经历的人往往更容易产生博爱的情感，从悲惨的人生中重新振作起来更是他必须面对的事情。经历悲惨的人最终会领会到博爱的最高精神境界，但是对没有悲惨经历的人来说，博爱只是用来欺骗世人的一种手段罢了。

维克多·雨果

（1802—1885）

青年时代的雨果说过："要么成为夏多布里昂，要么什么也不是。"

就是这样一位文学青年在二十九岁时出版了小说《巴黎圣母院》，由此成为法国浪漫主义的代表作家（音乐剧《巴黎圣母院》是一部带动了法国音乐剧热潮的作品）。雨果是一位成功的作家，更是一位有才能的画家、出色的政治家和伟大的思想家，但也是一位多情的男人。他集富有、声誉、爱情于一身，称得上是"世界的传奇"。以1848年的二月革命为契机，雨果从早年保皇党的立场转变成一个共和主义者。雨果一直以来反对拿破仑，在二十多年的艰苦流亡生活里，经历了女儿的死亡、抑郁症的折磨，以及被迫害入狱等这些事情，而后他在这些经历的基础上进行创作，最终为世人留下了不朽之作《悲惨世界》（令人感动的音乐剧《悲惨世界》是世界四大音乐剧之一）。1830年的七月革命将路易·菲利普推上最高权力宝座而成为"市民王"，又叫"街垒国王"，但他没有跟上时代的脚步，看清时代发展的要求，沦为"老独裁者"，最终因1848年的二月革命而被赶下历史舞台。小说就是以发生在这两次革命之间的1832年6月暴动为背景。"平等，从民事的角度来看，是指所有的能力都具有同等的机会；从政治的角度来看，是指所有的投票都具有同等的分量；从宗教的角度来看，是指所有的良心都具有同等的权力……各位，19世纪虽说是伟大的，但20世纪将是幸福的。"

这部小说细致地刻画了主人公冉·阿让在被当时的黑暗社会无情地抛弃之后，如何从一个劳动者变身成为一位受人尊敬的大人物，并且处处行善，施爱予人。小说还以此为主题，对法国大革命时期的政治、文化、社会以及民众的生活进行了深刻的描写。"他已不再是冉阿让，而是24601号。加起来一共是十九年。到1815年的10月他被释放了。他是在1796年被关进去的，只是因为打破一块玻璃，拿了一个面包。冉·阿让走进牢狱时一面痛哭一面战栗，出狱时却无动于衷；他进去时悲痛失望，出来时老气横秋，这个人的心有过怎样的波动呢？他的灵魂深处究竟发生了什么事情呢？"

哲学家的劝告

在我们的社会中，爱归属于恋人之间或家庭内部的问题，与他人无关，是属于个人领域的私人问题。但事实上，一直以来爱是社会性的问题。比如，耶稣的博爱、释迦牟尼的慈悲、孔子的仁义等都以爱为基础。但在私有财产制度施行之后，爱就被归属到个人领域之中，并且跟婚姻制度有着某种程度的关系。然而，不管将爱归属到个人领域还是公共领域，可确认的一点是，爱并不以归属原理为基础，反而以非归属原理为基础。如果在寒冷的冬天里，恋人被冻得瑟瑟发抖，谁都能脱下自己的衣服，为恋人取暖，尽管自己也被冻得发抖。此时此刻，他们两个人至少形成了一个共同体。界定共同体的范围依赖于我们究竟能为对方牺牲多少所拥有的东西。虽然住在同一个小区、同一幢楼，或住在同一个城市、同一个国家，但这些并不是形成共同体的自然条件。因为不以爱为基础的话，共同体的概念也就不存在任何意义。现代社会里，在恋人之间，非所有原理或爱的原理都得不到重视，这些观念也逐渐失去该有的位置。恋人之间讲究 AA 制，认为又合理又干脆，有人还主张工作时也要男女平等，可是这些行为源自很强烈的私有欲和占有欲。连恋人或夫妻之间都不重视爱，更何况属于一个地区或国家的共同体呢？在这样的时代里，全人类都把爱看做简单的事情，对于博爱精神，我们能做出怎样的评价呢？从谈恋爱开始，一点一点练习如何爱别人，也就是说，把自己所珍惜的东西毫不犹豫地分给对方，现在是练习这些行为的时候了。

怜悯
COMMISERATIO

给予他人爱的错觉

一种致命性的陷阱

《心灵的焦灼》
斯蒂芬·茨威格

这是一个令人无奈又伤感的故事。二十五岁的轻骑少尉霍夫米勒前途无量，他将来可能是一位指挥千军万马的将军，可现在还是一位年少有失稳重的青年，他遇到一件事情，让他进退两难。霍夫米勒服役于奥地利和匈牙利交界处的驻军，他对当地贵族地主的女儿艾迪特深表同情。美丽的艾迪特从小就梦想成为一位芭蕾舞演员，一次意外的事故导致她下肢瘫痪，不能行走，面对这位美丽而又不幸的少女，霍夫米勒怎能不心生怜悯之情呢？幸运的是，霍夫米勒的同情并没有使艾迪特感到不快，反而给她的生活带来了光明。不管对谁都能给予帮助，这种感觉对每个人来说都是非常愉悦的，为了满足这种情感，霍夫米勒更是经常去看望她。但是他做梦都没有想到，他的这种行为为自己的将来种下了祸根。

霍夫米勒为了安慰艾迪特而准备轻吻她的额头时，没想到她冷不防伸出自己的双手捧住他的双颊，激动地吻了上去，是的，没错，艾迪特爱上了霍夫米勒。

然后艾迪特慌忙把头转过去不再看我，既精疲力竭又极其害羞地悄声说道："现在你走吧，走吧，你这傻瓜，走吧！"我跌跌撞撞地走出去，从漆黑的走廊出来时，全身没有一点力气，头晕目眩，不得不扶住墙壁。原来是这样啊，原来是这样的，她的秘密，一个很晚被发现的秘密，她的不安感，以及她为什么总是对我咄咄逼人，原来都是因为她有了这个秘密呀，我受到的冲击无法用语言来说明，这种感觉就好像是在嗅着醉人的花香时，突然被藏在花束中的毒蛇咬了一口。若艾迪特的反应是打我、骂我甚至向我吐口水，我也许反而不会吃惊。我知道艾迪特的性格敏感且喜怒无常，所以做好了充分的精神准备。但仅仅是这个，一个身残、满身疮痍的女孩竟然会恋爱，会渴望得到爱情，这是我万万没有想到的。这年少无知的、涉世不深的、虚弱的少女竟敢想像一个真正的女人那样，渴望得到充满情调的爱情，事实上，对我来说，根本是无法想象的。别的什么都预想到了，但唯独没有想到的是，这位因命运的捉弄、连控制自己身体的力量都没有的少女竟对我产生了可怕的误会，她竟然爱上了一个男人，还想得到这个男人的爱，而这个男人仅仅因为同情才来这里看她。

斯蒂芬·茨威格的小说《心灵的焦灼》讲的是一对年轻男女之间阴差阳错的情感故事，最终一场无法避免的悲剧，在两个人之间发生了，对于这场悲剧，作者进行了细腻的描写。男人对女人所拥有的情感不过是一种怜悯，女人对男人却渐渐产生了爱意，仅仅这些就已经是悲剧的前奏了。爱情是一种相聚就幸福、分离就痛苦的情感，与此相反，怜悯只能是一种对于别人的不幸心里很不是滋味的情感。所以，当对方从不幸中走出来时,我们的怜悯也会消失得一干二净,从结果论的角度来说,若想继续怀有对对方的同情之心,就要祈祷对方不要摆脱不幸,由此可见,怜悯最终的结果都是以悲剧收场。关于怜悯的定义,斯宾诺莎的解释也带有一点悲凉的气氛。

>怜悯是由同类遭难的观念所伴随着的痛苦。
>
>——斯宾诺莎的《伦理学》

怜悯这种情感正如斯宾诺莎在《伦理学》中所下的定义那样简单明了,就是指从他人的不幸中产生的痛苦。人类总是不愿意面对痛苦,总是寻找快乐。"从他人的不幸中产生的痛苦"也是痛苦,面对这样的痛苦,人类怎么可能听之任之呢?这也是年轻军官霍夫米勒一直去看望不幸的女人艾迪特的原因。但可悲的是,怜悯绝对不会演变成爱情。当人们察觉到他人的不幸时,所表现出的情感往往就是怜悯。怜悯产生的基本条件是,自己没有经历这样的不幸,而且对帮助他人摆脱不幸的这一行为感到自豪。霍夫米勒就是这样的人,当看到艾迪特因为自己重新找到了生活的勇气时,霍夫米勒不由得赞叹自己,以下这段文字就描写了他的这种心理。

>"我,霍夫米勒,一个小小少尉,能有什么能力帮助别人,安慰别人,我隔一两天就去一个残疾的小姐家里,和她聊一晚上,而后她双眼放着光彩,双颊泛着健康的红润,正是由于我的存在,原本死气沉沉的家变得充满生机,不是这样吗?"

若遇到弱者需要帮助的情况，很多人就有一种成为强者的自豪感，或者会产生一种对弱者来说不可或缺的必要的存在感，这就是怜悯背后隐藏的本来面貌。维系强者自豪感的基础是弱者是否继续需要帮助，从这一点来看，怜悯产生的实质性原因是存在与自己相比更弱的一方，或者存在需要同情的一方。当艾迪特通过深吻霍夫米勒来表白自己的爱情时，霍夫米勒深感迷惑，因为爱情只能在双方平等时产生，当一方是强者另一方是弱者时，这种情感很难发生。

接吻也一样，艾迪特渐渐地觉察到了霍夫米勒的内心想法。异性也好，同性也好，想要确定对方对你的情感是不是爱情，只要通过像接吻这样的身体接触就可以确认，假如对方对身体接触有所抵触，甚至困惑不解，那么这种情感就不是爱情，对方的体贴是出于另一种情感。这一方法也同样适用于你自己，若你对身体接触也困惑不解的话，那么你就不是很爱对方。因此想要知道对方对你拥有怎样的情感，与他接吻，或者拥抱，只有这样，才会明白他对你的情感是出于爱情还是一种纯粹的好感。不管怎样，艾迪特在吻完霍夫米勒之后，马上就知道了他的内心情感，这不是爱情，只不过是怜悯而已。"现在，请你走吧，你真是一个傻瓜，走吧。"在这里，这两个人的关系最终以暧昧不清而落下了帷幕。

霍夫米勒将自己的怜悯努力包装成爱情，最终发生了一件无法挽回的事情：他们两个人订婚了。走到这一步，对于自己所爱的男人的爱情告白，艾迪特怎么可能表示怀疑呢？可见霍夫米勒和艾迪特都没有很理智地面对两个人的情感。霍夫米勒喜欢别人依赖自己的感觉，是身有残疾的艾迪特让他拥有了前所未有的自豪感，为了这种自豪感，他怎么能舍弃艾迪特呢？从二分法层面来看，面对爱情还是怜悯的选择，霍夫米勒选择了爱情，若选择怜悯，艾迪特会伤心，他也会与她分离，她依赖他所带来的自豪感也会消失，这是他不愿意的。相反，接吻之后，艾迪特深知霍夫米勒对自己的情感是怜悯，却尽全力否认这一事实，可见，她对霍夫米勒的爱情只是一种不切实际的幻想罢了。

在霍夫米勒和艾迪特订婚之后还不到三个小时，悲剧就发生了。霍夫米勒在同僚面前否认了订婚这一事实，因为他害怕世人的目光，害怕别人认为自己是为了钱才和身残的艾迪特订婚的。此时的霍夫米勒满脑子都是自己将会颜面扫地的想法，根本没有预想到，未婚妻会受到怎样的冲击。他的反应也许是再自然不过的事情，在对不幸的女孩艾迪特深怀怜悯的同时，也使自己恢复了作为男人的自尊心。对他来说，重要的不是艾迪特这个女孩，而是自己，他爱的人只是自己。未婚夫否认订婚的消息很快传到艾迪特的耳边，梦想得到根本不可能得到的爱情的艾迪特，听到这一消息后，在挣扎中选择了自杀，当时她的心情是怎样的呢？是凄惨悲切，还是绝望平静，她是否已经预感到了自己的爱情会有一个怎样的结局？不管怎样，艾迪特一语道破，霍夫米勒真的就像一个十足的傻瓜，不，更准确地说，是一个不敢对爱情负责的没有长大的孩子。

斯蒂芬·茨威格

（1881—1942）

奥地利著名学者斯蒂芬·茨威格写了《弗洛伊德》《罗曼·罗兰》

等一些传记小说,成为一位有名的传记作家,同时也是一位热爱波德莱尔和魏尔伦的诗人。

《心灵的焦灼》(1939)是作者生前面世的唯一一部长篇小说。主人公霍夫米勒最初对身残的艾迪特心怀怜悯,但这种怜悯的情感是建立在某种优越感上的。"帮助他人,成为他人不可或缺的依赖,只要有这样的决心,我就会感到兴奋,人只有意识到自己对他人来说是一个非常重要的依靠,才能明白自己存在的意义和使命。"作者通过对主人公的情感变化以及优柔寡断的性格的描写,对人性的悲剧性进行了探讨,若对自己的情感没有明确的认知,最终就会酿成不幸的结局。

> "怜悯好比一把双刃剑,当这份情感没有处理好,想要脱身时,为的是不受到感动。怜悯就像吗啡一样,开始使用时是为了减少患者的痛苦,但是如果掌握不好剂量,或者不能按时切断的话,就成了致命性的毒药。一开始只是注射几针,就可以让心情安定下来,同时也能解除疼痛,不过,我们身体和精神的适应力非常强,到后来就会越来越依赖吗啡。同样,人的感情也越来越需要怜悯。……少尉先生,假如不能给予真正的怜悯,那么其后果比不关心更糟糕,我们医生非常明白这一点,不但是我们,法官、执行官、当铺的主人都是一样的。所有人若屈服于怜悯的话,这个世界就乱了套了,所以怜悯这种东西是非常危险的。"

犹太人茨威格为了躲避纳粹的迫害而移居到巴西,但作家对欧洲的未来深感悲观绝望,最终同妻子双双服用安眠药自杀,终年六十岁。

哲学家的劝告

爱情和友情是最让我们心驰神往、不惜一切想要得到的。一直以来，没有人为了读懂你内心的情感而做出努力，现在却有一个人想要对你表示关心以及想要和你在一起，当你没有吃好而肚子疼的时候、当你牙疼得受不了的时候、当你因痛经而疼得直不起腰的时候、当你被失恋的痛苦折磨的时候、当你对未来感到迷茫的时候、当你因父母的离世而一个人泪流满面的时候，这个人却愿意和你一起分担痛苦，想尽一切办法让你快乐，为你擦去眼泪，这是多么幸运和幸福的事情啊！当然你也非常清楚，你的痛苦和你的眼泪除了你自己以外，别人是很难理解的。尽管如此，你还是要感谢恋人和朋友，因为他们为了理解你的痛苦和情感，一直都在做出努力。在这种情况下，你坚信他们这样做是出于对你的爱情和友情。但是真的是这样吗？想知道恋人和朋友所具有的价值，只靠你的痛苦来感觉是不够的。在你幸福的时候，才能明确地区分爱情和友情的真伪，你幸福时他也幸福，你痛苦时他也痛苦，只有在这种时候，你才有资格说，这个人是你的恋人或者朋友。仅仅当你痛苦的时候，虽然有个人在安慰你，但事实上他知道相对来说，他比你更幸福，所以他才更喜欢安慰你，只是为了感觉他自己的幸福。如果你离婚了或者失业了，围在你周边安慰你的人，往往是婚姻并不幸福的人，或者是对工作非常不满意的人。可是当你们分开后，那些安慰你的人走在回家的路上，感觉到他们至少比你幸福，因为他们有工作和家庭。这才是人类的本性啊！

悔恨
CONSCIENTIOE

反反复复的无力感

带来的为时已晚的后悔

《堕落》
阿尔贝·加缪

世间的很多事情，我们往往认为是无关紧要的，但当这些我们认为不重要的事情真的发生时，却能引起轰动。在大西洋的一只小小的蝴蝶，偶尔煽动了几下翅膀，便可以在太平洋上引起一场风卷残云的暴风雨。这种所谓的蝴蝶效应在出色而又帅气的律师克拉芒斯身上得到了印证。曾在法国生活过的克拉芒斯好像被卷进龙卷风里一样，被狠狠地摔进阿姆斯特丹黑暗的喧嚣混乱的"墨西哥城"酒吧间里，不，更准确地说，是他放弃了他所拥有的一切，选择走上流浪之路或者说赎罪之路。在这里，克拉芒斯以"赎罪法官"自居，扮演着审判者的角色，对走进酒吧的人进行审判，最终非常冷静地做出判决。此外，他在审判他人之前，往往先以平静的语气说出自己的罪行。自称永远是异邦人并具有叛逆性格的阿贝尔·加缪的小说《堕落》，以克拉芒斯的独白作为情节主线，那么克拉芒斯到底犯下了什么罪行呢？我们可以从他的口中得知所有的情况。

　　我到了塞纳河的左岸，通过皇家大桥回家。已是夜里一点钟,下着小雨,说毛毛雨更合适,行人寥寥。……我上了桥,从一个俯在栏杆上的人后面走过,他好像正在望着流水。走得更近些,我认出了那是个腰身纤细的女人,穿着黑衣服。在深色头发和大衣领子之间,只看见后脖颈,新鲜而湿润,我有些动情。我对此是敏感的。然而,我犹豫了一下,继续往前走。过了桥头,上了滨河路,朝圣米谢尔走去,我住在那儿。我已经走了大约五十米远,突然听见"扑通"一声身体落向水里的声音,尽管距离这么远,但在鸦雀无声的黑夜中,我觉得那声音非常骇人。我立即站住,但未回头。几乎同时,我听见一声呼叫,接着重复了好几次,声音顺流而下,然后戛然而止。夜色突然凝固,我觉得那随之而来的寂静无边无际。我想跑,却仍伫立不动。我认为,我因寒冷和惊恐而瑟瑟发抖。我心想应该快快行动,我感到一种不可抗拒的软弱占据了我的全身。我忘了当时我想些什么。"太晚了,太远了……"或诸如此类的东西。

人们在听克拉芒斯讲完这个故事之后,可能都会摇头表示疑问:只是因为没救下想要自杀的女性,就放弃巴黎的生活,从此像罪人一样活着?仅凭这一点,人们根本无法欣然接受他的观点,再说,这位想要自杀的女性,难道不是与他素未谋面吗?所以,有人可能会安慰克拉芒斯,这并不是什么大不了的事情,无须这样自责。对于克拉芒斯来说,这只是他人客观性的想法,他表面上点头表示同意,实际上没救下想要自杀的女人所带来的自责感已经成为他精神上无法抹掉的一种罪恶,被刻在他的灵魂深处,谁都无能为力。对别人来说可能无关紧要的事情,却对本人的影响很大,大到本人好像被困在赎罪的牢笼中一样，无法挣脱出来。对他人无所谓的事情，为什么会对本人带来致命性的打击呢？马克思说过这样的一句话："只要跟人类有关系的事情，都不是琐碎的事情。"对某个人来说，没有比革命更重要的事情；但对另一个人来说，更难忍受的可能是后背的瘙痒带来的不快。

对于自己没有救下想要自杀的女人，克拉芒斯的情感既可以说是悔恨，又可以说是受到了良心上的谴责。一旦心生这种情感，他就好像受到诅咒一样，难以期待春天的来临，永远生活在灰色阴暗的秋天里。覆水难收，留下的只有痛苦，这种情感就是斯宾诺莎所说的悔恨。

> 悔恨是为一件意外发生的过去的事的观念所伴随着的痛苦。
>
> ——斯宾诺莎，《伦理学》

在斯宾诺莎的概念中，最重要的是"意外"以及"过去的事"。举个例子，有一个人坚信当他的恋人陷入危险时，他一定会站出来帮助她，为了证实这一点，有时候，他还希望恋人真的遇到危险，因为他觉得自己救她的样子一定非常潇洒。正如他所愿，恋人真的遭遇了危险，她卷进了经济诈骗案件中，只要他拿出所有的存款就可以帮助她走出困境，但是他却成了旁观者，没有站出来救她。他理智上认为应该在经济上帮助恋人渡过难关，但实际上他的态度是冷冰冰的、无动于衷，没有伸出援手。结果，他无颜面对恋人，觉得自己很悲哀，也发现自己是一个俗不可耐的人。当他有了这种觉悟时，怎么可能再若无其事地与恋人见面呢？

克拉芒斯的情况也是如此，他的心中无意识地有一种渴望，就是救下掉进水里的女人，更准确地说，他曾经相信自己是一位充满正义感的骑士。我本人对我们社会中那些口口声声高喊所谓的雄心壮志，但实际上基于贪婪的行为感到可笑，他们只是为了达到更高的目标。根据克拉芒斯的坦白，他同时爱着女人和正义，喜欢保持中立，天赋很高，也喜欢自夸自赞，自我陶醉，正是这种自信使他成为律师。女人掉进水里的刹那间，他变得冷漠，甚至无动于衷，表面上看他是想救下掉进水里的女人，实际上那是一种虚伪的愿望。可以想象，他的心情是多么纠结，因为这种虚伪与他在法庭上平静地为他人辩护所表现的正义有着天壤之别，前者是有愧于后者的。如果这种愿望不是虚伪的，甚至没有受到折损，该有多好啊。假如信念没有受到考验，现在的他可能会坦然自若地站在法庭上为他人辩护。这对他来说是一件多么幸福的事啊！但是现实完全不同，当他面对想要跳进冰冷的塞纳河的女人时，他没有伸出双手去救她，这说明他没有通过信念上的考验。

如果克拉芒斯最初没有想要救出陷入危险的人的想法，他也不会产生悔恨。假如选择成为律师只是为了养家糊口，即使没有救下跳进塞纳河里的女人，他也不会心生悔恨。这里给了我们一个提示，就是无能的本质。简单地说，通过克拉芒斯当时的无可奈何，我们可以知道，他虽然想要救下被困于危机的人，身体却不听从这种愿望的指挥，这种感觉就是刚才所说的无能的本质。按照斯宾诺莎的说法，快乐是通过自己的力量增进的情感。而痛苦与之相反，是由完全的无能带来的情感。可见悔恨是多么可怕呀！当面临危险情况时，别说援助他人，连自己也被一种无能的情感所束缚，更别奢求友情和爱情这种人类想要得到的情感的降临。在塞纳河上，因无能而感到悔恨的克拉芒斯内心是多么沉重，以至于他无法呼吸，连见到船上的人往河里扔垃圾的场面也让他幻想是有人跳进水里!

> 我站在甲板上,突然瞥见湛蓝的海面上飘来的一个黑点。我立刻移开目光,心跳加快,再凝神注目时,那黑点却无影无踪了。我几乎惊叫起来,甚至愚不可及地想喊救命,乃至又看见了。事实上那是大船过后留下的一块残片,可我受不了,立刻想到一名溺死者。

克拉芒斯备受悔恨的折磨,这种情感一直贯穿着他的人生,使他的生活一片狼藉,这也许就是他扮演"赎罪法官"的理由。他想把他的悔恨全部传递给世人,让他们与自己共同痛苦,为了达到这个目的,最佳的方法就是让他们也认为他是一个罪人。如果只是他一个人陷入悔恨,他会觉得自己的人生太过凄凉和无助,只有他人也认为他是一个罪人,也有和他同样的情感,他的人生才可以得到一丝安慰。可见,"赎罪法官"克拉芒斯的行为是多么的诡诞呀!为了让所有来到阿姆斯特丹的简陋酒吧的人都困在这悔恨中,克拉芒斯努力扮演着"赎罪法官"的荒唐行为真的能让他自己得到安慰吗?对此没有人知道。

阿尔贝·加缪

(1913—1960)

"我为了不犯罪而选择了创作。"加缪以《局外人》这部作品被罗兰·巴特称为20世纪文坛的"神话"。他在四十四岁时获得诺贝尔文学奖，成为这个奖项历史上最年轻的获奖者，但令人遗憾的是，三年之后，他在巴黎死于交通事故。加缪的哲学思想是："我反抗故我存在"，并认为人类没有从陋习中解放出来，而是盲目地生存下去，这是一种不合理的现象。可是加缪并没有找到解决之法，通过自悟，他认为经历荒诞的同时却并不绝望和颓丧，他主张要在荒诞中奋起反抗。

加缪受到陀思妥耶夫斯基的作品《地下室手记》的影响，写了小说《堕落》（1956），记录了一个远离社交、孤身隐藏在一个地方的男人内心的大量独白。作者的化身克拉芒斯选择流亡的生活，在此期间他对每个遇到的人都坦诚地说："我什么时候都是为了博取人们的好感，从而在夸赞声中获得虚荣心上的满足。"然后向聆听者也就是读者提出问题，再推翻人们固有的观念。

> 只有死亡能唤醒我们的喜怒哀乐。……我们多么热爱那些口里含满一抔黄土，从此不再饶舌的师长啊。到那时，敬意便油然而生。而他们也许毕生都在期待这一点敬意！可您知道，我们为什么总是对死者比较公正、比较大方呢？原因极简单！对死者不须尽义务了，他们一切随我们的意，我们尽可从容不迫，将表达敬意放在一场酒会后，与美艳的情妇幽会之前，总之是在空闲的时候，即便死者强迫我们尽义务，那不过是毋忘纪念，而我们恰恰忘性很大。不！我们爱的朋友是新鬼，是尚能引起悲痛的死者，其实是爱我们的悲痛，也就是爱我们自己！

哲学家的劝告

水桶被打翻的时候，我们心里会有一种不舒服的感觉。对悔恨这种情感最好的比喻莫过于此。面对这种"覆水难收"的情况，我们也是无可奈何的。深陷悔恨的人很想回到水桶被打翻前的那一刻。也许我们并不知道一时冲动的决定会对一生产生很大的影响，使生活被痛苦笼罩。"那个时候，我还很不成熟。""那个时候，我很脆弱，没有勇气。"这些话都是因为无能和胆怯而说出来的，这也是悔恨的一大特征。但从另一个角度来看，说以上那些话的人已经深陷悔恨了，才想从无能和胆怯中摆脱出来。过去是由于无能和胆怯才没有拿好水桶，以至于把水桶打翻，而现在更加成熟，更加坚强，所以确信能够继续拿好水桶，果真是这样吗？同样的选择摆在面前，我们真的不会再一次打翻水桶吗？如果真的成熟和坚强，就绝对不会让悔恨像幽灵一样跟着我们。一个敢于做出选择的人会把过去当作一个传说，且对这个选择不后悔，只把它当作回忆中一个普通的故事。深陷悔恨的人可以说是一个至今还不成熟且缺乏勇气的人。所以摆脱悔恨的最佳方法就是果断做出将来不会后悔的选择，并且勇敢地去实现它。"十年之后，我也会做出这样的选择，这样实践它。""即便有重生的机会，也仍然会这样做。"如果以这种心态与现在的无能与胆怯做斗争的话，那么不知不觉之中，过去的悔恨就像烈日之下开始融化的冰雪一样，慢慢地消失。

第 二 部

水之歌

水像梦一样虚无缥缈，但并不暗示着它拥有无踪无迹的命运，

反而不断地使事物的实质发生变化，

也是一切根源命运的转变。

——加斯东·巴什拉，《水与梦》

惊慌
CONSTERNATIO

崩溃

精神上的崩溃

以及相伴而生的恐慌

《查泰莱夫人的情人》
D.H. 劳伦斯

禁忌是由人类自己制定的，但制定禁忌的人万万没有想到，禁忌能激起隐藏在人们心中被压抑的欲望。一般来说，禁忌与政治、宗教、性爱有着很深的渊源。

在情色电影的热潮中，最具有代表性的作品之一就是由西尔维亚·克里斯泰尔主演的电影《查泰莱夫人的情人》(1981)。这部电影是根据同名小说《查泰莱夫人的情人》拍摄的，小说的作者是有恋母情结的D.H.劳伦斯。与小说相比，影片中性爱的成分更多。在20世纪初，劳伦斯的作品曾以淫荡污秽为理由而被禁止出版。小说的主要人物是因战争而导致下半身瘫痪的贵族克利福德·查泰莱，以及他魅力十足的夫人康斯坦斯·查泰莱。作者以丈夫的下半身瘫痪作为小说伏笔，从而使对性的欲望成为小说故事情节发展的主要引擎。

事实上，小说被禁止出版的理由主要是它的出版时间正好横跨两次世界大战。小说主要讲述查泰莱夫人抛弃因战争而残疾的丈夫，只是为了追求性的欲望和满足而投向健康的男性怀抱。这种主题推翻了当时以男性为中心的家庭制思想，是与经历过战争之后的社会理念格格不入的。战争之后，人们更加推崇以男性为中心的家庭制度，也就是尊重男性。这部小说的内容涉及抛弃因战争而负伤的丈夫，这让那些参与过战争的社会主要既得利益团体的男性们如何接受呢？昵称为"康妮"的查泰莱夫人是不能背叛丈夫克利福德·查泰莱爵士的，这种背叛行为违背了当时的社会理念，查泰莱夫人必须留在丈夫身边，与其说这是夫妻之间必须承担的义务，还不如说是从爱国主义角度出发而必须担当的义务。

结婚之初，康妮对残疾丈夫怀有恻隐之心，也做出了举案齐眉、相敬如宾的努力，但是不知何时起，她对丈夫越来越失望，作者对她的这种感觉是这样描写的：

她的牺牲有什么用？她把生命献给克里福德有什么用？她到底是为什么奉献自己？一个虚荣冷漠之人，毫无热情的人与人的交流，那和任何低贱的人渴望献身于成功这个母狗加女神的行为一样令人堕落。

康妮的梦想就是得到真诚的爱情，这种爱情是指精神和肉体合为一体的爱情。在无意之中，康妮看穿了丈夫不同寻常的态度是性无能造成的，随着这种失望日渐加深，康妮不知所措。

就在她烦恼不止的时候，家里雇佣的看林人米尔斯进入康妮的眼帘，康妮积极地走近米尔斯，尽管最初只是为了忘记对丈夫的失望。但在不知不觉之中，康妮慢慢地爱上了这个叫做米尔斯的看林人。米尔斯的立场是左右为难，因为他被夹在了这对悲剧性的夫妻之间，他是无可奈何的，也不自愿地成了贵族主人和夫人之间的牺牲品。正所谓"城门失火，殃及池鱼"。

她坐在那窝棚的门边，做梦似的，完全失去了时间和环境的知觉。她恍恍惚惚地陷入沉思，他突然地向她望了一眼，看见了她脸上那种十分静穆和期待的神情。在他，这也是一种期待的神情，突然，他仿佛觉得他的腰背有一支火焰在扑着，他的根部在颤抖着，同时他的心里也呻吟起来，他像惧怕死亡一样恐惧着，拒绝着一切新的密切的人间关系。他最渴望的便是她能走开，让他自己孤独着，他惧怕她的意志，她的女性的意志，她的新女性的执拗，尤其是，他惧怕她的上流社会妇女的泰然自若、果敢无畏的任性。因为毕竟他只是一个佣人，米尔斯憎恨她出现在这个窝棚里。

米尔斯从康妮那里感到她的无限魅力，正如文中所描绘的"突然，他仿佛觉得他的腰背有一支火焰在扑着，他的根部在颤抖着，同时他的心里也呻吟起来。"米尔斯固执地决定成为一个孤独的看林人，因为他曾经被别的女人深深地伤害过，面对康妮，他重新燃烧他的渴望，但渴望得到康妮只是由于他的男性器官的需要，米尔斯知道康妮是自己的雇主的夫人，若主人知道这件事，他所希望得到的孤独生活肯定会遭到破坏。但面对康妮的隐隐约约的诱惑，米尔斯还是无法拒绝。康妮是一个有能力动摇米尔斯的生活意志的人，康妮不但是女人，更是这家的女主人，米尔斯深知和女主人在一起等于引火烧身。康妮的诱惑对下定决心不再接受任何女人的米尔斯来说是一件进退两难的事情，更有一种自我解嘲的感觉。

是将康妮拥入怀中,还是将康妮拒之门外?到底该怎么办呢?可怜的米尔斯陷入崩溃的境地。只要拜读了劳伦斯的小说,就可以了解米尔斯的情感状态,也就知道斯宾诺莎所说的惊慌是如何笼罩着米尔斯,并困住米尔斯的。

惊慌是一个人陷于惊惶失措的状态,如果他有避免祸害的欲望,他对所恐惧的祸害就会表示惊异,从而被阻碍。

——斯宾诺莎,《伦理学》

斯宾诺莎将惊慌加以定义之后,对这种情感进行了具体的说明。"人因惊异而阻碍其消除祸害的欲望,他避免祸害的欲望被对另一种使他受苦痛的祸害的恐惧所阻碍。"这段话可以准确地说明米尔斯的不知所措的心态。他躲避女性的愿望却被新滋生的欲望所打败,因此他感到非常吃惊而左右为难。米尔斯"因惊异而被阻碍",他躲避女人的欲望却因女人的出现而被阻碍,米尔斯不但把这个看作是一种祸害,而且他躲避女人的欲望也开始动摇了。惊慌是一种左右为难、不知所措的心理状态,用当今时髦的话来说就是精神崩溃。但惊慌又不是简单的精神崩溃的状态,而是一种对于自我和对方,以及未来总是处于极其恐慌的状态。

《查泰莱夫人的情人》以米尔斯所感到的惊慌作为故事的开始,故事的展开则是这种惊慌如何影响到其他人物。米尔斯和康妮之间的爱越来越浓厚的时候,康妮也感到了这种惊慌的情感。残疾的丈夫难道不是丈夫,拥有丈夫的她现在该怎么办呢?是回到丈夫的身边,还是和米尔斯重新开始经营新的生活?就像米尔斯爱着康妮的同时已经克服了惊慌一样，康妮也要通过与米尔斯的爱情来应对惊慌。当康妮克服惊慌之后，这种惊慌就会转向下一个人，即康妮的丈夫。他听到妻子要求离婚的声音，甚至还知道她爱上的不是别人，而是自己雇来的看林人，这一消息让克利福德惊慌失措，甚至找不到方向。这样惊慌的情感始终贯穿于劳伦斯的小说中，也紧紧缠绕着米尔斯、康妮，还有克利福德，对他们来说，这种惊慌的情感会持续下去吗？更重要的是，他们所体会到的惊慌最终会原封不动地传递给读者，只有读完这本小说的人才会有这种奇妙的感觉。

D.H.劳伦斯

（1885—1930）

D. H. 劳伦斯的母亲曾经是一位教师，父亲是一位煤矿工人，也是一个酒鬼，因此他的父母关系非常恶劣，母亲对他倾注了所有的爱。在他的著作《儿子与情人》中，正是母亲这种执着且又畸形的爱，对主人公的恋爱产生了极大的影响，扼杀主人公任何正常的爱情，从中可以捕捉到劳伦斯的生活痕迹。母亲去世之后，劳伦斯和他在诺丁汉大学上学时的恩师的妻子弗丽达为爱而私奔至意大利。第一次世界大战爆发后，由于他的妻子是德国人，劳伦斯受到了官方的迫害，此外，他的作品因淫秽内容而受到批判，被禁止出版，不得不返回英国。《查泰莱夫人的情人》（1928）首次在佛罗伦萨出版，立刻引起了极大的轰动，当局以"有伤风化"的罪名予以查封，所以此书的盗版非常盛行，价格也不菲。这部小说最初以全文形式合法出版是在 1995 年，美国出版社格罗夫在法庭上据理力争，最终获得胜利，这才结束了小说《查泰莱夫人的情人》历经磨难的命运。

一直以来被贴着"色情"标签的小说《查泰人夫人的情人》终于得以出版，在这部作品中，对于到处都充斥着拜金主义思想的现代社会，作者以他犀利的笔锋给予了批判。"文明社会使人丧失本性，社会上狂热而又执着地追求金钱，以及人们口中所说的爱情，不过，当然是金钱占据上风，主宰一切，在这种疯狂的社会形态下，对于金钱的获取和爱情的拥有的方式，每个人都拥有不同的主张。"

此外，对于贪图名誉的丈夫，康妮根本不屑一顾，作者也通过康妮之口批判了她丈夫的空虚主义：

> 她对他生起气来，他把每样东西都变成空虚的字眼。紫罗兰拿来比朱诺的眼睑，白头翁拿来比未被奸污的新妇。她多么憎恨这些空虚的字眼，它们常常站在她和生命之间：这些现成的字句便是奸污者，它们吮吸着一切有生命的东西的精华。

哲学家的劝告

有时候，我们只把对方当作前辈或者后辈，却不知道从什么时候开始，有想要亲吻这个人的冲动；有时候，我们已经结婚了，但在度蜜月的时候,却有一种讨厌与对方相处的感觉;我们看不起去夜店跳舞的人,但当自己不得不去夜店的时候,在音乐和灯光的渲染下却舞动起身体。所有这些行为都让我们感到惊异,惊异自己还有这样陌生的一面。像这样从来没有产生过的欲望,被自己发现时,我们往往会感到很迷茫,有一种不知道自己是谁的感觉,一种连自己都不相信的感觉,这样的感觉就是惊慌。惊慌正如拉康所说的"我就是这样的人",意思是我们认为的自我与现实中充满欲望的自我之间存在一定的差距。当这个差距被发现时,就会产生惊慌的感觉,或者可以这样说,拥有惊慌情感的人也是幸福的人,因为惊慌让我们发现真正的自我,或者找到真实的自我。虚假的欲望和真实的欲望会在我们心中发生强烈的冲动,此时我们就会陷入惊慌。但陷入惊慌时,不需要担心,因为真实的欲望是不需要任何限制的,即便这种真实的欲望连我们自己都会感到惊异。在这种情况下,"我原来是这样的人"的想法往往就会占据上风,当然脆弱的人会拒绝真实的欲望。当产生想要与后辈或者前辈接吻的欲望,脆弱的人为了压制这种欲望只能冷淡地对待对方或从对方的身边逃离。本来想拒绝丈夫,脆弱的人依然借酒力与丈夫发生肉体关系。本来想要去跳舞,脆弱的人为了否定这种想法,尽量不去参加聚会,或者选择不在很晚的时候出去见朋友。如果我们还是继续反抗真实的自我,否定真实的欲望,或者追求虚假的欲望,那么我们的人生将继续被黑暗笼罩。

轻蔑
CONTEMPTUS

14

伤害到自己的悲伤

《一位女士的画像》
亨利·詹姆斯

正如普鲁斯特所说的那样，爱情如同一场梦，有时会使人的精神世界暂时性发生错乱。恋人身上的缺点好像看不到，看到的反而是他不曾有的品质。老人们常说："情人眼里出西施。"这句话真的一点也没有错。面对恋人的不足，总是能找出理由原谅对方：恋人的贫穷不是懒惰造成的，而是因为他涉世不深；恋人的谨慎不是因为优柔寡断，而是因为心思细腻。爱情是一场白日梦。梦总会有醒来的一天，到那时就会觉得自己更悲惨。梦见自己是一位财阀，梦醒时发现自己只是躺在狭小的阁楼里，这种苦涩是不言而喻的。现在给大家讲一个悲伤的故事，一对曾经"情人眼里出西施"的男女因各种原因而无法走到一起，无法继续相爱。

伊莎贝尔心目中的贵族生活只是广博的知识和充分的自由相结合，知识将给人带来责任感，自由则使人感到心情舒畅，但在奥斯蒙德看来，这种生活只包含一些形式，一种有意识的深思熟虑的态度。他爱好旧的、神圣的、传统的一切，她也是这样，只是她认为，她可以按照自己的意愿对待它们。他却把传统看得至高无上。有一次他对她说，人生最重要的就是取得这种传统，如果一个人不幸没有取得它，必须马上取得它，她知道，他的意思是她缺乏这种传统，而他比她幸运，但她怎么也不明白，他是从哪里获得他的传统的。……她对他的自以为是表示的轻蔑，正是使他大为恼火的原因。他向来以轻蔑来对待一切，他把它的一部分奉送给他的妻子是理所当然的。但是她居然也把她的轻蔑的烈火投向他的观念。这是他不能置之不问的危险。他本来以为他能够在她的情绪形成之前控制住它，但是现在她可以想象他会怎样老羞成怒，因为他发现他过于自信。当一个妻子使丈夫产生了这种情绪以后，他对她除了憎恨就不会有别的了。

在只有烛光摇曳的客厅里，伊莎贝尔一个人坐在那里，一个残酷的事实摆在她的面前，她轻视她的丈夫奥斯蒙德，同样她的丈夫也轻视她。伊莎贝尔在突然之间继承了遗产，因此可以过上自己想要的生活，但出乎意料的是她跟贫穷的奥斯蒙德结婚了，而且奥斯蒙德还有一个女儿。在伊莎贝尔结婚之前，她还曾果断地拒绝了英国贵族沃伯顿勋爵以及美国成功的企业家戈德伍德的求婚。她担心象征着英国贵族的陈腐的规矩和陋习，以及美国企业家所拥有的财富，会让自己难以按照自己的意志生活，也难让自己享受到生活的自由。她不怕付出代价，不顾别人的劝阻，几经周折，终于和奥斯蒙德走进了结婚的礼堂。可是现实跟她开了一个很大的玩笑，因为这个叫奥斯蒙德的男人与其洒脱的外表不符的是，他不但是传统陋习的支持者，还是一个贪婪金钱的俗物，悲惨的现实生活在等着她，且这种生活将会永远持续下去，认清这一点的伊莎贝尔在客厅里一直坐到天亮，也烦恼到天亮。

亨利·詹姆斯在小说《一个女士的画像》中，以平淡的语气和悲伤的语调描述了一位女性在爱情、婚姻、夫妻生活中所遇到的苦恼。对伊莎贝尔来说，她的丈夫曾经是让她心动、不顾一切的恋人，到底发生了什么，让这对男女相互轻视呢？由爱情转向轻视，这种转变让人扼腕叹息。若要让夫妻关系走向正轨，不再相互轻视，就需要斯宾诺莎的帮助了。

> 轻蔑是对于心灵上觉得无关轻重之物的想象，当此物呈现在面前时，心灵总是趋于想象此物所缺乏的性质，而不去想象此物所具有的性质。
>
> ——斯宾诺莎，《伦理学》

一直以来，我们认为细心体贴是一种美好的品质。当不得不与贪婪且自私的人在一起的时候，我们心中根深蒂固的观念会让我们轻视对方，这种想法越强烈，轻蔑的感觉也越强烈，甚至会否定这个人的存在，这种心态将会伴随着某种姿态表露出来，此刻对方也很容易发觉我们对他的轻蔑，这就是斯宾诺莎所说的轻蔑产生的规律。伊莎贝尔和奥斯蒙德会以什么样的方式来表示对对方的轻蔑，我们是可以猜测到的，这种轻蔑可以说是一场悲剧。伊莎贝尔和丈夫在一起的时候，她想要的是更加自在的、没有任何虚假的沟通，相反奥斯蒙德和妻子在一起的时候，他想的是妻子要虔诚地遵循传统和旧习。

从原则上来说，只要不跟自己所轻视的人在一起，所有的问题都会随之消失。人的生命只有一次，在这么宝贵的时光里，却跟自己轻视的人生活在一起,可能没有比这更痛苦的事情了。如果伊莎贝尔认为自己的想法和情感非常重要,自己的人生非常重要的话,她就应该果断地与奥斯蒙德分手,但是伊莎贝尔并不是一个说到做到、坦荡勇敢的人,因为她和奥斯蒙德一样,也是一个在乎他人目光的凡夫俗子。对于伊莎贝尔的内心,作者是这样刻画的:"如果分手的话,她的未来会一片黑暗。如果和奥斯蒙德分别,她将永远面对灰色的未来,假如双方都明目张胆地对对方的要求置之不理,那么他们必须接受他们的所有努力都会以失败告终。"

伊莎贝尔所梦想的"知识和自由相结合"的生活,就是指按照她自己的方式生活。这种生活也属于一种虚荣心的表现。伊莎贝尔认为自己的生活方式在别人的眼睛里一定非常潇洒。但她不知道自己认为自由自在的生活和别人所认为的自由自在的生活是完全不同的。在乎别人目光的人怎么称得上是一个追求自由的人呢?伊莎贝尔像丈夫一样,也是一个相当在乎别人目光的人,内心已经走到离婚这一步,却无法采取行动,不就说明她也是束缚于旧习的人吗?所谓物以类聚、人以群分,这两个人可以说是相同的,都是不自由的人,伊莎贝尔渐渐地放弃了自己的梦想,并能逐渐接受丈夫的价值观,也许就是出于这个理由。

伊莎贝尔非常清楚,接受丈夫的价值观之后,自己总有一天也要遵循传统习俗和规矩。事实上,伊莎贝尔已经跟丈夫走得越来越近了。果不其然,她劝告奥斯蒙德的女儿帕茜忘掉所爱的男人,找一个门当户对的人结婚。她对帕茜说:"正因为你没有钱,你更应该指望别人有钱。"在说这句话的时候,"伊莎贝尔感谢屋里很暗,掩盖了她已经红了的脸,她觉得她的脸是丑陋和虚伪的"。

她是在为奥斯蒙德卖力，这正是他所希望的！帕茜那庄严的目光停留在她的眼睛上，使她几乎无地自容，她感到不好意思。她对帕茜的愿望竟会这么满不在乎。

伊莎贝尔脸红的原因，或许是她意识到虽然自己轻视丈夫，却不敢与他分手，还要跟他继续生活在一起，或许是她意识到丈夫的价值观已经像怪物一样侵袭到她的内心。不管什么原因，伊莎贝尔要明白，她一旦轻视了丈夫就等于轻视了自己。为了拥有属于自己的生活，或者为了营造充实的生活，需要不在乎别人的眼光，她需要这样的勇气，跟轻视过自己的自我以及自己轻视的人做一个诀别。

亨利·詹姆斯
（1843—1916）

亨利·詹姆斯的《一位女士的画像》、赫尔曼·梅尔维尔的《白鲸》以及纳撒尼尔·霍桑的《红字》被认为是19世纪美国最为杰出的小说。T. S.艾略特对詹姆斯推崇备至，说他是"他那个时代最聪明的作家"、"有史以来最伟大的小说家之一"。詹姆斯在巴黎结识了屠格涅夫，并受其影响，与情节相比，他的小说更重视人性形成的心理描写。詹姆斯开创了心理分析小说的先河，成为"心理现实主义"的奠基者，兄长威廉·詹姆斯首次提出了"意识流"一词，是近代美国著名的心理学家和最有影响的哲学家。

《一位女士的画像》是揭开20世纪小说的意识流写作技巧的先驱作品，同时小说通过对人类的内心进行彻底的分析，揭示戴着假面具的人类的本性。

有时候，她几乎有些可怜他，因为虽然她没有欺骗他，但她完全明白，她事实上已经这么做了。他第一次跟她见面，她就掩饰着，她使自己显得很渺小，甚至比实际的她更微不足道。……他没有变，在他追求她的那一年中，他的伪装丝毫也不比她的大。但那时她只看到了他个性的一半，正如人们只看到没有被地球的阴影遮没的那部分月亮。现在她看到了整个月亮——她看到了他的全部。可以说她始终保持着静止，让他有充分的活动余地。尽管这样，她还是错把部分当作全体。

奥斯蒙德外表给人的印象是"非常孤独、非常有教养、非常正直的男人"。但事实上，他是一个独断专行、迂腐不化的人，伊莎贝尔追求独立自主的人生，却因嫁错人，被禁锢在"暗无天日又令人窒息的家中"，度过一生。

哲学家的劝告

轻视他人的人是不幸的，与之相比更不幸的是受到轻视的人。女人爱上了男人，男人却不再爱女人，想要结束这份感情，女人怎么可能那么容易就忘记男人呢？在舍弃爱情的同时，也放弃了爱情所带来的快乐，这才是爱情的悲剧。女人和男人在一起时可能感受到了快乐，男人却痛苦不堪。不管从哪个角度来看，这份感情迟早要结束。所以女人必须做出决断，要么女性离开男人，一个人承受痛苦，要么强迫男人和自己在一起，由两个人共同承受痛苦。被强制束缚在女人身边的男人所感到的痛苦，甚至让女人更加痛苦。令人遗憾的是，女人选择了后者，将男人绑在自己的身边。开始的时候，女人知道男人会感到痛苦，但是女人认为只要自己做出最大的努力让男人感到幸福，那么男人就会回到自己身边，这是女人所期待的。女人利用一种人人皆知的老套的方法，将男人引诱到酒店里，男人在无可奈何的情况下被女人带到酒店里，为了唤起男人的爱，女人发自内心地抚摸男人的身体，并尽力安慰男人的心灵。对此男人的反应却犹如行尸走肉，没有任何情爱的回应，甚至还会联想到别的女人。面对一丝不挂的女人，以及女人充满爱意的抚摸，男人怎么会无动于衷呢？是的，对男人来说，现在能做的只有一件事情，就是尽可能地轻视女人。在这种情况下，轻视就是在对方面前想到另一个人，或者努力去想起另一个人。这是多么可怕的事情。面对自己所爱的人，就好像与尸体打交道一样。现在明白了吧，为了不受到轻视，唯一的方法就是干脆放手，让那个在我们身边感到痛苦的人远远离开。

残忍
CRUDELITAS

爱情的悲剧

《面纱》
威廉·萨默塞特·毛姆

贼喊捉贼这种事情到了一定程度，反而会变得理所当然。凯蒂出轨于花花公子查理这件事情被揭穿时，凯蒂并没有感到羞愧，还威胁丈夫瓦尔特："我从来没有爱过你，我们是完全不同的人，没有一点是相同的。我对你喜欢的人或者喜欢的东西，不但不喜欢，反而厌倦透顶。"凯蒂的话可能半真半假。凯蒂并不是因为不爱自己的丈夫才跟花花公子在一起的。事实上，她与花花公子在一起时，因肉体上感到了快乐，一时也就忘了自己的丈夫。凯蒂出于女性的自尊心，并不想承认和花花公子在一起是因为肉体上的欲望，于是她才强烈表示，她不是出轨，而是真的爱上了花花公子查理，她还想让丈夫觉得她的话都是出自真心。她的这种做法就是"贼喊捉贼"，只是为了掩盖她从来没有爱过自己丈夫的事实。

凯蒂的话就像一把刀子一样，一刀一刀地刺向丈夫瓦尔特的心。对嘲笑自己爱情的凯蒂，曾经非常体贴的瓦尔特也一股脑儿抛出了从来没有说过的残忍的话。

"我对你根本没抱幻想,"他说,"我知道你愚蠢、轻佻、头脑空虚,然而我爱你。我知道你的企图、你的理想,你势利、庸俗,然而我爱你。我知道你是个二流货色,然而我爱你。为了欣赏你所热衷的那些玩意儿我竭尽全力,为了向你展示我并非不是无知、庸俗、闲言碎语、愚蠢至极,我煞费苦心。我知道智慧将会令你大惊失色,所以处处谨小慎微,务必表现得和你交往的任何男人一样像个傻瓜。"

这是毛姆的小说《面纱》中最令人心痛的一段话。看过由小说改编的同名电影的读者就会对这一场面印象深刻,这段话令人震撼而又心生悲凉。小说被三次搬上银幕的理由也在于此。我们每个人都曾经经历过刻骨铭心的爱情,都曾经成为追逐爱情的影子,对于爱情的描述,这部小说可谓是独一无二的。沉陷爱情的人都有过令人感叹的经历,他们为了所爱的人,自愿地奉献和牺牲自己。爱情将自私自利的人变成为他人奉献的圣人,造就出伟大的奇迹。但是也有相反的情况。陷入爱情的人也曾有过对爱人残忍到连自己都害怕的经历。这种连我们自己都不知道的,隐藏在我们内心的,像魔鬼一样的残暴性,会让我们走向罪恶的边缘。

看到这里,可能会有人摇头表示不明白:"这样的人有可能都是尚未成熟的人吧?要不怎么能残忍地对待自己所爱的人呢?""爱情难道不是一种让所爱的人感到幸福的情感吗?"渐渐残忍的原因就在于不想因爱而受到伤害。我们本能地知道,自己越残忍,对方的残忍程度就会越低,即使依然相爱,也以残忍的手段结束了爱情。这真的是一件很悲哀的事情。也有这样的情况:曾经相爱的人,不知什么缘故而面临分手，这时候可以毫不犹豫地说出残忍的话或做出残忍的行为。当然，不是所有分开的恋人都会像凯蒂和瓦尔特那样互相伤害。如果因为爱情越来越淡薄而不得不分手，那就不存在残忍的理由，之所以残忍，就是因为还爱着彼此。

因为相爱，所以才会残忍地对待对方，这一点斯宾诺莎也注意到了，在残酷和残忍的情感中，也有爱情作为其基础。

> 残忍是一个人受到刺激而伤害他所爱或他所怜悯的人的欲望。
>
> ——斯宾诺莎，《伦理学》

伤害我们厌恶或藐视的人是很容易的，而且只有伤害他们，才能让自己的生活从悲伤中摆脱出来，为此必须把他们从我们的人生舞台中赶出去。有多少人愿意被绑在他人身边接受虐待呢？但是伤害我们所爱的人或者怜悯的人则是非常困难的，这种行为表示我们拒绝接受或者放弃自己的快乐。在正常的情况下，爱情是一种给所爱的人创造快乐的情感。我们为所爱的人创造快乐的原因无他，只是想对方因这份快乐愿意和自己永远在一起。人类是无法从给自己带来快乐的人身边离开的。

每个人都希望为自己所爱的人带来幸福，这种幸福的来源就是对方切实地感到他的存在。诗人黄芝雨说过，为他人着想的结果往往就是自私自利的表现。残忍是一种微妙的，甚至可以说诡异的情感。残忍的言行并不能给所爱的人带来快乐，反而会让对方不愉快，甚至产生愤怒的情绪，最终使所爱的人离去。反过来说，想要所爱的人从身边离去，想要剪断连接两个人的红绳，就可以选择以残忍的言行来实现。

残忍不仅会伤到我们所爱的人，还会给我们自己留下难以愈合的伤痕。我们所爱的人是带来快乐的人，若让对方因我们的伤害而远离，那么快乐也就随之消失得无影无踪，留下的自然只是忧伤和痛苦，这种忧伤和痛苦会慢慢地吞噬我们，让双方都痛彻心扉、伤痕累累。可见我们也可以给残忍贴上一个标签，即"爱情的毒药"。我们伤害自己所爱的人的同时，也会从所爱的人那里得到伤害。最终，两个人同时走向灭亡，都被伤害得体无完肤。残忍好像一把没有刀柄的尖刀，不管抓住哪一部分，都会让人血流如注，伤得很重。

在小说《面纱》中，细菌学家瓦尔特带着凯蒂远走到传染病肆虐的中国，过着一种流亡似的生活。他们不远万里来到中国，只是因为觉得自己都是爱情的罪人。曾经热情如火的妻子却残忍地对待丈夫，丈夫也以残忍的手段回报她。不过，瓦尔特无微不至地照顾身染霍乱的患者的行为，与人类献身性的人道主义行为还有一定差距，因为他的中国之行只是为了赎罪，他的罪行就是用刀残忍地斩断了自己的爱情。瓦尔特的赎罪方式或许就是寻找一个可以自生自灭的场所，或者按照他自己的想法，在那里染上霍乱，而霍乱在东方被称为天刑，他想通过这个方法来受到真正的惩罚。

最后，在瓦尔特弥留之际，已对自己的错误深表悔恨的凯蒂请求得到瓦尔特的原谅，她泪流满面地问丈夫是不是还在藐视自己，濒临死亡的瓦尔特还是以残忍的态度对凯蒂说："不，我藐视我自己。我曾经爱过你。"最终瓦尔特在说完"死的却是一条狗"之后闭上了眼睛，给人们留下猜不透的谜。瓦尔特最后一句源自18世纪英国诗人奥利费·戈德史密斯的诗,大意是虽然狗咬了人,但死的是狗。残忍并没有使我们所爱的人受到伤害,反而使自己走向灭亡,毛姆想要告诉我们的难道不是这一点吗?

威廉·萨默塞特·毛姆
(1874—1965)

《面纱》和《月亮和六便士》等一些大众耳熟能详的著作都是由英国作家威廉·萨默塞特·毛姆写的,这些作品的构思和情节妙趣横生,无与伦比。在当时,威廉·福克纳、詹姆斯·乔伊斯、弗吉尼亚·伍尔芙等一些响当当的现代主义作家活跃于文坛,且深受人们的关注,萨默塞特·毛姆却被贬为大众作家。不过,他的小说文笔简洁,通俗易懂,故事读起来幽默风趣、兴味盎然,心理描写也非常出色,因而深受读者欢迎,此外,作品的艺术性和大众性也得到了各界的认同。

《面纱》(1925)是一部描写三角爱情关系的小说,也是一部描写女性如何走向成熟的小说。主人公凯蒂"因为不想落在妹妹多丽丝的后面",也为了免于身为老处女所带来的麻烦,所以毅然决定与在政府机构工作的细菌学家瓦尔特结婚,并跟随丈夫来到香港,但是,"她很快便明白,作为政府雇用的细菌学家的妻子,大家都没把她真正当回事。这让她感到愤愤不平"。对轻佻浮夸的凯蒂来说,跟睿智冷静、有品位的瓦尔特的婚姻生活是无趣和缺乏激情的,就在此刻,风度翩翩的情场高手查理来到了凯蒂的身边,凯蒂为之神魂颠倒,瓦尔特知道查理是一个信口雌黄的人，所以看到自己的妻子迷恋这样的男人，他表现出轻蔑的态度。

凯蒂从小养尊处优，只听得奉承话，从未遭遇过这样的混账说辞。她的胸口顿时升起无名的怒火，刚才的恐惧早已消失殆尽。她似乎哽住了，她感觉到太阳穴上的血管鼓大了，怦怦地跳着。虚荣心遭到打击而在女人心里激起的仇恨，将胜过身下幼崽惨遭屠戮的母狮。凯蒂原本平整的下巴现在像猿猴一样凶恶地向前凸出。她漂亮的眼睛因为恶毒的情绪而显得越发黑亮。但是她没有发作出来。"如果一个男人无力博得一个女人的爱，那将是他的错，而不是她的。"不过她觉得此刻若按兵不动，将更能占据上风。

与风流倜傥的查理相反，瓦尔特聪明且有爱心，但凯蒂不了解丈夫这一点；而瓦尔特即便知道凯蒂是一个虚荣浮夸的女人，也依然爱她。作者通过他们之间的爱与恨，想要告诉读者爱情的真正价值和意义，以及什么样的爱情才是成熟的爱情。

哲学家的劝告

除了少数精神上有问题的人以外，我们不会残忍地对待自己所爱的人，若精神上没有问题的人也残忍地对待自己所爱的人，这就让人匪夷所思了。但这种情况只是偶然的。一般来说，我们往往都想给所爱的人带来幸福。到底是什么原因让我们残忍地对待所爱的人呢？所谓残忍，就是伤害所爱的人的欲望。斯宾诺莎的定义需要加以修正，即残忍是指伤害现在还爱的或者曾经爱过的人的欲望。举个例子，有一对曾经相爱的人，现在其中一个人依然爱着，另外一个人却不再爱了，两个人中一个人的爱变得冷淡的原因并不重要，也许是他爱上了别人或沉迷于别的东西，重要的是，对人类来说，没有爱是难以活下去的。曾经相爱过的两个人，现在只有一个人爱着，这是一件令人迷惑不解的事情！在这种时候，一方很难甩掉另一方的爱，那有可能还会成为前者的一种负担。但现在不再爱的一方也不可能改变，背叛爱情的人是他而不是对方，他不愿意担负背叛爱情的罪名，所以强烈要求对方也要同他一样背叛爱情，这一点就是残忍的本质。他不喜欢对方，也希望对方像他一样不喜欢自己，为此做出残忍的行为，说出冷酷的话，这些言行好像刀子一样刺向对方，直到对方不再喜欢他为止。以这种方式，残忍而无情地结束了曾经相爱过的人之间浪漫情深的爱情，这是多么可悲啊！

欲望
CUPIDITAS

将所有的情感

隐藏起来的

同伴者

《法国中尉的女人》
约翰·福尔斯

查尔斯不知望了对方多长时间，似乎是很久很久，其实不过三四秒钟。他们两人的手动了起来，似乎是靠了神秘的灵感，他们的指头相互交叉在一起了。随后，查尔斯单腿跪在地上，激动地搂住了她。他们的嘴巴碰到一起，动作之剧烈使他们自己都为之一惊。……他透过薄薄的衣服感觉到了她的身体。查尔斯见到她便是需要，这正像在嗓子干得冒烟时需要喝口水一样。他热烈地把嘴紧贴在她的嘴上，把她搂得紧紧的，那渴望不仅仅是性的欲望，还包括像浪漫、冒险、罪恶、疯狂、兽性等一样，被禁止的，控制不了的一切欲望。

女人和男人终于在肉体上结为一体，女人的名字叫做萨拉，曾经跟一位法国中尉有过一段感情，被中尉抛弃后，很多人都在背后对她指指点点。男人的名字叫做查尔斯，是贵族伯父的继承者，并与富有人家的独生女欧蕾丝蒂娜订婚。刚才我们所看到的那一幕，在维多利亚时代是根本不能发生的，却在某种不明力量的作用下发生了。萨拉和查尔斯将身心全部投入到两个人的爱情之中，但他们的爱情不但难以实现，还受到各种约束，这是一种痛苦的爱情，拥有这种爱情的男女的命运是可以想象的，可以说是造化弄人。约翰·福尔斯的长篇小说《法国中尉的女人》从表面上来看，好像是描述男女之间凄凉的爱情故事，但是真正翻开小说阅读的话，你会发现它并不是一本仅仅关于爱情的小说。

《法国中尉的女人》是一部言情小说，但是小说中的爱情并不常见。福尔斯想通过对爱情的刻画，认真探索有关人性的本质，也就是所谓的欲望。通过阅读小说，我们可以清楚地了解到重要的一点，查尔斯与萨拉之间的鸾颠凤倒，是查尔斯为了满足自己的各种欲望，其中不但包括"性的欲望，还包括像浪漫、冒险、罪恶、疯狂、兽性等一样，被禁止的，控制不了的一切欲望"。在这一幕里，我们需要情感伦理学者斯宾诺莎帮助我们理解欲望的概念。

> 欲望是人的本质自身，就人的本质被认作人的任何一个情感所决定而发出某种行为而言。欲望是意识着的冲动，而冲动是人的本质自身，就这本质被决定而发出有利于保存自己的行为而言。
>
> ——斯宾诺莎，《伦理学》

大部分哲学家都从人类理性的角度开始研究伦理学，而斯宾诺莎却从欲望开始研究伦理学，这一点就说明斯宾诺莎拥有创新性。大部分哲学家重视的不是每个人的生活方式而是社会秩序，斯宾诺莎却因重视人类的生活方式而受到大部分哲学家的严厉批评。大部分哲学家主张为了全体社会的发展可以遏制或约束个人的欲望,这也是他们批评斯宾诺莎理论的原因之一。从全体社会的角度出发来审视欲望,这就是"理性"所扮演的角色。结果,理性的伦理学是属于全社会的伦理学,而不是属于个人的伦理学。在肯定欲望的同时,斯宾诺莎将理性的伦理学修正为"个人"的伦理学。按照斯宾诺莎所说的那样,我们对每件事情都存在欲望。当然,对于否定我们欲望的事物,我们将与之奋斗不息,于是当我们的欲望受到压制,结果难以实现的时候,我们会失去活力,虽然活着,但跟死人没有两样。

人类的力量是有限的,欲望存在的理由在于人类不可能只靠个人的力量维持生活或寻找幸福。人类的力量有限,既可以说是天赐的权利,也可以说是悲剧性的结果,因为跟我们有关系的人在我们的生活中究竟会起到什么样的作用是无法预知的。他人与我们的关系有时候令我们痛苦,有时候却令我们幸福无比。不是所有的人都有利于我们的生活,不是所有的人都能让我们的生活充满幸福,自然也就有人会让我们的生活处在不幸和危机之中,这一点非常重要。当我们感到幸福时,就会产生快乐的情绪,相反当我们感到不幸时,就会产生痛苦的情绪,当然我们有权利选择快乐而回避痛苦。人类的本质指的就是欲望所产生的过程和结果。

人类的一大特点是,出于胆小和软弱,难以维系自己的本质欲望。不管从什么角度来看,自然界都是一个施虐者,既然给了人类欲望,为什么还要给予人类胆怯这种情感呢?正因为这种胆怯,人类才会不认同自己的欲望,也难以成为自己生活的主人,被迫沦为奴隶,他的生活也将是黑暗和痛苦的。贪小失大,得不偿失,这也是人类的一大特征:为了得到小的利益而丢弃大的利益,为了确保安逸的生活而有可能错失自己的本质欲望。但我们无法忽视和拒绝内心贮藏的欲望的呐喊。每个人都知道奴隶的生活是悲惨的，如果可以接受像奴隶那样生活，那么尽管活着，却也是痛苦地活着。

人类为了追求快乐回避痛苦，只能按照自己的欲望生活。当然我们也可能会面临这样的情况：安逸的生活变得危机四伏，受到来自社会的批评和谩骂，甚至还有死亡的威胁。但是这些又能把我们怎么样呢？即便只有一天，我们也要顺应自己的欲望去生活，这种忠实于欲望的行为才是最大的幸福。快乐的时候就表现出快乐，痛苦的时候就表现出痛苦，这才是认同欲望的一种方式。虽然简单，但并不容易做到。

查尔斯完全倾心于萨拉的原因，随着故事情节的展开越来越明朗。萨拉是一个为找回自己欲望而苦苦挣扎的女人，这一点深深地吸引着查尔斯。所以下面的情节就显得非常重要。

> 不需要加减，不需要修正，只是一本坦诚和简单的书，与表面华丽却内容空洞的书相比，萨拉尽力地想掩饰这一点，而这一点正是这两个人的差异和真正的矛盾。

在普遍重视传统礼仪道德和虚文浮礼的维多利亚时代，萨拉之所以受到别人指责，就是因为她努力地追求和认同自己的欲望，而这一点被查尔斯在无意识中看破，可能是出于嫉妒，也可能是出于同情，他紧紧追随萨拉。如果说查尔斯是一本"荒唐的书"，那么萨拉就是一本坦诚和简单的书。所以，从某个角度来看，萨拉是查尔斯的人生导师。

通过萨拉,查尔斯开始走上找回自己欲望的旅途。查尔斯真的会消除他和萨拉之间的隔阂和分歧吗?这就是小说《法国中尉的女人》向我们提出的问题。但有一点非常明确,若查尔斯越来越执着于萨拉,那么萨拉和查尔斯之间就很难形成平等的关系。萨拉是一本坦诚和简单的书,拥有的欲望无人可以模仿。查尔斯在模仿萨拉的那一刻只能变成一本荒唐的书,书中所讲的并不是他的故事,而是萨拉的故事。查尔斯必须知道自己的欲望是什么,这个欲望既不属于萨拉也不属于其他任何人,只属于查尔斯,只有在这个时候,他才会真正成为萨拉的人生伴侣,而查尔斯是否能觉悟到这一点呢?

约翰·福尔斯

(1926—2005)

约翰·福尔斯就读于牛津大学,主要学习法语和法国文学,深受加缪和萨特的影响,因此喜欢法国存在主义和反传统小说。他的第一部小说《收藏家》出版后,令他名声大噪,成为人气明星作家。(该小说于1994年在韩国被改编成话剧《米兰达》,但因内容涉嫌淫秽而被禁演。)约翰·福尔斯的主要作品都被搬上了银幕,并且受到了很大的欢迎。特别是小说《法国中尉的女人》(作者强调"这部小说并不是历史小说"),这是一部以维多利亚时代为背景的浪漫小说,但也是一部以创新性的后设小说为形式成为代表后现代主义美学的现代古典小说,也就是说作者运用了大胆创新的写作技巧,使得这部小说具有鲜明的后现代主义特色。

小说《法国中尉的女人》(1969)的主人公查尔斯在两个性格截然不同的女人之间徘徊不定,最终找到真正的自我。查尔斯的未婚妻欧蕾斯蒂娜"像其他富有人家的女儿一样,有钱人家做的所有的事情,她都喜欢做,什么才能都不具备,她只知道把钱花在西装店和家具店上,因为这是她唯一的乐趣和能做的事情,而在做这种事情时,她不想被别人干涉"。反之萨拉是"全身闪烁着光芒的女人"。

> 莎拉真是一位不同凡响的女子,一位不同凡响的年轻女子!而且她是那样令人迷惑不解。她的动人之处是叫人看不透。他没有意识到正像他自己既不满现实又尊重传统一样,莎拉身上也有英国人身上典型的两种特点,即激情和想象。第一种特点,查尔斯或许已隐约地感觉到了。第二种特点,他还没有看出来。他自然看不出,因为莎拉的两种特点都被时代拒之门外,激情等于性欲,想象等于幻想。这两个"等于"是查尔斯的弱点,这里,他恰恰代表着他那个时代。

哲学家的劝告

人类和猿类的属性相似,人类总是模仿他人,而且这种模仿的欲望很强烈。特别是一直关爱我们的父母和老师,往往会成为我们最喜欢模仿的对象。为了得到他们的关心，他们的欲望也就成了我的欲望。他们希望我们考上名牌大学，我们就把考上名牌大学作为自己的欲望。他们希望我们衣着整齐，我们就努力保持衣着整齐。这样一来我们就会经常迷失方向，不清楚现在想要的东西或者拥有的欲望到底是属于我们自己的还是属于他人的。这种烦恼无法解决，也不具有任何意义。当你拥有某种欲望时，就把它付诸实践。只有实现我们的欲望，我们才能知道这种欲望是属于自己的还是属于他人的。举个例子，如果考上法律专业是你的欲望，那么当你考上以后，你就会有这样的想法："现在才是真正的开始，我要努力认真地生活。"相反，如果这是别人的欲望，当你考上大学时，你就会有这样的想法："终于结束了，太幸运了。"如果我们激动万分，说明我们自己的欲望成为了现实；如果我们感到空虚，说明实现的是他人的欲望。再比如，你渴望得到某个男人，在和他度过期待已久的第一天之后，如果你渴望和他一直在一起，那么这种渴望就是你自己的欲望。如果不是，你的脑海里就会跳出这样的想法："从现在开始，和这个男人在一起干什么呢？"事实上这就是一种空虚的感觉。你现在应该面对的现实是，你所渴望得到的男性都是受到小说、电影、电视剧的影响而幻想出来的，在现实中得到这样的男性是不容易的。我们总是要经过多次的实践，才会发现什么是属于自己的欲望。这是唯一的方法，所以不要太失望。

渴望
DESIDERIUM

为了永存

一时的快乐

而做出令人心酸的尝试

《奥拉》
卡洛斯·富恩特斯

你轻轻地吻了吻靠在旁边的脸庞,再一次缓缓地抚摸着奥拉的长发,你根本不在乎她强烈的反抗,抓住她柔弱的肩膀,并把她拖进自己的怀里,扯掉她的衣服,你感到她无力得好像要晕倒一样,不顾她的尖叫和她的悲鸣,大胆肆意地吻上她的脸,当你抚上她下垂的乳房时,一丝光线隐隐约约地照了进来,你大吃一惊,离开她的脸庞开始寻找泄露月光的那道墙缝,那道墙缝好像是被老鼠啃的一样,越看越像一只眼睛,透露着一丝月光,这道月光照在奥拉的脸上,奥拉那没有血色的苍白的脸,就像干瘪瘪的洋葱皮一样,松松垮垮,也像煮熟的杏子一样,皱皱巴巴,在月光相衬下更加可怕。吻过的嘴唇现在变得像没有生气的枯井一样,一颗牙也没有,推开这张脸,在月光下,康素爱萝夫人的裸体展现在你面前,没有生气,满是皱纹。

卡洛斯·富恩特斯的小说《奥拉》是站在第二人称视角来叙述的,给我们一种诡异的感觉。"你"指的是费利佩·蒙特罗。费利佩·蒙特罗情不自禁地拥抱着一个叫做奥拉的女孩,他认为奥拉既年轻又有魅力,但这只是他个人的想法。然而,事实上,费利佩现在怀里的女人并不是奥拉,而是一个年纪为一百零九岁的奶奶康素爱萝。奥拉是康素爱萝夫人介绍给费利佩认识的一位貌美如花的小姐,是康素爱萝的侄女,更是费利佩所中意的女孩。费利佩相信自己能把奥拉从康素爱萝的手中解救出来,但是这并不容易,事实上,奥拉只是康素爱萝想象出来的虚幻影子,是她青春年少时期的代替物。"奥拉"这个词就暗示了所有事物的发展状态,指的是一个背后带着光环的圣洁的形象。

这一情节的设计可以说不合乎常理,这也是让我们感到震惊的一点,富恩特斯还在小说结尾埋下了一个伏笔,让读者觉得费利佩也不过是康素爱萝想象出来的人物。"奥拉会回来的,费利佩,我们一起带她回来吧,让我集中一下精力,这样的话,我们会让她回来的。"这是小说的最后一句话,也是奶奶康素爱萝对费利佩说的悄悄话。我们现在终于明白了,为什么小说的结构像舞台剧一样,为的是让人有一种身临其境的感觉。我们可以认为,费利佩可能就是由康素爱萝创造出来的人物。就像导演给演员说戏一样,康素爱萝对费利佩所有的行为和情感都是加以控制的。是的,费利佩被称为"你",而"我"的本身就是康素爱萝。

小说《奥拉》所描述的是一个叫做康素爱萝的奶奶渴望在现实中找到爱情,可是她所需要的爱情在现实中根本不存在,因此受到很大的打击。作者对这种渴望和打击进行了详细的刻画,正是这细致入微的描写,使它成为一部动人心弦的小说。康素爱萝通过想象创造出两个人物,一个是费利佩,另一个是奥拉,并想象他们相爱着,这样做只是为了重新品尝爱情的甜蜜,她这种苦苦挣扎的心态让读者心怀恻隐之心。不过，我们不能因此就断定康素爱萝是一个疯老婆子，她绝对不是，因为她本人非常清楚，不管奥拉还是费利佩都是她自己编织的梦境。所以她才会劝告自己设想出来的费利佩休息一会儿，等恢复元气之后，自然会让奥拉重新出现。当然，对于一百零九岁老人的身体来说，这是不容易的。一百零九岁的老人不但行动不灵便，还精力不足，难以集中想象力。

康素爱萝需要的是恢复元气，这样她才能在脑海中重新描绘出既性感又有魅力的奥拉。尽管康素爱萝为了想象奥拉，而使自己的力气一点点消失，但她还是拼了老命去想象自己渴望的对象，这个对象就是"你"，即年轻的男人费利佩。这一点很有趣。作为老人的康素爱萝自然抵抗不住自然之力，所以只有在她离开人世时，费利佩才会消失，更准确地说，费利佩只有像奥拉一样从康素爱萝身上消失时，她才会走向死亡，可见费利佩是康素爱萝的人生的全部，也是她活着的理由。费利佩有可能是康素爱萝年轻时最痴迷的一位男性，也可能是她交往各种各样的男朋友之后虚构出来的人物。他究竟是谁并不重要，反正是康素爱萝想要拥抱和抚摸的男性，是她作为女性想要把自己的全部都献给他的男性，也是让她感到活着是多么喜悦的男性，而这位男性就是费利佩，这一点很重要。

对于康素爱萝来说，悲惨的现实是现在衰老的她难以与想象出来的费利佩谈情说爱，因为她构想出来的风度翩翩的费利佩不会对她这样的百岁老人产生爱意。这也是她创造出奥拉的原因。康素爱萝将奥拉尽可能地想象成美貌性感而又年轻的女人，只有这样的女人才有资格成为费利佩的伴侣，她才能通过奥拉体会到费利佩的健康男性之美，费利佩的泛着红光的脸庞，费利佩的像石膏像一样的裸身，这些只有凭借奥拉才能触手可及。对康素爱萝来说，创造费利佩这个假想人物已花费了她一定的精力，创造出年轻的奥拉，甚至想象这两个人之间激烈的情爱，让她更加力不从心，所以当奥拉和费利佩结合在一起的那一瞬间，是康素爱萝最容易清醒过来的时刻，幻影也容易破灭。奥拉的幻影破灭的瞬间，也是费利佩惊异的瞬间，这虽然使康素爱萝感到惋惜，但也让气喘吁吁的她可以平静下来。

当然康素爱萝夫人知道，自己想象出来的爱情只能发生在年轻的时候，所以她才会如此渴望这种年轻时才会有的像火一样的爱情。人怎么会渴望很容易获得的东西呢？

> 渴望是想要占有某种东西的欲望或冲动。……当我们回忆一个足以引起我们任何一种快乐的事物时，我们总是趋于用同样的情绪，把它当作即在目前似的去怀想它。但这种努力立刻就被关于足以排斥那物存在的东西的回忆所阻碍。
>
> ——斯宾诺莎，《伦理学》

渴望的本质是想要拥有一个事物的冲动和欲望，但是这个事物是不存在的。正因为它不存在，所以那不是欲望和冲动，而是渴望。我们需要对渴望的定义做一些修正。"对于现在绝对无法拥有的东西的欲望和冲动"，这才是渴望，也是斯宾诺莎内心的想法。康素爱萝在心里构想出一个美丽而又性感的奥拉是有可能的，但在现实中康素爱萝不可能成为奥拉。对一个一百零九岁的老人来说，若渴望都难以维系的话，她就会被无情地甩回现实之中，尽管如此，老人也不想放弃重新拥有让自己快乐的那种激动和火热的爱情。

对于康素爱萝夫人来说，奥拉或许就是她自己，因为不仅是她，任何一个陷入爱情的人都很清楚自己渴望的是什么，以及自己是什么。虽然在现实中难以实践，但如果可以在想象中渴望成为奥拉的话，康素爱萝的生活也许会更加充实，她才会全身心感受到费利佩火一般的爱情。若这种渴望消失的话，康素爱萝夫人只是一个处在弥留之际的高龄老人。渴望爱情并不局限于康素爱萝夫人一个人，追求爱情并不只发生在康素爱萝一个人身上。曾因火热的爱情而神采飞逸、找回真正自我的女人，即便现在是六十岁或八十岁，依然对年轻时拥有的辉煌爱情梦想着、渴望着，这也许是她们活下去的唯一理由，因为爱情使她们重新焕发活力，有了生存的欲望。

卡洛斯·富恩特斯

（1928—2012）

富恩特斯曾在墨西哥大学攻读法律，年轻时喜欢马尔克斯的魔幻现实主义文学作品，以及塞万提斯、巴尔扎克、陀思妥耶夫斯基等文学作家。富恩特斯的《阿尔特米奥·克罗斯之死》描写墨西哥革命时期的腐败现象，主人公阿尔特米奥·克罗斯是一个利用革命发迹的变质的革命者，这部小说使富恩特斯成为拉美文学的代表作家。此外，富恩特斯曾担任国际劳工组织的墨西哥代表，以及墨西哥驻法大使。美国政府FBI一度认定富恩特斯是古巴领导者菲德尔·卡斯特罗的支持者，对其进行监视直到20世纪70年代。但是他的作品《美国佬》

成为首部登上《纽约时报》畅销书榜单的墨西哥作品。富恩特斯的兴趣非常广泛，在电影、流行乐、现代美术等领域有很深的造诣，他的小说也是立足于这些领域的作品，因此他的每部小说一问世，就会受到文坛的瞩目。特别是在小说《奥拉》(1962)中，作者用第二人称叙述了一个富有幻想色彩的故事，描述的是人类的根本欲望和现实之间的距离。《奥拉》篇幅短小但表现力强，是一部非常有魅力的小说。

少女将眼睛闭上，两只手重叠在一起放在大腿上，少女并不看向你，好像并不喜欢房间里的灯光，少女开始慢慢地睁开了眼睛，终于你可以完全看到少女的眼睛了，大海一样深绿色的眼睛，一会儿波涛汹涌，一会儿波澜不惊，看着她的眼睛，安慰自己这并不是一场美梦。迄今为止，以及将来也会看到的还是这双美丽的深绿色的眼睛，无论怎样变化，只有这双眼睛才能向你展开你渴望看到的风景。"好吧，我们一起生活吧。"

哲学家的劝告

你在学生时代有渴望得到的人，所以有时候即使很忙，也会以激动的心情去参加同窗会，只是为了见到那个人。但是真正能享受到相聚时的快乐的人却没有几个，因为大家都变得更加成熟，已不是原来的自己。其实大家见面的时候，无非是喝酒喝得醉醺醺的，共同感慨自己的变化，以及再也找不到过去纯真的友情。我们怀念的只是过去的美好或者自己最受欢迎的时期。怀念的另一个意义是，由于时光流逝，岁月无情，我们已经不再像以前那么美好，或者那么受欢迎，因此感到苦涩又无奈。我们已青春不再，然而，渴望这种情感能给我们再一次享受幸福的机会。现在我们还有力气享受，可以去咖啡厅或酒吧，可以离开家去任何想去的地方，所以怀念过去并不是必需的。对身体健康的人来说，怀念过去就等于不在乎现在的生活，沉醉于过去的美好就等于现在活得不如意。正视现在的生活，才有机会再一次登上生活的顶峰。不能忘记昔日恋人的人，如何和现在交往的人在一起？如何享受生活中的美好呢？花不止盛开一次，所有花草树木每年都会开出新的花朵，看起来和去年差不多，但绝不相同。怀念去年花朵的婀娜多姿，却忘了今年花朵的万紫千红，这是让人感到遗憾的事情！亲爱的朋友，当你读到这里时，你若还充满活力，就不要怀念过去。渴望现在，只要勇敢地正视现实，就会重新登上生活的顶峰。

轻视
DESPECTUS

爱情的死胡同

《谁害怕弗吉尼亚·伍尔芙》
爱德华·阿尔比

男女之间的爱情往往最具有戏剧性，陷入爱情的人都有一种特别的经验：除了相爱的两个人之外，其他人都退居一边，成为陪衬。正如弗洛伊德所说，爱情是伴随着对对方过度的幻想而产生的，在相爱的人眼中，只存在对方一个人。所以迄今为止，被认为很宝贵的父母之情、朋友之谊，甚至祖国之重，都进不了恋爱中的人的眼帘，这样的爱情使两个人成为这个世界乃至整个宇宙唯一的主人公。在现实中有一种方法可以检验爱情会在什么时候从我们身边溜走，那就是我们所爱的人不再是我们人生中的主人公，而是可以和其他人进行比较的那一刻。

　　他曾经是你人生中的主人公，现在却像一幅看惯的风景一样，变得平淡无奇，没有任何吸引力。此时的情感告诉你，你已经不再爱这个人了，爱情已经悄悄溜走了。为了减少分手的麻烦，要做好分手的准备，总有一天你要把内心的想法告诉他："从现在开始，你不再是我人生的主人公。"为了把爱情所带来的快乐原封不动地留在记忆中，选择分手是正确的，即使分手会带来痛苦。如果强迫他留在你身边，那么连最起码的美好回忆也会被撕成碎片,让人心生遗憾。即使相爱,也无法选择分手,此时的爱情就会发生本质上的变化。

当爱情变成厌恶的时候,与爱情相伴的嘉奖也会随之变成一种轻视的情感。如果嘉奖是让他成为你人生中唯一的主人公,那么轻视会让他变成连一般人都不如的人,即一个没有价值的人。斯宾诺莎对于轻视给出以下的定义。

轻视是因为恨一个人而将他看得太低。

——斯宾诺莎,《伦理学》

在这一节里,最重要的是"恨"这个字。因为"恨",连应该给对方的公平待遇也不会给,这就是轻视。美国伟大的剧作家爱德华·阿尔比的小说《谁害怕弗吉尼亚·伍尔芙》就是探索这种轻视情感的作品,它的主线是玛莎和乔治之间的对话。玛莎是大学创建人的女儿,又是乔治的妻子;乔治是大学历史系的教授。他们之间的对话几乎都是在刺激对方,轻视对方,他们之间没有爱情,有的只是轻视。

玛莎:(想着如何反击)瓶子是空的呢?乔治!不能浪费这么好的酒呀!就你那么点工资(乔治一动不动地把瓶口已经破碎的瓶子摔到地上)呦,副教授的工资!(对尼克和汉娜)到底……理事会晚餐和基金慈善会都是没有用的东西。人性呀……连魅力没有,知道我在说什么吗?对爸爸来说,可能是一件让他失望的事。因为我现在跟这个没用的东西在一起……

乔治:(转身)闭上你的臭嘴!玛莎……

玛莎：历史系的混蛋……

乔治：住嘴！玛莎，住嘴！……

玛莎：（为了不输给乔治，玛莎提高了嗓门）和校长女儿结婚，你以为会得到什么吧！没有名气，书呆子，一天到晚只知道胡思乱想，一无是处，胆小如鼠，一点优点也没有，得了吧，乔治。

以上是乔治和玛莎在喝醉之后进行的对话，即使只有两个人在场，这种难听且伤自尊的话也会让对方难以接受，何况还有别人在场呢！玛莎没有事先征得乔治的同意就邀请新上任的教授尼克和他的夫人汉尼在深更半夜来家里做客，虽初次见面，却在客人面前大骂乔治，说他没有用，什么也干不了，这让人很难理解。事实上，玛莎邀请新来的教授夫妇也许就是为了让乔治的自尊心受到伤害，想要在他人面前表现出自己对乔治的轻视。玛莎觉得只有他们夫妻两个人的时候，不管她怎么侮辱乔治，乔治都无所谓了，不会再受到伤害。为了能够继续刺激乔治，让他产生一种难以忍受的侮辱感，唯一的方法就是在公众场合让乔治下不了台。没有想到，乔治根本不想输给玛莎，他想尽一切办法把自己所受到的侮辱还给玛莎。"把衣服穿好，你只是喝了两杯，就把裙子掀到了头上，瞧你这个鬼样子，真让人恶心。"

从头到尾，不管是只有乔治和玛莎两个人还是有别人在场，他们都互相谩骂，互相轻视对方。到底是什么原因使他们夫妻俩这么疯狂地互相伤害呢？他们是不得已才成为夫妻的，还是玛莎的父亲将乔治定为校长的接班人才将女儿许配给他的，又或者是乔治为了成为校长的接班人而引诱了玛莎呢？然而这些都不是真正的原因。玛莎为了拥有爱情，不顾父亲的强烈反对而跟乔治在一起，玛莎爱上乔治绝对不是因为乔治是校长的接班人，乔治也不是为了成为校长的接班人而爱上玛莎的。他们两个人只是喜欢上了对方，没有任何原因和条件。但令人心酸的是，曾经那么相爱的两个人让这种刻骨铭心的爱情从他们手中溜走了。

面对无法挽回的爱情，乔治和玛莎却没有办法分手，一位是大学创建人的女婿，另一位根本没有离婚的念头，非常忠诚地扮演着校长好女儿的角色，就他们的身份而言，即使想离婚也难以做出决定。对他们来说，爱情的离去并不重要，重要的是无法分别的痛苦始终在折磨着他们。在乔治和玛莎相爱之初，校长女儿的身份对玛莎而言不具有任何意义，同样乔治也没把成为校长女婿的事放在眼里，他们只是想要拥有对方，只是拥有就已经感到幸福，可见爱情的力量是多么伟大啊！在他们相爱的时候，他们是对方人生的主人公，家庭背景、社会地位、他人的评价都处于配角的地位，或者说只是一些很好的陪衬。可是当爱情离去之后，事情发生了一百八十度的大转变，那些他们曾经根本不在乎的东西成了主角，而他们的爱情却成了配角。

爱情到底流失到哪里去了呢？乔治和玛莎都处于迷惑之中，把他们紧紧拴在一起的爱情之绳一旦被松开，像社会地位、社会上的眼光等一些压迫他们的东西，他们就不能坐视不理。到底是什么原因让他们忘记了曾经让他们成为各自人生中的主人公的爱情呢？众所周知，过去的辉煌会更加凸显现在的凄凉，那么凄凉的原因是什么呢？玛莎把爱情丢失归咎于乔治，而乔治觉得其原因在于妻子。他们不停地寻找原因，寻找互相轻视的理由，就好像在寻找战败的原因，谁也不愿意担负责任，最后只剩下自尊心了，而维护自尊心的结果是，玛莎相信爱情离开的原因不在于自己,同样乔治也是这样想的。

曾经幸福无比的夫妻现在变成互相讨厌的冤家,他们从来没有想过对方会因为自己受到伤害,只是无情地撕破脸皮去谩骂对方,这样他们也只能选择互相轻视了。令人遗憾的是,他们并不知道这一点。他们越是这样互相讨厌和轻视,就越不堪一击。如果留给对方的只是难以治愈的伤口,那么他们就会陷入互相轻视和指责的恶性循环。他们的关系只能是苟延残喘,他们的爱情会变成冷冰冰的石头,没有任何激情。这种带有轻视的爱情会把他们之间美好的回忆彻底粉碎,最终连他们的内心也会被撕成碎片。如果想要避免这种结果,他们必须马上分手,但是做不到,因为乔治和玛莎都是非常谨慎和软弱的人,只是两个胆小如鼠的凡夫俗子罢了,谁也不肯迈出这一步。

爱德华·阿尔比

(1928—)

爱德华·阿尔比幼时被富有家庭所收养,其养父家拥有美国多家剧院。童年时期他就对戏剧艺术表现出极大的热忱,然而他的养父母希望他能拥有一份与上流社会相匹配又具有专业性的工作,对此阿尔比表现出强烈的反感,同时,他也难以忘掉自己对亲生父母的怨恨,最终导致他在二十岁的时候离家出走,此后开始进行文学创作。生活在这种环境下的阿尔比以作品《谁害怕弗吉尼亚·伍尔芙》(1962)大获成功,成为一名剧作家,是继田纳西·威廉斯和阿瑟·米勒之后,美国又一位 20 世纪具有代表性的剧作家。

这部作品曾经获得普利策奖的戏剧奖,但普利策奖评选委员会却以"没有表现出美国生活的健康性"为由,收回了所授的奖项。在这部作品中作者针对"美国梦"中的理想型家庭的虚实,以心理剧的风格进行了讽刺。该作品还获得了托尼奖的最佳剧本奖,也曾在百老汇创下连演六百六十四场的纪录。此外,它还被搬上了银幕,由伊丽莎白·泰勒和理查德·伯顿夫妇联袂主演。这部作品详细地刻画了曾经相爱的两个人即使相互嫌恶,各怀心腹事,也无法分手的苦恼和困扰。

玛莎:我发誓……如果你再这样,我就会和你离婚……

乔治:嗯,你最好是用你的两只脚站稳……这个人是你的客人呦!……

玛莎:你看不见有很多年了……你的眼睛已经看不见了……

乔治:……如果你不是喝迷糊了或是喝吐了……

玛莎:……你什么也不是,一无是处……

哲学家的劝告

所有的情感都发生在与他人相遇之时,就像石头被抛进湖水中,泛起一片涟漪一样,某种情感并不完全由一个人引起,或者仅靠一个人维系,但我们往往将某种情感的产生归因于他人,而不是自己。举个例子，当我们陷入爱情时，我们会觉得是对方让自己陷入爱情的，这种想法是对对方的一种过高的评价。相反，当我们厌倦对方时，也会归咎于对方。如果对方让我们厌倦，我们就会诅咒对方，这时轻视的情感就产生了。当我们轻视对方时，事实上我们是希望对方能够主动地结束关系。越是难以结束这种相互厌倦的关系，就越容易将对方逼入进退两难的窘境。就像对关系的开始和结束都不负责任的人那样，当我们轻视对方时，我们也不想对如何处理两者的关系负任何责任。其实这是一种胆怯的表现。相反，如果对方轻视我们，我们就会知道对方是软弱的人，因为对方将所有的责任都推卸在我们身上。所以轻视他人的人实际上是胆怯的人。如果两者的关系正如希望的那样得以结束的话，我们将会一直扮演着牺牲者的角色，就像善良的我们受到别人欺负一样。

失望
DESPERATIO

走向死亡的

致命性的壁垒

《朗读者》
本哈德·施林克

汉娜·施密芝自杀了，是在她获得自由的前一天，在监狱里自杀的，那一天阳光灿烂，汉娜却用绳子结束了自己的生命。米夏·白格一直在等待汉娜重新获得自由，因为她的归来可以解开他心中的谜团，而汉娜的死亡让谜团永远刻在他的心中，不得而知。根据本哈德·施林克的同名小说改编的电影《朗读者》的结局就是这样以悲剧收场的。小说讲的是一对男女之间凄凉悲惨的爱情故事，高潮则是探索汉娜自杀的理由究竟是什么。汉娜若能从监狱里走出来，迎接她的自然是未来自由的生活，可是就在此时，汉娜走上了不归之路。难道监狱的生活更加幸福？或者说自由的生活让她有一种负担，为了避开它才选择自杀？这是作者给读者提出的疑问。也是这种疑问使作品中的叙述者米夏陷入了回忆，他是如何与比他大二十一岁的汉娜相遇的，又是如何陷入情爱的，以及他们最终面临的悲惨结局。

故事发生在第二次世界大战结束之后的20世纪50年代末，在德国的某一个城市里，十五岁的少年米夏因患有黄疸病，身体日益衰弱，就在他不知所措的时候，他遇见了三十六岁的女人汉娜，戏剧性的故事在他们之间展开了。米夏放学之后,在回家的路上发病,不断地呕吐,就在此时汉娜出现了,并把他带回了自己的家,一直照顾着他。汉娜性感风韵,魅力十足。这种成熟的味道是米夏在同龄的女同学中难以找到的,因此他无法抵抗,深深地被汉娜吸引住了。汉娜告诉了米夏什么是女人以及性爱的秘密,在告诉他这些秘密之前,汉娜要求米夏为她朗读书籍,就这样爱情在少年和一个谜一样的女人之间发生了。朗读、沐浴、做爱,在完成以上三个动作之后,他们在一起躺一会儿,重复着这所谓的爱的模式。有一天,汉娜从米夏的生活中消失了,九年后他们重逢,重逢的场所却是审判犹太人大屠杀事件的法庭上。

当时已经二十一岁的米夏,为了完成学业前往法庭旁听,但在法庭上他看到汉娜站在被告席上,在审判的过程中,米夏终于知道他过去根本不知道的汉娜的一个秘密。汉娜是一个文盲,对于这一点,汉娜始终守口如瓶,对谁也没有提起过。她为掩盖自己的秘密,甚至宁愿背上罪名,承认有关犹太人屠杀的报告书都是她自己写的。连字都不认识的汉娜怎么可能写报告书呢?如果汉娜主张报告书不是自己写的,她就得接受笔迹鉴定,事实上,对汉娜来说,这是减轻罪行的好机会,但也等于向外界宣告自己是一个文盲。这是一个非常痛苦的选择,但汉娜最后还是愚蠢地选择了保护自己的自尊心。

汉娜的罪行非常严重,对此米夏也深知,为了安慰汉娜,米夏十年来一直给狱中的汉娜寄去自己朗读的磁带。是出于对汉娜的怜悯,还是因为她象征着自己少年时代爱情的回忆呢?不管怎么样,米夏一直扮演着朗读者的角色,从未间断。当然他故意装作不知道汉娜的秘密。在寄朗读磁带四年之后的一天,也就是汉娜和米夏的秘密关系维持了四年之后，米夏收到了汉娜的回信，这封信是汉娜自己写的，字写得歪歪扭扭的，好像孩子写的一样。"小家伙，上一个故事特别好！谢谢！汉娜。"她终于识字了，不再是一个令人感到羞愧和痛苦的文盲，可是米夏没有回信，还是继续邮寄录音磁带。这一行为对米夏来说可能无所谓，但对汉娜来说是一种无法接受的失望，这种心灰意冷的感觉，汉娜在法庭上都不曾有过。对于失望，斯宾诺莎下过这样的定义。

失望是起于一种无可置疑的过去或将来之物的观念的痛苦。……失望起于恐惧。

——斯宾诺莎，《伦理学》

当我们预感到结果会是可怕的时候，大部分人都会自我安慰，结果不会像我们想象的那么可怕，但当我们对此不再表示怀疑的时候，我们所担心的可怕结果反而摆在了面前。此时的失望就好像一张网，将我们深深地困住，这就是汉娜所体会到的感觉。汉娜曾经极度害怕被人发现自己是文盲，因为汉娜对此感到无比羞愧，所以她为了识字才做出常人难以想象的努力。她终于写了一封很短的信给米夏，其目的也是掩盖自己是文盲的事实，但米夏没有回信，还是不断寄录音磁带给她，这一举动让汉娜深感失望。失望的汉娜担心，米夏已经知道她是文盲。

汉娜给米夏写信就已经说明她不再担心自己是文盲的事实暴露，因为她会写信了，所以她不再担心和害怕了。但汉娜怎么也没有想到她会面临更大的失望，米夏知道了有关她的一切，汉娜不惜一切代价来保护的丑事将全部公开。在这种情况下,她怎么可以再和米夏见面呢?在汉娜自杀以后,监狱的负责人对米夏说:"她是多么希望您给她写信。她从您那儿只收到邮包,每当邮件被分完了的时候,她都问:没有我的信?她指的是信而不是装有录音带的邮包。您为什么从不给她写信呢?"哪怕只收到米夏的一封信,汉娜也不会陷入绝望而选择自杀,因为汉娜把米夏的回信当作是一种"礼物",一种能够永远掩埋自己羞耻心的"礼物"。

小说《朗读者》叙述的是主人公米夏几十年的回忆,从少年时期遇到汉娜开始,一直到汉娜死亡,自己成为中年人,这十几年间发生的故事。在小说的结局中,米夏依然对汉娜自杀的原因充满疑问,但米夏真的想知道汉娜自杀的真相吗?男人往往很难忘记让自己真正成为男人的女人,很难忘记跟自己第一次结合的女人。我们在阅读小说时,不难发现,在汉娜不辞而别之后,少年米夏以汉娜为标准评价自己遇到的所有女人,他的妻子也不例外。

> 与葛特茹德在一起时,我一直无法停止把她和我的共同生活与我和汉娜的共同生活进行比较。每当我们拥抱在一起时,我总有一种不对劲的感觉,有一种她不对劲的感觉,她接触和抚摸的地方不对,她的气味不对,滋味也不对。我想,这种感觉会消失的,我希望这种感觉会消失,我想摆脱汉娜,但是,这种不对劲的感觉从未消失过。当朱丽雅五岁时,我们离了婚。

忘不了初恋的人,婚姻生活怎么可能一帆风顺呢?当汉娜被关进监狱后,米夏一直将自己朗读的磁带邮寄给她,这时候的米夏已经离婚了，虽然跟妻子是友好地分手，但是成为独身的米夏还是被孤独和背叛的情感所笼罩着。他只有通过给狱中的汉娜邮寄磁带，才得以重温自己曾是朗读者的幸福时光，而这种情况只能在汉娜是文盲的前提下发生。可见米夏的朗读者身份是他婚姻不幸的主要原因。

　　为了摘掉文盲这顶帽子，汉娜做出了很多努力，最终给米夏写了一封信表明自己不再是文盲，但米夏为什么对这封信视而不见呢？其实理由很容易找到。如果米夏回信，汉娜就不可能再继续扮演文盲的角色，他也就很难继续扮演朗读者的角色，然而米夏非常热衷于扮演这个角色。朗读可以使他重新回到自己曾经拥有的乐园。读书、沐浴以及激烈地做爱，最后躺在床上享受那片宁静的时光，这些曾经在少年时期所拥有的激情和兴奋的回忆，难道不是他要寻找的吗？在少年时期，汉娜给他洗澡，将他拥入怀中，所有这些行为都是在他为她朗读之后发生的。所以米夏在朗读书籍时就好像在进行宗教仪式一样，也只有这样才能让他忘记孤独的心，这也是他不承认汉娜已会读书认字的理由。为了让自己这些美好的回忆保持下去，他残酷地拒绝接受汉娜已不再是文盲的事实。让汉娜最后走上不归路的人不是别人，而是米夏自己。这也是直到最后米夏都不想更不愿意承认的事实。

本哈德·施林克

（1944—　）

　　电影《朗读者》（2008）使原著《朗读者》（1995）更加广为人知。

小说使德语书籍第一次登上了《纽约时报》的畅销书排行榜首位。这部作品"对由于羞耻而去回避、拒绝、隐瞒、伪装并伤害他人的行为"进行了详细的刻画，也是一部描述少年性冒险的成长小说。

> 第二天我又去上学了。此外，我想要显示一下我已具备的男子汉气概。我自觉强健有力，比别人都强。我想把我的这种强健有力和优越感展示给学校的同学和老师。

此外，《朗读者》还是一部话题小说，因为施林克在作品中提出了有关清算纳粹罪行的沉重话题。在小说中，叙述者对于自己父母一代是这样描写的。

> 我知道，我父亲哲学讲师的位子是因为预告要开一门关于斯宾诺莎的课而丢掉的。作为一家出版地图和导游手册的出版社的编辑，他带领我们全家度过了那场战争。我怎么能谴责他是可耻的呢？但是我还是这样做了。我们都谴责我们的父母是可耻的，如果可能的话，我们还起诉他们，因为1945年之后他们容忍了他们周围的罪犯。

本哈德·施林克曾经担任过宪法法院的宪法法官和柏林洪堡大学的法学教授，他的父亲曾担任过神学院的教授一职，在纳粹时期被解雇，之后以牧师的身份在社会上进行活动。

哲学家的劝告

被解雇这样的事可以在瞬间发生。对于未来，我们有时候充满迷惑。不久之前，上司让我做一个新的计划，但是我就职的公司经营情况并不是很理想，可能会裁员，此时把新的工作交给我，这难道表示我不会被解雇吗？然而，没过多久，交给我的新工作却让别人承担了，就这样连最后的希望也破灭了。像烛火一样摇摆不定的希望最终熄灭时，失望降临了。如果我们对未来不抱有强烈的希望，我们也不会有这样的失望。我们对未来过度担心和忧虑，所以才会有这样的失望。因此，与相对冷静而又理智的人相比，优柔寡断的人更容易产生失望这种情感。虽然预感到未来的前景并不明朗，但在这种情况下，还是有不放弃一丝希望的人。如果未来还拥有一线光明，我们对未来就会抱有希望。在此期间，我们会牢牢抓住希望之绳，随着时间的流逝，我们的未来可能会逐渐地走向光明。当然这只不过是一个人的想法罢了。当我们的幻想太过于以自我为中心，或者说我们太相信和依赖自己的幻想时，失望就很容易降临。当幻想破灭时，对未来充满期待的我们也陷入失望中不能自拔。对于容易陷入失望的人，最好的方法是拥有一定的悲观论，不要把所有的事情都想得那么好，要做好最坏的准备，不要过于以自我为中心。可是对于优柔寡断的人来说，在这种悲观论的影响下，他的生活可能会更加艰难吧！

酗酒
EBRIETAS

为了回到华丽的过去

而苦苦地挣扎

《进入黑夜的漫长旅程》
尤金·奥尼尔

酒可以说是一副灵丹妙药，因为酒可以让一个人从渺小走向伟大，没有比这更让人心驰神往的了。人类是一个非常在乎他人眼光的族类，希望得到他人的称赞、尊重、喜爱以及关心，而轻视、贬低、厌恶以及不关心是我们不想得到的，因此我们为了挣更多的钱而竭尽全力；为了得到更高的学历而下狠功夫；为了保持苗条的身材而残酷地减肥；为了在公司和机关里得到更高的职位而煞费苦心。只有这样，才会有人称赞我们，我们想要的东西才会像魔法一样很快地出现在我们的面前。但是成为一个出色的人并不容易，成功之路可谓异常艰难，痛苦也会相伴而生。通过司法考试，获得奥运会金牌，走上红毯，这些对我们来说或许是可望不可及的，但是不管是谁，总希望一生中哪怕有一次将他人的目光集中在自己身上。但在现实中，从来没有人注意到我们，我们只能借酒消愁，以舒缓颓败的心情。

喝第一杯酒时，淡淡的苦味让我们联想到现在的狼狈不堪；喝第二杯、第三杯时，我们回想起过去的辉煌，不知不觉重新品尝了那时的幸福。可见酒是灵丹妙药，可以带我们重回像伊甸园般美好的过去。

尤金·奥尼尔的小说《进入黑夜的漫长旅行》就带着这种浓浓的酒味向我们走来。小说讲的是一位父亲、两个儿子甚至连他们的母亲都沉醉于这灵丹妙药所带来的幻想之中。这是一个悲剧性的故事，却笼罩着梦幻般的气氛。

蒂龙：我第一天扮演奥赛罗时，你知道这位先生对剧场经理说了什么吗？"奥赛罗的角色应该给这位朋友，因为他的演技比我好。"（自豪地）这位先生就是当代不朽的名演员布斯，这是真的，那时我只有二十七岁，现在回想起来，是我演员生涯中最辉煌的时刻。我获得了我想要的一切！……

爱德蒙：……（酒后话多）爸爸说了自己人生中最得意的时候，那我也说一次我的？都跟大海有关的，首先第一个呢，去布宜诺斯艾利斯的时候，坐上了斯堪的纳维亚的船，大风狂作，但明月当空，那条船以每小时十四海里的速度向前航行，我躺在船头的甲板上，看着船艏，我下面浪花翻卷，上面是在孤独的月光照耀下泛着白光的船帆，我为这犹如画卷的美丽的节奏所陶醉，一度陷入忘我的境界，忘记了人生的一切，好像得到解放。

夏季的深夜，在一座别墅的客厅里，父亲蒂龙和他的第二个儿子坐在餐桌旁边，正一杯接着一杯地喝着酒，他们长吁短叹，感叹着人生，感叹着家庭的不幸以及自己的不如意。他们根本不知道，不幸的女神已悄悄地降临在别墅的上方。他们的家庭已经陷入不幸：母亲玛丽为了治愈产后忧郁症而注射了吗啡，但因过量而中毒；第二个儿子爱德蒙患上了肺炎，却以为是感冒，因延误治疗而导致他的身体一直很虚弱；还有在外面游荡的大儿子吉米，他的情况也好不到哪里去，他沉迷于酒色。当父亲和弟弟在喝酒的时候，整个别墅笼罩在既压抑又凄凉的气氛中，这种气氛传染到另外两个人身上，让他们也深陷于黑暗之中。要想从黑暗中逃脱出来，就必须回到辉煌的过去，也就是爱德蒙所说的"人生的顶峰"，而这只有借助酒精才能实现。通过这部小说，我们可以了解到酗酒的概念，正如斯宾诺莎所说的那样，酗酒是一种欲望，也是一种情感。

酗酒是对酒无节制的欲望和爱好。

——斯宾诺莎，《伦理学》

关于酗酒，斯宾诺莎的定义中强调的是"无节制"。适量地喝酒不是酗酒，无节制地喝酒才是。到底是什么原因让人对酒如此痴迷呢？酗酒到底是怎么引起的呢？是因为对现在的生活感到失落和失败？是因为难以正视不幸和衰败？是因为想要忘记现在，重温往日的风采？所有这些只有在酒精的作用下才能实现。人只有在回想过去的辉煌时才能让现在的黯淡有一点点光明。当酒精流进身体时，曾经的成功会突然出现在脑海里，这种兴奋的感觉让人不再想起现实中狼狈不堪的自己。刚开始喝酒时，也许还能咬紧牙关，坚强地面对自己，但觥筹交错、不知不觉之中，喝了一杯又一杯，在半醉半醒中，慢慢地失去了意识。随之那份坚强也在酒精的作用下变得软弱不堪。现在让我们重新把视线转回到那座别墅里，夜已深了，哥哥吉米回来以后，就与弟弟和父亲聚在一起，一边喝着酒一边在成功的过去和失败的现在之间徘徊辗转，他们不断地长吁短叹，感叹着世态的冷暖，这时母亲玛丽因注射吗啡而精神恍惚,跌跌撞撞地加入他们,同时幻想着自己人生最美好的时光。可见酒和吗啡类似,都能让人重温过去的风采,从现在的失败中解救出来。

玛丽:我去见了修道院院长伊丽莎白嬷嬷,她真的是一位慈祥而又善良的人。……我告诉她我想要成为修女。……她告诉我,让我从修道院毕业后,回到自己的家,像其他朋友一样,参加聚会,想跳舞就跳舞,好好享受生活,一两年以后,如果我没有改变心意的话,再回来重新商量。……那是毕业那年冬天的事情,然后春天到了。对,春天,想起来了,我和詹姆斯·蒂龙相爱了,有一段时间是非常幸福的。

通过以上玛丽所说的话,我们可以知道,蒂龙的妻子——他的两个儿子的母亲玛丽——现在正埋怨着修道院院长嬷嬷。玛丽在年轻时跟院长嬷嬷生活在一起,那个时候玛丽感到很快乐,而这种快乐在玛丽遇见蒂龙以后就消失了,之后玛丽的人生变得非常惨淡。如果她没有爱上蒂龙,她就不会怀孕,也不会因分娩而备受痛苦,更不会为了减轻痛苦而被注射吗啡。当然,如果玛丽继续留在修道院的话,她就会远离世俗的那种快乐,而把在修道院度过的日子当成自己人生中最快乐的时光,这也是玛丽在注射吗啡之后一直回忆在修道院的日子的原因。蒂龙一家四口人为了重温往日的辉煌而苦苦挣扎着,所以他们才会在不知不觉中借用酒和吗啡的力量。多么可怜的一家人啊!不管他们怎么挣扎和努力,结果都是一场白日梦。梦是什么?"日有所思,夜有所梦",他们只是思虑致梦,情感致梦罢了。到头来,全是空中楼阁。

对有的人来说，现实总是黯淡无光，被笼罩在一片漆黑之中，就像孤独的长夜，永远等不到天亮，只有通过做梦才能看到光明。但蒂龙一家人永远等不到白天的降临，更重要的是，他们根本没有勇气面对现实中的黑暗。因此他们聚在一起，踏上黑暗的漫漫旅程，只有黑夜漫漫，才能做梦。他们也意识到光明的白昼不会再降临在自己身上，他们只能束手面对漫漫黑夜。在这个凄惨而又隐藏着秘密的家族故事中，我们可以发现尤金·奥尼尔的家庭的隐私。这个故事实际上就是尤金的家族故事，就像诗人李成福所说的"成为故事的痛苦，就不是痛苦了"，尤金·奥尼尔想要通过自己的作品告诉我们，他为了摆脱痛苦，做出了所有的努力。

尤金·奥尼尔

（1888—1953）

尤金·奥尼尔因痴迷于瑞典剧作家斯特林堡，决心进行戏剧创作，并到哈佛大学学习戏剧课程。作为美国现代主义戏剧以及美国民族戏剧的奠基人，他一生共四次获普利策奖，并于1936年作为美国剧作家首次获得诺贝尔文学奖。但是奥尼尔一生都与酒为伴，在晚年时因手颤症而备受折磨。

奥尼尔曾经交代，务必于他死后二十五年才可发表小说《进入黑夜的漫长旅程》（1956），但他的妻子在谈及这部作品时说："这是一部用眼泪和鲜血回顾过去而写成的剧本。"它是奥尼尔悲剧性家庭生活的艺术再现,是一部最具自传色彩的作品。父亲蒂龙曾经是一位演员,因成功地饰演了基督山伯爵而跻身富豪之列,但为人吝啬,在家中独断专行;他也不舍得花钱请好医生给妻子和儿子看病。妻子玛丽跟随着蒂龙四处奔波,住在便宜脏乱的小旅馆,在玛丽身染疾病时,蒂龙为了省钱,用吗啡来给她止痛,这使玛丽逐渐染上了毒瘾,不能自拔。哥哥醉生梦死,一生潦倒,悲惨地离开人世。弟弟当过水手,对前途悲观失望,每日在彷徨中徘徊,却不幸身染顽疾肺结核。这些事实都体现在作品中,小说中的爱德蒙朗读了一段波德莱尔的散文诗《沉醉到底》,用这种犀利而又讽刺的手法直接地体现了剧中人物的心境。

  必须沉醉到底。此中应有尽有,此外再无可求。为了不被肩头的光阴压垮,为了忽略时间的重担的碾压,您必须一醉到底,长醉不能停。那么因何而醉呢? 为美酒、为诗歌、为了所谓的美德,悉听尊意,只要能让您沉醉到底。要是某天某点,要么在宫阙门阶,要么在岩穴草甸、要么在您寂寞的空房间,您醒了,醉意减少乃至醉意已消,快问一问风、问问海涛,问群星,问飞鸟,问问您眼前的钟表,朝一切流逝的、战栗的、翻腾旋转的、长歌短叹的、说个不停的,朝一切都问一个问题:"现在几点了?"——于是无论风还是海涛,无论群星还是飞鸟,以及您眼前的钟表,都会齐声回道:"到了该沉醉的时间了!"为了从暴虐的光阴手中解放,您就该长醉不复醒!醉于美酒,醉于诗歌,还是醉于美德,悉听尊意,只要能让您沉醉到底!

        ——波德莱尔,《巴黎的忧郁:沉醉到底》

哲学家的劝告

我们有时候很喜欢参加同窗会，或许是因为现在的生活越来越不如意，想在聚会上找回过去的风采。曾是班长的你学习非常优秀，还经常得到老师的表扬，总是生活在别人羡慕的目光下，而这么美好的时光只有在回忆中才能找到，所以才愿意去参加同窗会。但同窗会有时候也会引起某种纠结的情绪，因为曾经学习不如你的人，不知何时却成了检察官夫人或者医生夫人，有的人甚至还成了大学教授或者媒体人，名声远播。当然，现在过得非常好的人之所以参加同窗会，也是为了在过去过得非常好的人面前趾高气扬。所以自然而然就产生了分歧，这也是无可避免的。在同窗会上经常会遇到两种人：一种是现在过得不如意，但过去风光无限；另一种是以往怀才不遇，现在却受到万人瞩目和他人的尊重。这两种人在同窗会上往往因为都想成为同窗会的"领导"而大动干戈。过去的"女王"和现在的"女王"，谁更能理直气壮地成为同窗会的支配者，这个问题根本不需要回答。因为过去的"女王"已经喝得酩酊大醉，虽然酒量不大，但喝了一杯又一杯的烈酒，喝得什么都记不起来，也只有在这种情况下，她才能回到自己是"女王"的辉煌时期，借着酒劲回到属于自己的时光，回忆自己曾经是多么的风光。而现在的"女王"只不过是当时的"侍女"罢了，过去的"女王"希望其他的朋友记起这些，但那已是过往烟云，大部分朋友不但嘲笑她，还认为她在耍酒疯，自然会将她弃置一边，干脆簇拥在现在的"女王"身边。事实上沉浮于过去和现在之间也是一种痛苦，所以酒可以营造出来的奇妙空间也是同窗会还在继续的理由。

过奖
EXISTIMATIO

爱情的灿烂光环

《赫索格》
索尔·贝娄

从客观的角度来分析一个人真的好吗？答案是不一定。站在客观的角度，意味着保持一定的距离进行观察。"距离"是指跟某个人之间的关系并不是很亲密。若爱上一个人，或仅仅是喜欢，就不要与他分开。分开是一件很危险的事情，会让我们有足够的时间去思考跟这个人有关的事情。比如，我们会考虑这个人的学历、年薪、家庭关系等。我们会拿这些方面与他人进行比较，事实上从此刻起，我们对爱情或友情就已经不再抱有更多的希望了。若爱上一个人，就一定要将他拥入怀中，这样就会觉得幸福。如果与他保持一定距离的话，你会把他看得清清楚楚，连一丝一毫的变化也不会错过，这样的爱情很难享受到幸福。

　　那怎么办才好呢？保持一定距离时，我们事实上是站在客观角度看对方。"他也不过如此呀，没有什么特别的。""他并不会使我的人生更加完美，也不是我人生中的唯一。""比起他，最近刚认识的人更有魅力。"当这些让人吃惊的想法突然在脑海里蹦出来时，即使再次将对方紧紧地拥在怀中，也不会回到以前，因为两人之间已经存在一些不该存在的东西。如果继续保持原有的状态,事情就会变得越来越复杂,尽管我们还是想保持原样,但对方已不是原来的那个人,甚至有时候我们还拿对方与他人进行比较,有了这些想法,跟对方分手也只是时间上的问题。当我们从客观的角度看待自己喜爱的人时,事实上,爱情已经悄悄地走掉了。

现在有一位女性以客观的角度看待她的中年丈夫,总是觉得丈夫身上有一股老人固有的腐朽的味道,这个中年丈夫根本不会想到,曾经那么深爱他的妻子竟然会有这种让人感伤的想法,可见妻子对他的爱已经是过眼云烟。但奇迹发生了,一位爱着这位中年丈夫的女性出现了,她想要把他紧紧地拥在怀中,甚至还觉得他身上的味道香甜无比。

"老人身上自然会有老人的味道,是个女人都应该知道,老男人身上的味道和旧衣服的味道是一样的腐臭难闻。如果女人不在乎这种味道的话,那就等于没有侮辱老男人的自尊,也可以继续维持他们的关系。这听起来多残忍啊!你看上去真的很年轻!"雷蒙娜光着胳膊,用双臂搂着他的脖子说,"你身上的味道真的好香甜。玛德琳知道什么,她只是一个脸蛋漂亮、没有头脑的女人。"

对我来说,这是多么温暖人心的慰藉啊!我曾经是那么自我陶醉,目中无人,而现在却是心灵受到重伤、颜面扫地、备受折磨的老人。赫索格想自己到底做了什么事情,才得到这样好的祝福。

刚才我们读到的内容出自索尔·贝娄的小说《赫索格》。主人公赫索格曾经是一位备受尊敬的大学教授，也是一位让女性倾倒的美男子。但岁月不饶人，对他来说，过去的一切都变成了美好的回忆，现在的赫索格已经是离过一次婚的中年男子，不再是女性喜欢的对象。他的第二个妻子玛德琳不顾他的感受，明目张胆地与邻家男子谈情说爱。这让赫索格有很长时间不能挺起腰板，属于赫索格的最美好的时光已经随风飘走了。现在的他不停地给各处的熟人写信来表达他的感受，甚至每次见到朋友都絮絮叨叨地表示抱怨，完全成为一个让人哭笑不得的人。一句话，无能的赫索格变成了一个没有长大的孩子。

曾经社会地位很高，现在却权势不再的人；曾经是男性心中的女神，现在却年老色衰的女演员；曾经连续几次全校第一，现在成绩只有中上等的学生，这种巨大的转变所带来的冲击是一般人难以想象的，赫索格现在的心情同出一辙。赫索格能否重新得到他人或女性的关心呢？在潜意识中，这种关注是赫索格希望得到的，这也是他给人写信的原因，只是为了让他人更多地关爱自己。就在赫索格彷徨的时候，雷蒙娜走进了他的生活。雷蒙娜是一位三十多岁的女企业家，与玛德琳完全不同，她不像玛德琳那样觉得赫索格身上散发着腐朽的味道，而是想把他紧紧地拥抱在怀里，因为她觉得赫索格身上散发的是成熟男性的味道。

在遇到雷蒙娜之前，赫索格非常了解自己，知道自己是一个"以前非常自我陶醉而又骄傲的人，现在则是受到伤害、没有品位、没有面子、深陷痛苦的"中年男子。或许赫索格知道自己身上散发着老人特有的腐臭的味道，雷蒙娜怎么会认为他的身体有香甜的味道呢？这让他陷入彷徨之中，到底是什么原因让雷蒙娜有这样的感觉呢？原因再简单不过了：她正热恋着赫索格呢！事实上很多人对自己所爱的人往往都给予过高的评价，正是雷蒙娜对赫索格的爱情，让雷蒙娜感觉到赫索格身上散发的味道是甜蜜的，这种甜蜜其实就是爱情的味道。斯宾诺莎也提到了这一点。

> 过奖是因爱一个人而对他估量过高。
>
> ——斯宾诺莎，《伦理学》

当你爱上一个人时，你会给他过高的评价。他的肚子很大，你认为这是心胸宽广的标志；他在公共场所放屁，你把这个解释为不做作；当他被公司解雇时，你觉得他只是怀才不遇，没有遇到伯乐。但从第三者的角度来看，所有这些都是不合情理的过高的评价。当你看到朋友将不起眼的恋人当作神一样追捧时，你还是充满羡慕，因为这也许是相爱的人之间才会有的幸福的表现。

爱情使相爱的人成为彼此人生的主人公，所有的缺点都不那么重要，爱情是主角，其他一切都是爱情的配角。他的平凡在你眼中成为不平凡，这就是过奖的核心。当他成为你人生的主人公时，你自认为没有必要将他与处在配角的其他人进行比较，所以根本不会从客观的角度来看他。过奖对陷入爱情的人来说不是一种本能的表现，而是附加的情绪。确认是否陷入爱情的方法也很简单，如果你对他采取了过奖的态度，那么毫无疑问你爱上了他。

过奖是证明一个人陷入爱情的有力证据。相反，若以客观的态度，或者说站在第三者的角度来看待恋人，就说明爱情并不是根深蒂固，其根基也开始动摇。若对于恋人的缺点（比如说大肚子、随便放屁、被公司解雇）感到羞愧、生气，甚至还觉得恋人无能的话，爱情就已经开始淡漠了。把恋人当作神一样崇拜，是我们所希望的爱情的本质。事实上，斯宾诺莎在解释过奖时也是小心翼翼的："过奖，乃是爱的结果或特质，所以过奖可以界定为一种为爱所蔽而对于所爱之物估量太高的爱。"

索尔·贝娄
（1915—2005）

索尔·贝娄生于加拿大，是一位俄国籍的犹太作家，是唯一三次获得"美国国家图书奖"的小说家。索尔·贝娄1976年荣获诺贝尔文学奖，他的作品被认为"融合了对人的理解和对当代文化的精妙分析"，菲利普·罗斯对索尔·贝娄的文学价值是这样评价的："索尔·贝娄和威廉·福克纳是20世纪美国文学的脊梁，他们是20世纪的赫尔曼·梅尔维尔、纳撒尼尔·霍桑和马克·吐温。"索尔·贝娄受《美国悲剧》的作者西奥多·德莱塞的影响很大。索尔·贝娄的青少年时期美国正处于大萧条，这段悲惨的经历也成为他小说中的素材和写作背景。

小说《赫索格》（1964）所讲的是一位时代落伍者一生的故事，赫索格是一位只顾潜心研究主题为"浪漫自我"的大学教授，也发表过《浪漫主义和基督教》等颇具水平的论著，但他娶了风流的玛德琳为妻，最后被妻子抛弃，一生饱受精神衰弱症的折磨。"我究竟属于哪一种性格呢？喔，用时髦话说，这是一种自我陶醉狂，一种色情受虐狂，一种背时的性格。临床症状是沮丧抑郁，但还不是最严重，还没有成为狂郁症。"而他这种无能的知识分子的忧郁症通过性感的女性雷蒙娜得到了治愈。

他现在确定处在不正常的状态，但是他思想上还是保留着有价值的、可爱的、健康的东西。他说话的时候，好像他以前患上了像神经衰弱这样的严重疾病，现在治好了，也仿佛他从困境中走出来了。雷蒙娜认为他迄今为止经历的所有的不幸是因为他没有遇到好的女人，而对他，雷蒙娜的感情越来越真诚。

索尔·贝娄想要借《赫索格》说明"'高等教育'并不能给一个陷入麻烦的人提供帮助。最后他意识到，在生活上他只是一个文盲。"这是一部讽刺小说。索尔在芝加哥大学任教三十年，教授文学课程，同时也被称为"精英作家"。

哲学家的劝告

相爱的人总是生活在幻想中，分不清幻想和现实。老人们说的"情人眼里出西施"是有道理的。需要注意的是，"过度幻想"是指在某方面精神上处于过度兴奋的状态，属于某种非正常的精神状态。"情人眼里出西施"这句话本身就有一种不认同和嘲弄的色彩。当你看到陷入爱情的朋友呈现出一种非正常的精神状态时,你往往会感到忧心忡忡。事实上,在你看来,朋友的恋人是一个优柔寡断的人,但朋友却把他误认为是一个细腻和体贴的人。此外,朋友的恋人收入并不高,但朋友确信他只是时机未到,如果时机到了,一定会成为年薪为几亿的人。这种事例不止一两件,事实上也会发生在你自己身上。当你爱上一个人时,周围的朋友一直担心你,苦口婆心地对你说,一定要注意你的恋人,因为他并不像你所说的那样完美无缺。不管是朋友还是你自己的情况,我们忽略了一点,爱情的持续必须建立在对对方的过度幻想中。如果你对朋友恋人的看法对朋友还有影响,也就是朋友能接受你的标准和判断的话,那么朋友曾经拥有的火热爱情已经开始降温了,甚至熄灭了。若你能听进朋友苦口婆心的劝告,那么爱情也正在从你身边悄悄地流走。你担心陷入爱情的朋友,朋友担心陷入爱情的你,看起来是非常美好的事情,但事实上那只是没有陷入爱情的人的观点。如果我们对这些担忧并不重视,也不对所爱的人过于幻想的话,那么我们连谈恋爱的资格也没有。

嘉奖
FAVOR

绝对

不是爱情的

爱情

《挪威的森林》
村上春树

青春时代是年少气盛、桀骜不驯的时代。明明年少无知，却偏偏装出一副老成的样子，浑浑噩噩地过日子，心智还没有成熟，但身体外形却和成年人无异，这让青年人更加懵懂痴狂。青春时期留下的往往都是对性的冲动和对爱情的憧憬。用其他的方式来表达的话，青春就是在追求真爱的武装下，对性的神往和满足。爱情也好，性事也好，这些都是走向成功而必须经历的阶段。青春时期是一个迷茫时期，是需要慎重做出选择的关口。当你闯过这个关口，即使被伤得体无完肤，最终也还是会走向成熟，走向成功。尚未成熟的人可能依然找不到到达这个关口的大门，只能在门外徘徊，努力探索。

村上春树的小说《挪威的森林》以 20 世纪 60 年代的日本与日俱增的精神危机为背景，当时风靡一时的甲壳虫乐队所唱的曲子《挪威的森林》给了作者创作的灵感，就像吃着法国饼干玛德琳长大的普鲁斯特总是回忆起在贡布雷村庄生活的情节一样，三十九岁已不再年轻的渡边坐在飞往汉堡的飞机上，一边听着甲壳虫的歌曲《挪威的森林》，一边回想着二十岁左右的青春。歌词中唱道"我曾拥有过一个女孩，她带我参观了她的房间，她告诉我她早上要工作，我就留在她的房间，那是一片美好的挪威森林，于是我就点了火。"歌词真的很幼稚，为了能与恋人在一起，必须储备精力，挣钱吃饭，这也充分地显示了20世纪60年代年轻人的最大特征——天真无知。

　　渡边的回忆首先停在三个年轻男女的身上，他们三个人之间的关系暧昧不清，一个是小说中的"我"，名叫渡边，另外两个人是渡边的朋友木月以及木月的女朋友直子。在对性充满好奇的青春期，第一个迷失自我的是木月。木月在十七岁时亲手结束了自己的生命。木月的死亡让渡边困惑不解，木月离去的那一天，他还和木月在一起打台球，直子也在。直子总是和木月形影不离。可见木月没有把渡边当作自己的朋友，也没有把直子当作自己的恋人。如果把渡边当作真正的朋友，木月就不会将朋友弃置一边，自己选择死亡。如果木月真的爱直子，就不会选择自杀，因为他的自杀会让她伤心欲绝，这是作为恋人不应该做的。木月的死给渡边和直子留下很大的疑惑，这种疑惑给他们两个人的人生蒙上了一层阴影。作为朋友的渡边相信自己是木月的好朋友，作为恋人的直子也相信自己是木月真正的恋人，所以他们才难以正视木月的死亡。

　　有时候，看问题的角度不同，结果也就不同，渡边真的把木月当作朋友吗？直子真的把木月当作男友吗？俗话说一个巴掌拍不响，对木月来说，渡边和直子只是他表面上的朋友和爱人。对渡边和直子来说也一样。这就是青春期对友情和爱情特有的看法。他们心中只有自己，朋友和恋人只是他们生活中的装饰品。所以在木月死后的某一天，渡边和直子走到一起，并发生了性关系。对他们来说，重要的是将一切都抛在脑后，追寻自己的欲望。

那一夜，我和直子发生了关系。我不知道这么做究竟是对是错。将近二十年后的今天，我也依然不知道，我想我大概永远都不会知道吧！然而当时我除了这么做以外，别无他法。她相当激动，也很混乱，她渴望我的慰藉。于是我关掉电灯，缓慢且温柔地褪去她的衣服，也褪去自己的，然后彼此拥抱。在这下着雨的暖夜里，我们赤身裸体，却没有一丝寒意。黑暗中，我和直子静静地探索对方。我吻她，轻轻地用手覆着她的乳房。直子则握住我硬挺的分身。她的阴道已然温热湿润，渴求我的进入。但当我进入她体内时，她痛得很厉害。我立刻问她是不是第一次，直子点了点头。我突然感到有些困惑了。因为我一直以为木月和直子早已发生过关系了。我将分身推进最深处，就这么静止不动，好一段时间只拥着她。见她平静下来以后，我才慢慢地抽送，久久才射了精。最后直子紧抱着我，叫出声来。在当时，那是我所曾经听过的高潮时的叫声当中最悲哀的声音。

直子痛哭流涕，哭声悲鸣，渡边将这样的直子拥入怀中。直子之所以这样伤心，是因为无法抑制对木月的怀念。木月的离开最让直子悲痛的就是她再也触摸不到爱人温暖的身体。直子和木月青梅竹马，他们的爱情伴随着他们长大，对木月的一切直子了如指掌，但在性的方面，他们都犹如孩子一样，并不成熟。是渡边的爱抚使直子对性有了渴望。在此过程中，这两个人根本就忘了已经自杀的木月，尽管木月曾经是他们的朋友和爱人。在他们结束这场激情之后，如果他们是成熟的，就会认识到真相：对直子来说，木月只是性幻想的对象，而渡边能成为木月的朋友，其实也是为了满足自己对直子的性幻想。

恋人死后，竟能跟恋人的朋友发生关系；朋友死后，竟能跟朋友的恋人发生关系，这到底是出于什么原因呢？很简单，是出于性的本能以及对性的憧憬。渡边和直子想要将这个真相掩埋。渡边坚信自己爱上了直子才和她有了肉体上的关系，这一点说明，渡边是简单的人。而直子的情况相比之下更为复杂，与渡边走到一起的直子是不想正视和探求真相的。一直以来渡边对直子有好感，向她传递自己对她的喜爱，这一行为一般人都难以接受，但直子却问心无愧地接受了，并将渡边的示好作为自己的行为合理化的理由。直子选择和渡边在一起，很大程度上是因为木月的离去让她感到自己的人生并不完整。直子在后来给渡边写信："我能感受到你对我的好，我只是要把这种欢喜之情老老实实地告诉你罢了！大概是因为现在的我非常需要你的好意吧！"这意味着直子在为自己的行为寻找理由。

直子以嘉奖为借口，将她与渡边的性关系正当化，虽然她是渡边的朋友的恋人，但由于自己人生的缺憾，她不能拒绝渡边的嘉奖，正是这种嘉奖让她的人生走向完美。直子认为自己能和渡边发生性关系，不是因为性欲而是因为嘉奖，对此斯宾诺莎也说过这样的话。

嘉奖是对于曾做有利于他人之事的人表示爱。

——斯宾诺莎，《伦理学》

定义中，"他人"指的是你喜欢或爱的人。当我们善待喜爱的人时，他们很难拒绝我们的爱意。这就是斯宾诺莎所说的嘉奖的本质。所以我们可以理解直子为什么以嘉奖为借口使自己的行为正当化。朋友的离世让渡边心怀不忍，自然就对朋友的恋人直子产生怜惜，而直子曾经给予朋友那么多嘉奖。在感谢直子的同时，渡边向直子发出了对她心存好感的信号，直子也理直气壮地接受了，并以此让自己与渡边的性关系合理化。由此可见，直子处于非正常的精神状态。导致直子精神分裂的原因就在于她的错误想法：第一，她不应该认为自己喜欢木月；第二，她不应该凭借所谓的"嘉奖"而与渡边发生肉体关系。在这种思想折磨下，直子无法回归到正常的状态。

小说中直子、渡边、木月形影不离的原因是对性的渴望，这也说明他们是多么年少无知。如果他们肯承认这一点的话，直子就不会被关进精神病院，最后不得不以自杀来结束自己短暂的一生。不管是怎样的爱情故事，其内含的性都是一样的。双方因有了性关系就会相爱是不可能的。性并不等于爱，直子、木月、渡边这三个人根本不了解这一点，这也是他们不成熟的表现。不仅是三十九岁的渡边，连我们这些读者也难分清爱与性的界限，甚至还对性产生更高、更完美的遐想。性只是出于本能，《挪威的森林》能成为畅销小说，就在于它将对性的渴望隐含在美丽的爱情故事中，而性和爱则是我们人类最关心的两个主题。

村上春树

（1949— ）

村上春树进入早稻田大学学习文学，在经营爵士咖啡店的同时，开始了文学创作生涯。描写现代人的空虚感和失落感的小说《挪威的森林》（1987）自问世以来，在全球引起了"村上现象"热潮。这部小说在美国被称为春树版的《麦田里的守望者》。村上春树于 2008 年荣获捷克弗兰茨·卡夫卡奖，于 2011 年荣获西班牙卡塔龙尼亚国际奖。此外，他每年都是诺贝尔奖提名的热门人选。

小说《挪威的森林》是一部青春恋爱小说，讲的是因失去人生中最重要的人而陷入彷徨的一对男女，如何战胜失落的痛苦而成熟起来的故事，这是一部记录年轻人展开自我成长旅程的小说。"我所明白的只是：由于木月的死，我的不妨称之为青春期的一部分机能便永远彻底地丧失了。对此我可以清楚地感知和理解。至于它意味着什么，将会招致何种结果，我却如坠五里云雾。"

直子的疗养院室友对那些寻求逃避世界的灵魂是这样描述的：

> 或许我们真的无法适应自己的扭曲吧！所以就没有办法好好地定位这种扭曲所引起的真实痛苦，只好远离它，进到这里来。在这里我们不会伤害别人，别人也不会伤害我们，为什么呢？因为我们每个人都知道自己是"扭曲"的。这就是这里与外面世界完全不同的地方，外界有很多人都不晓得自己是扭曲的。但是在我们这个小小的世界里，扭曲是一个前提条件。我们就像印第安人那样在头上插着代表本族的羽毛，承认自己的扭曲，所以能够不伤害彼此地安静度日。

哲学家的劝告

对你的恋人非常亲切的人，你也会对他产生好感，甚至还有珍惜的情感。这便是嘉奖。嘉奖产生的最基本的条件是：一对相爱的男女，以及一个朋友。具体地说，就是两位女性和一位男性，或者两位男性和一位女性。你往往会对恋人的朋友产生好意，因为这位朋友爱惜你的恋人，让你心生感谢，尽管是第一次见面，他也对你表示了好意，这种好意没有任何目的，你也会对他回以好意。从恋人朋友的立场来看，对喜爱自己朋友的人怎么可能不表示好意呢？某种程度上，你和除了恋人以外的其他异性产生了一种相互心存好感的关系。事情发展到这里，可以说还是风平浪静，什么问题也没有发生。但若你和恋人之间的关系不如从前了，也就是说越来越疏远了，问题就会随之爆发。你其实并不想真的分手，只是想各自冷静下来，解决问题。但你并没有认真对待这种冷静的想法，依然和恋人的朋友保持良好的关系，甚至比过去更好。你只是跟恋人的关系疏远了，跟恋人的朋友没有必要因此而改变什么。没过多久，当你和恋人的关系越来越纠缠不清时，与和恋人在一起相比，和恋人的朋友在一起更加舒服。不该发生的事情终于发生了。爱情究竟是什么？爱情是两个人在一起时感到的快乐。现在你和恋人的朋友要正视和接受一个事实：你们两个人之间产生了爱情。所以好感或者好意是非常危险的情感。为什么呢？首先，好感是对恋人的朋友产生爱情的基础。基于这种好感，可以在他面前放开自己，且逐渐走进他的心里。其次，和恋人疏远时，你和恋人的朋友之间的感情越来越近，因为你对恋人的爱意有一种排斥的心理。你不想承认和恋人朋友之间的感情，就像流行歌曲唱的那样，爱上朋友的朋友是由于错误的见面，这种爱情就是在好感的土壤中生根发芽的。因此，不要把恋人介绍给朋友，也不要三个人一起见面，这是一种很愚蠢的行为。

欣 慰
GAUDIUM

想要的东西

如礼物一样得到

这是一个奇迹

《判决》
弗兰茨·卡夫卡

软弱的人，或者说优柔寡断的人，对生活总是充满一种无助且忧患的情绪，这些人跟朋友绝交或跟恋人分手时，因为太过懦弱而被没有必要的烦恼所折磨。"他能接受这个打击吗？他会不会跟我一样很辛苦？"他们担心这个又担心那个。但如果分手是不可避免的，对方是否辛苦跟他们又有什么关系呢？重要的是，两个人在一起并不幸福，才不得不分开。有些时候，分手和离别对某些人来说可能是一种更幸福的选择，所以为了尽早地找到幸福，应该尽快友好地分手，尽管软弱，也要快刀斩乱麻，否则，当他们和对方坐在咖啡店里，看到对方什么也不清楚，面带微笑，像可爱的孩子一样坐在那里时，他们是很难提出分手的，因为他们感觉分手将会伤害到一个善良的人。

面对离别总是优柔寡断、难以下定决心的人，总会陷入忧郁之中，如果恋人给他们的不是幸福和快乐，而是痛苦和不幸的话，跟这样的人继续在一起，只能陷入忧郁。软弱的人与其让别人受到伤害，宁愿自己受到伤害。即便是这样，这种人也不会坐以待毙，而是继续在对方面前表现出无助和忧郁的样子，一直向对方传递着"和你在一起，我真的不幸福"的信息,对方却不解其意。不先提出分手,反而用"你太辛苦了"或"去医院看看吧"这种话来敷衍,结果性格优柔寡断的人只能无奈地等待对方先提出分手,因为想要从痛苦和忧郁之中摆脱出来的行为是人类的本能。

卡夫卡性格优柔寡断,却是现代派文学的宗师。他的父亲性格刚强,在家里有着绝对的权威性,卡夫卡一直生活在父亲的阴影下,虽然很想摆脱父亲的管制,向往自由自在的生活,却因为性格懦弱,缺乏勇气,不敢与父亲顶撞。他很想成为小说家,但还是迫于父命改学法律,成为一位律师。所有这些都是为了避免父亲的责难,也是卡夫卡为了保护自己而采取的权宜之计。只有这样做,他才有喘息的空间,才不会被父亲逼上绝路。也许正因为如此,在卡夫卡的小说中出现的主人公大部分都具有共同的特色:优柔寡断,懦弱无能,连离别这样重要的事情也不敢主动提出来,只是等待对方的表态,而这种等待是遥遥无期的,在等待的过程中,主人公的忧郁色彩贯穿始终。这让读者对他们的命运更加心怀不忍,但是离别总要面对,当离别到来时,主人公的心情又会怎样呢?

"现在你知道了,除你之外,还存在点什么,以前你只知道你自己,你原本是一个天真的小孩,但你原本又是一个魔鬼似的人物!我现在就判决你们的死刑,判决你从此消失。"格奥尔格感到自己是从房间里被撵出来的,父亲的背往床上重重地一击,这一击的声音在他耳朵里回响。在楼梯上,他下台阶时,犹如在一块倾斜的平板上赶路一样,一下碰到了他的女佣,她正要去收拾房子。"我的天啊!"她用围裙捂着脸,但他已经逃走了。他从大门外一跳，越过车道直奔大河，作为一个优秀的体操运动员，他一跃而上，如同一个乞丐一样牢牢地抓住了桥上的栏杆。他本来就是优秀体操运动员，这在他青年时代就曾经是他父母的骄傲。他吊在栏杆上，手变得越来越软弱无力，但他仍然坚持着，在大桥的栏杆柱子之间，他看到一辆汽车轻松地驶过，汽车的喧嚣声可能要淹没他落水的悲壮之举。他轻声地叫道："我亲爱的爸爸妈妈，我可是一直爱着你们的啊！"然后落入水中。

刚才读到的是短篇小说《判决》中最精彩的部分。主人公格奥尔格面对父亲的淫威，束手无策，只能忍气吞声。可是改变这一切的日子终于来临了，因为父亲判决儿子投河自尽，判决他从这个世间消失。我们不能从现实的角度，而应该从梦的角度来分析《判决》。弗洛伊德也曾说过，梦是再现现实中的情况。格奥尔格是卡夫卡的化身，他不认同父亲的所作所为，表面上惧怕父亲，内心却憎恨父亲，希望父亲从这个世间消失。所以现实中格奥尔格的死亡，实际上是他在梦中希望父亲死亡的梦的再现，因为儿子死亡，父亲也就失去了做父亲的资格，儿子的存在才能体现父亲的存在。格奥尔格的父亲先于软弱无能的格奥尔格说出了离别的宣言，格奥尔格最终获得自由，摆脱了父亲的管制。这难道不是一种欣慰的情感吗？斯宾诺莎对欣慰的定义是这样的。

欣慰是为一件意外发生的过去的事的观念所伴随着的快乐。

——斯宾诺莎，《伦理学》

当比希望更好的结果摆在面前时，我们就会有一种欣慰的感觉。这就是斯宾诺莎所说的欣慰的概念，精确而又完美无缺。举个例子，有一位诗人参加了新春文艺征文活动，他只希望能进入决赛，但没有想到他的诗稿最终获得了一等奖，此刻诗人的感觉可能就是欣慰。再比如，有一个女孩参加了几个人组成的俱乐部，其中有她一直暗恋的学长，突然有一天，这位学长向她表达了爱意，除了高兴之外，她感到更多的是欣慰。这是一种什么情感呢？我们只是心怀小小的希望，现实却给了我们更美好的东西，比我们所期待的更加让人满意，此刻的情感就是欣慰，如同收到了意想不到的礼物时所产生的欣喜若狂的感觉。产生欣慰的根本条件是意想不到、从来没有期待过。

格奥尔格和他的父亲哪一方更加欣慰并不重要。对判决儿子投河自尽的父亲也好，对害怕父亲收回成命而仓促之间投河自尽的儿子也好，欣慰只是表面的，事实是他们之间这种互相束缚的父子关系终于结束了，格奥尔格的死亡使他不再被暴君似的父亲所压制，他终于获得了自由。他父亲昏倒在床上和儿子投河自杀这两个场面的描写可谓意义非凡，因为只有死亡才能获得重生。有的孩子已经做好离开家的准备，但由于担心父母的反对而不能告知他们自己的想法。面对这样的孩子，父母只能下达命令让孩子撤离这个家。没有比这个更令人幸福和感谢的事情了。如果父母一改初衷，孩子就很难离开自己的家，所以不得不在仓促之间撤离，因为他们担心父母会阻止他们。

格奥尔格的父亲一下达判决书，格奥尔格就马不停蹄地离开家，因为他害怕不能摆脱父亲的束缚，害怕不能获得重生。格奥尔格在死之前的最后一句话是："爸爸妈妈，我是爱你们的。"但这句话矛盾重重，荒诞不已。他真的爱自己的父母吗？不是的，他是感谢父亲替他斩断他们之间的纽带,才感恩地说爱自己的父母。其隐藏的含义是:"谢谢,我现在自由了。"这也是卡夫卡的黑色幽默,但对卡夫卡来说,这只是一场梦,因为欣慰的感觉不会降临到他的头上。即便如此,我们还是要感谢卡夫卡教会我们什么是欣慰。正因为卡夫卡一直在追寻欣慰的感觉,才有了《判决》这部杰作。

弗兰茨·卡夫卡
(1883—1924)

卡夫卡的梦想是成为一名作家,但他依然遵循父亲的意见,进入捷克布拉格大学攻读法律,并获得法学博士学位,随后在当时非常受欢迎的保险公司供职。作为一名小说家,卡夫卡希望得到父亲的认可,但是他的父亲根本就没有翻看儿子写的小说草稿的想法。

卡夫卡在创作作品时,往往一旦构思成熟,就会立刻动笔,一气呵成。小说《判决》(1912)只用八个小时就写好了,几个月之后,小说《变形记》也只用三个星期就定稿了。但被称为"永远的孩子"的卡夫卡却以优柔寡断的性格而出名。有一次卡夫卡在熟人的家里,为自己带来的花束而向朋友道歉,理由是他不知道选什么颜色的花,就买了各种颜色,颜色太杂了,他觉得非常不好意思。当卡夫卡坠入爱河时,没有人能理解他,他感到很不公平。"理解我的人知道,拥有爱人就意味着拥有神,"他在日记里写道,"这里全面理解我的人一个也没有。假如有这么一个理解我的人,比如一个女人,那就意味着在所有方面获得支持,获得上帝。"

弱不禁风的卡夫卡在四十岁的时候因肺结核和喉头结核而离开了人间,虽然生命短暂,却成为 20 世纪最有影响力的作家。米兰·昆德拉给予卡夫卡小说的评价是:"黑色中的奇妙的美丽。"托马斯·曼描写卡夫卡:"他是一个梦幻者,他起草完成的作品都带着梦的性质,它们模仿梦——生活奇妙的影子戏——不合逻辑的、惴惴不安的愚蠢,叫人好笑。但就是这种好笑,是一种悲凉的笑声,如果是我们具备的,那就会给我们留下最佳的回味。这就是卡夫卡的作品,是值得一读的作品,也为世界文学的繁荣添上了浓厚的一笔。"

哲学家的劝告

当期待的东西真的展现在眼前时,我们会有一种欣慰的感觉。但欣慰的产生有一个前提条件,即感觉到欣慰的人可以说是敏感的。不积极努力地将希望付诸实践,或者小心翼翼地将期望值降低的人,才会很容易产生欣慰的情感。举个例子,到了高考发榜的日子或者公司宣布应聘合格者的日子,我们可以将看结果的人分成四大类型。首先是合格者和未合格者。再把合格者的反应分成两种:一种是欣慰和激动;另一种是结果并没有出乎自己的意料,呈现出冷静的表情。前者是稳重的,后者是好强的。不合格的情况也是这样。一种是表现出这是意料之中的情况,表情非常酷,也就是无所谓;另一种是受到很大的打击，根本不相信自己看到的结果，在合格者的榜前反反复复地看，来来回回地找自己的名字。可见前者是稳重的，后者是好强的。可以看出稳重的人对合格的结果不抱有更多的期待，好的结果出来时，自然会感到很兴奋，结果并不满意时，也会很冷静地接受。而好强的人为了实现自己期望的结果竭尽全力，因此心安理得地接受好的结果，如果结果不是自己所期待的，就很容易受到很大的冲击。对每一件事情都很容易感到欣慰和激动的人，对于自己应该做的事情，大多采取被动的态度或者很容易受到别人的影响。所以对普通人来说，欣慰的情感是自然而然产生的，其意义并不大。若以被动和稳重的态度面对生活，生活也许会有一丝回报吧。

荣誉
GLORIA

所有人都羡慕的

崇高的威严

《老人与海》
欧内斯特·米勒尔·海明威

哲学家拉康说过："人的欲望指向他人的欲望。"喜欢他人喜欢的东西，讨厌他人讨厌的东西。在这里，最重要的是，先要了解他人喜欢的究竟是什么。我们可以参考一个比较古老的经济学原理，即稀少性原理，这也可以用来理解人们为什么如此热衷于寻找钻石。当然，钻石晶莹美丽的价值不能忽视，但如果钻石就像河边的小石头那样数不胜数的话，即使再光彩夺目也不会成为人们的贪欲对象。男性之所以喜欢美女，女性之所以喜欢帅男，也正是因为这种稀少性原理。如果美女俊男到处泛滥的话，他们的价值会一落千丈，降到和河边的小石头一样一文不值。

　　如果一个人所拥有的东西稀少，他就很容易成为别人羡慕的对象。一位女性可以高傲地仰着她的头，斜着眼睛看别人的原因是什么？是她的脖子上挂着一条镶着五克拉钻石的项链。她被钻石的稀少性所传染，仿佛觉得自己也是世上少有的女人，因为这种昂贵的项链不是每个人都能够拥有的。这种情况在各种领域都可以看到。在政界，与国会议员相比，总统的位置更吸引人。在出版界，畅销书排行榜第一位的书只有一本,所以非常珍贵。那么在大海上呢?渔夫的世界会怎样呢?能够捕获一条大鱼的渔夫是很稀少的,能够捕捉到鲜见的、稀少的大鱼的渔夫更是少见。

有一位曾经备受尊敬的渔夫,他的捕鱼技术堪称一流,对于那些想要把子女培养成优秀的渔夫的父母来说,他是最佳人选。他们争先恐后地把子女送到他门下,希望在他的训练下成为比老渔夫还出色的受尊敬的渔夫。可是老渔夫的体力越来越不支,虽然经常出海,但往往一无所获。他出海或归来时再也找不到来迎接他的人,也没有人关心他什么时候出海,什么时候靠岸,现在竟连一直跟着他出海的少年也离开了他。孩子的父母认为老渔夫不再是以前的英雄,出海打鱼一无所获,很难让人信服。为了孩子的前途,父母不可能让孩子继续跟他在一起。为了重新获得尊重,老渔夫必须一个人捕到大鱼,才可以重见天日。

老渔夫日渐衰老,他觉得自己不再是一个渔夫,而是一个真正的老人,所以他必须在衰老之前找回往日的荣誉,否则将来他会失去所有的机会。荣誉究竟是什么?是让老人不顾衰老的身体去挑战浩瀚无边的大海的力量吗?为了了解荣誉的概念,我们需要斯宾诺莎的帮助。对于荣誉的解释,斯宾诺莎的语气充满了悲壮。

> 荣誉是我们想象着我们的某种行为受人称赞的观念所伴随着的快乐。
>
> ——斯宾诺莎,《伦理学》

当他人就我们的某种行为表示称赞时,我们的感觉就是荣誉。这种行为必须是别人很难做到的，属于一种英雄式的超人行为，总之是一种常人难以做到的少见的行为。只有这样，我们才能得到他人的赞扬。对于渔夫来说，这种行为指的是捕到一条大鱼，一条少见的巨型大鱼。海明威小说《老人与海》所要表现的就是一位老渔夫在荣誉即将离去的时候，哪怕只有一次，也要重新找回往日的荣光。这是一个让人非常感动而又充满人性的故事。这位圣地亚哥老爷爷能否找回往日的荣誉呢？他还能否听到别人称赞他是一位出色的渔夫呢？

故事终于开始了，在夕阳西下的墨西哥湾的浩瀚大海上，一位老渔夫正孤身奋战，一条他从来没有见过的大马林鱼咬住了他的鱼钩。

"天啊，我当初不知道这鱼竟这么大。"

"可是我要把它宰了，"他说，"不管它多么了不起，多么神气。"然而这是不公平的，他想。不过我要让它知道人有多少能耐，人能忍受多少磨难。

"我跟那孩子说过来着，我是个不同寻常的老头儿。"他说。

"现在是证实这话的时候了。"

他已经证实过上千回了，这算不上什么。眼下他正要再证实一回。每一回都是重新开始，他这样做的时候，从来不去想过去。

老人的梦想非常简单。为了不让少年失去对自己的信心，老人想要在最后将自己出色的一面展现在少年的面前，让少年看到自己并不是平凡、年迈、衰老的老人，而是闪烁着光芒的卓越的渔夫。闪烁着光芒就是具有稀少性，这种光芒只有通过捕到大鱼才能绽放，因为老人是渔夫嘛！稀少性在于并不是所有人都能得到。就像老人所说的：

"不过我要让它知道人有多少能耐，人能忍受多少磨难。"可见如果没有强者的不屈不挠，这是根本办不到的。也许大鱼也明白，捕捉到自己将会给老人带去怎样的荣誉，所以大鱼并不轻易咬上鱼钩。这让老人有一种越来之不易，荣誉就越高的感觉。老人在与大马林鱼进行徒手搏斗的每一个瞬间，虽然危机重重，但充满希望，因为大马林鱼一次又一次地挑战着老人的底线，同时也激起老人的斗志。

最终，老人成功地将大马林鱼捕捉到手，找回了属于自己的荣誉。但是由于鱼身太大，根本不能放进船舱里，只能将它紧紧绑在船帮。血腥味引来了墨西哥湾的鲨鱼。为了保护代表着荣誉的大马林鱼，老渔夫与鲨鱼展开两次生死搏斗，激烈的战争结束了，伴随回到港口的老人的是伤痕累累的荣誉，因为大马林鱼的肉被鲨鱼吃掉了，老人只带回来一副长5.5米的鱼骨。尽管战绩并不完美，从某种程度来说也算了却了老人当初的心愿。他只想得到少年一个人的认证，最后少年称赞他是一个了不起的渔夫。于是，少年不顾父母的反对，决心和老人一同出海打鱼，少年说："现在和爷爷一起出海捕鱼吧！"

也许老人很清楚自己已经无法回到过去的荣光，因为他正走向衰老。他的荣誉只属于他的过去，时光不能倒转，一切难以回头。老人并不想要得到所有人的称赞，他想得到的只是一个人的赞扬，那个人就是一直支持他的少年。当老人将鱼骨拉回海岸时，少年的称赞才是他想要的最后的荣誉。也许在未来，少年将与老人共同出海打鱼，这对一个上了年纪的渔夫来说是一件非常自豪的事情。小说《老人与海》的最后一段说明了一切。

在大路另一头老人的窝棚里，他又睡着了。他依旧脸朝下躺着，孩子坐在他身边，守着他。老人正梦见狮子。

也许没过多久，少年将和老人一起出海，少年会再一次见证老人最后的荣誉。

欧内斯特·米勒尔·海明威

（1899—1961）

海明威，以及第一次世界大战之后在巴黎像流浪人一样生活的菲茨杰拉德，还有福克纳等一些作家被认为是美国"迷惘的一代"（Lost Generation）作家中的代表人物。

《老人与海》（1952）是海明威用猎枪结束自己生命前的最后一部具有代表性的作品。对于这部作品，作家声称："这是我这一辈子所能写得最好的一部作品，可以作为我全部创作的尾声，小说叙述得简洁凝练，浅而易懂。小说篇幅不长，却包含了现实世界和人类灵魂世界的所有领域。"《老人与海》出版后仅仅半年就成为畅销书，凭借这部作品，海明威荣获了诺贝尔文学奖。

他不忍心再朝这死鱼看上一眼，因为它已经被咬得残缺不全了。鱼挨到袭击的时候，他感到就像自己挨到袭击一样。可是我杀死了这条袭击我的鱼的鲨鱼，他想。……光景太好了，不可能持久的，他想。但愿这是一场梦，我根本没有钓到这条鱼，正独自躺在床上铺的旧报纸上。"不过人不是为失败而生的,"他说,"一个人可以被毁灭,但不能给打败。"

海明威一生的感情错综复杂,先后结过四次婚,与第二任妻子居住在能看到加勒比海的港口城市基韦斯特,与第三任妻子玛莎结婚后,在古巴的哈瓦那附近的"瞭望农场"居住将近二十年("瞭望农场"的意思是"真的不错农场")。海明威是世界一流的垂钓运动爱好者,更是一个浪漫主义者,他可以游弋在宽广的墨西哥暖流上搜捕枪鱼,并且应对自如、游刃有余。海明威就是用自己手中的笔,为各位描绘了一幅异国风情,夕阳西下时,海明威手中拿着钓鱼竿瞭望着浩瀚无边、庄严雄壮的大海。

哲学家的劝告

人类都喜欢追求荣誉。对于所有人的关注和赞叹,没有一个人会拒绝。占据第一位,掌握权力,拥有苗条又性感的身材,住在高级公寓里,就职于大企业,购买名牌包,跟风度翩翩的人结婚,这些都是追求荣誉的人类潜意识的表现,也是欲望的体现。从另一个角度来看,在追求荣誉时,有时候会受到他人的轻视和藐视。得到荣誉的人非常安心,认为自己离耻辱很遥远;受到耻辱的人好像从辉煌的顶峰滚落到山下,这是一种被抛弃的感觉。权力或者金钱之所以作为奖赏的标准来诱惑我们，是因为我们拥有追求荣誉和远离耻辱的欲望。关于耻辱，儿童时期有过谈虎色变的经历，这种耻辱的经历往往是由权力和金钱所导致的，所以我们对耻辱抱有潜意识的恐慌感。不管怎样，权力和金钱只能让一个人拥有真正的荣誉。说起权力，我们往往能想到的情况是：为了支配或者掌控大多数人，就要做到分裂多如芝麻的人，瓦解他们的凝聚力，可见过于追求荣誉的人，应该主动忍受孤独，因为他既要忘记与他人之间的纽带，也要将他人放在竞争者的位置。想要得到他人真正的关爱和爱情吗？想要与他人共生共存吗？那就得远离荣誉，忍受耻辱，只有在这种情况下，才会有新世界展现在我们面前。

第 三 部

春之花

真正的、巨大的孤独降临，笼罩在完美的寂静中，

梦想家的心中，火花的花心，存在一样的和平。

此时，火花保护自身的体态就像坚定的思想

向着垂直而下的命运飞奔而去。

——加斯东·巴什拉，《烛光的美学》

感 谢
GRATIA

心怀无果之爱

就没有真切的伤怀

《蜘蛛女之吻》
曼努埃尔·普伊格

"作为离别的礼物,我有一件事情拜托你……"

"那是什么?"

"这件事你一次也没有为我做过,虽然我们做得更多。"

"什么呀?"

"接吻。"

"噢,你说得对。"

"还是明天吧,在我离开之前,不要太紧张,我现在还不想要。"

"好吧。"

……

"瓦伦第……"

"有事吗?"

"没有什么,虽然听起来有点像……但还是想要告诉你。"

"什么呀?"

"没有,不说反而更好。"

"莫利纳,到底怎么了?是不是想要说今天跟我说的事情?"

"那是什么?"

"接吻。"

"不是、不是这个,是别的。"

"现在就让我吻你吗?"

"好吧,虽然你并不情愿。"

"不要生我的气。"

"谢谢你。"

"不,我更应该说谢谢。"

　　分别的理由究竟是什么?刚才看到的一幕是瓦伦第和莫利纳两个人在临别之际的凄苦对话。他们是由阿根廷反体制小说家曼努埃尔·普伊格所著的举世闻名的小说《蜘蛛女之吻》中的主人公,这场对话是这部小说最让人伤感的情节。两人拥有了更深的肉体关系,却连真正的接吻都没有过。在离别之际,他们的迟到之吻能减少因分离而带来的心痛吗?读者分明看到想要表白的莫利纳忧郁的心灵。莫利纳想要告白什么呢?是爱情!第二天就要离开瓦伦第的莫利纳想要说:"瓦伦第,我一直爱着你,永远爱你!"

　　告白爱情不应该只停留在向对方表达自己内心的感情。告白爱情时,每个人都会期待对方说出"我也爱你",最不希望看到的是对方露出不快的表情。分别之际,莫利纳直到最后也没有告白爱情的理由是什么?虽然朝夕相处,但他们之间有的只是感谢之情,这一点莫利纳非常清楚。瓦伦第绝不会回答"我也爱你",在这样的瓦伦第面前,莫利纳无法开口说出"我爱你",只能用"谢谢你"来代替。"不,我更应该说谢谢。"瓦伦第的回答也在莫利纳的意料之中。如果读者是一个敏锐的人，大体也会知道两人之间存在着真正的爱情。

感恩或感谢是基于爱的欲望或努力，努力以恩德去回报那曾经基于同样的爱的情绪，以恩德施诸我们的人。

——斯宾诺莎，《伦理学》

斯宾诺莎想要表达的是，感谢之情中分明包含着一种被称为爱的热烈情感，但可笑的是，表达感谢的目的往往是让自己对对方的爱情冷却。有时候，为了冷却爱情，我们才会仓促地、艰难地向对方说出感谢的话。两情相悦却不能告白，在无果之爱消失时，这对任何一对相爱的人来说都是最悲惨的事情。"一直以来都心存感谢，感谢你和我在一起。"这样的话在师生之间、已婚男女之间、神父和女教徒之间、和尚与女信徒之间常常被提起，有可能就是他们告白朦胧爱情的潜台词。亲切地向对方说出感谢的话，说明两个人之间的爱情并不牢固，且存在一定距离，这样说来感谢就是一种悲凉的情感。在离别之际，莫利纳和瓦伦第相互表达着心中的感谢之情，他们之间虽然有爱，却因某种距离而不能相爱，只能用感谢来掩盖。

深陷爱情的人都想热烈地拥抱对方，都希望拥有彼此。若那个人不在身边，你就会本能地产生一种绝望，觉得人生了无生趣。若我们对爱情进行深刻分析的话，就不难发现亲切的行为是多余的。恋人之间无理取闹、粗枝大叶、耍耍脾气，此时可以有亲切的行为，因为那些都是自然而然产生的，有可能还是爱情的催化剂。当亲切成为支配陷入爱情的人唯一行为时，爱情就会陷入危机。当他对你非常礼貌和亲切时,你自然就会产生一种直觉,觉得他这样做是为了跟你保持一定的距离。特别是,当他向你表达一直以来的感谢之意的时候,除非你是笨蛋,不然一定会知道这是亲切有礼的离别宣言。

莫利纳和瓦伦第在面对离别时,不能告白爱情,反而相互致谢,他们的距离感来自何处呢?根本的原因在于他们两个人都是男性。具体地说,瓦伦第是一个爱着名叫玛塔的女人的异性恋者,莫利纳则是一个爱着瓦伦第的同性恋者。瓦伦第是作为推翻政府的政治嫌疑犯而入狱的马克思主义者,莫利纳是因违犯《青少年保护法》而入狱的同性恋者。一个是心怀革命梦想的理想主义者,一个是感性如此敏感的同性恋者,他们的相遇是多么机缘巧合呀!瓦伦第从莫利纳身上体会到感性的重要性,莫利纳则从瓦伦第那里学到了为了人类社会铲除压迫的共同体思想。他们最终发生了将感性与理性融合在一起的肉体关系,使两个人的关系上升到高潮。尽管瓦伦第不承认这一点,他们依然能感到彼此完全相通,这不是爱情又是什么?

瓦伦第直到最后也没有抛弃异性恋者的身份,作为拥有改革不合理社会制度的坚强意志的人,他内心的异性恋者身份也是根深蒂固的。倾尽所有,也要相伴终身,这难道不是爱情吗?不管对方是异性还是同性,是狗还是猫,是舒伯特的《琶音琴奏鸣曲》还是由艾丽西卡·维坎德主演的电影《至爱》都没有关系,只要拥有爱情就足够了。作为理性主义者的瓦伦第,连爱情也要坚持贯彻自己的理想和观点,却否认这种无意识的感情和行为,所以莫利纳在离别之际不得不用感谢的话来传达自己的感情。如果瓦伦第再敏感一些,他也会觉悟到自己是爱着莫利纳的,这种觉悟将诞生于他的嘴唇与渴望与他亲吻的蜘蛛女莫利纳的嘴唇重叠在一起的最后一瞬间。

瓦伦第在莫利纳身上寻找着那位无法见面的情人玛塔的影子，但莫利纳与瓦伦第相爱着也是事实。他们都因拥有对方而感到自己是完整的。这是一种幸福感。人的灵魂并不体现在思想和话语中，而是通过持续的行为表露出来。瓦伦第和莫利纳因爱发生的变化在过去是无法想象的，如果没有爱情的力量，怎么可能有这样的变化呢？出狱后的莫利纳接受了瓦伦第的重托，开始从事政治活动，却在活动中不幸中弹身亡。如果他没有遇到瓦伦第，这场悲剧就不会发生。瓦伦第一个人孤独地被关押在监狱里，受到当局的严刑拷打，在因药物陷入昏迷时，他提到了玛塔的名字，但是我们可以强烈地感觉到莫利纳的痕迹。和莫利纳在一起的时候，瓦伦第也曾想起玛塔，瓦伦第在备受折磨时，虽然也不停地呼唤着玛塔的名字，但这是他思念莫利纳的体现。

曼努埃尔·普伊格

（1922—2008）

曼努埃尔·普伊格在小说《布宜诺斯艾利斯的事件》中模仿了胡安·裴隆，致使自己的名字上了伊娃·裴隆的暗杀名单，从而亡命于墨西哥。那时他执笔所写的《蜘蛛女之吻》（1963）在西班牙出版，之后被改编为话剧、电影、百老汇歌剧等，因而为人们所熟知，普依格因此一跃成为阿根廷的代表性作家。《蜘蛛女之吻》讲的是两个不能成为朋友、来自两个完全不同的世界的人被关押在一个地方，不得不进行交流的故事。

"在斗争继续的日子里，不，也许我的一生都在斗争，去体验情感上的快乐这种行为并不是我希望的，知道吗？这种快乐事实上对我来说是多余的，伟大的快乐当然是不同的，例如，我知道为了家族的高贵名分，我要为社会做点什么……所以这才是我拥有的世界……"

"你的世界是什么？"

"我的理想……用一句话来说就是马克思主义，我可以在任何地方感觉到那个世界的快乐，即使关在这儿也能感觉到，甚至在拷问的时候也是一样，这就是我的力量。"

年轻的政治犯瓦伦第认为同性恋者莫利纳不可理喻，但面对莫利纳的善良，瓦伦第窥视到自己一直以来被压抑的情感，以及内在的自我。"你知道在你哼唱波莱罗舞曲的时候，我为什么很生气吗？你的歌让我想起玛塔，不是我的女同事，是的，是这样的，甚至连玛塔也不是，而是她……喜欢的阶级，像上流阶层才会喜欢的这个世界连狗都不如的东西。"而为瓦伦第讲着自己不屑的浪漫电影故事，同时还单恋着瓦伦第的莫利纳，最后却被动地成为政治镇压下的牺牲品。

哲学家的劝告

无法实现的爱情存在吗？当然存在，只是这种爱情并不属于真正的爱情。有可以实现的爱情，当然也就有无法实现的爱情。当我们不能承担时，这种爱情便成为无法实现的爱情，但这是我们自己的问题。爱情怎么可能是很随便的情感呢？ 鱼与熊掌不可兼得，抓住一个必定要放弃另一个。为了和一个男人在一起，就必须舍弃家人和朋友，甚至还有需要献出生命的爱情。对于弱者来说，爱情像能颠覆生活的暴风雨。人类是最懦弱的，担心的事情很多，又挑三拣四，这些是人类所具备的特性。苦恼和苦闷从来都是弱者的属性，在爱情面前，我们往往经过深思熟虑之后，还是愿意选择早已习惯的日常生活，而不是爱情带来的不确定性。对于已经全身心投入爱情的我们，苦恼本身就显露出我们是多么脆弱。我们怎么可以因脆弱而否认陷入爱情的事实，以及迄今为止的幸福呢？"感谢你爱上了像我这样懦弱和不足的人。""直到现在都很幸福。"一直以来懦弱都是推卸爱情的借口，所以若只是为了表示感谢，那么能为对方做的事就要尽可能地去做。如果他只想要一夜情，你也愿意，那就满足他；或者如果她想要汽车，那就买给她，以这种礼物和自身的懦弱来作为感谢和幸福的代价吧。

谦逊
HUMILITAS

为真爱

自我牺牲

《妇女乐园》
埃米尔·左拉

在资本主义社会里，金钱凌驾于价值领域中的一切。对人类而言，最重要的价值是幸福、友情、爱情，但是在金钱所具有的绝对力量面前，这一切根本一文不值。人类往往嘴上说，爱情不可以用金钱来买卖。可是耸立在我们周围的结婚介绍所又如何解释呢？我们去相亲或者给别人介绍对象的时候，反反复复问的问题是："这个人是做什么的？哪个学校毕业的？"这些问题都围绕收入。与爱情相比，我们如今更痴迷于如何获得金钱或者如何才能有更稳定的收入。若我们自己难以赚钱，也要通过他人赚钱。贫穷的人看起来没有魅力，富有的人看起来却是魅力无穷。在资本主义世界，各种情感不得不变得扭曲。连拥有王者地位的爱情都处于如此境地，其他的情感该怎样用语言来解释呢？

现在，我们生活在用金钱来购买爱情的时代。相爱的人背后往往隐藏着代表金钱的信息，还有比这更苦涩的事情吗？跟一个人生活在一起，到底是因为爱情还是金钱，对于这一点，我们可以自己确认。当恋人失业或者事业失败的时候，我们心里对对方的爱意在不知什么时候已经慢慢地冷却下来。当然，可以把爱情的流失归咎于经济状况日益困难。但别忘了，当爱情已经成为金钱的爱情时，这个问题就不再单纯了。只有在此时，我们才知道金钱已经蒙蔽了我们的双眼，甚至一直以来我们充满自信的生活，都在那一瞬间成为镜中月、水中花，让人感到无限悲伤。生活中好像没有比认识到自己不过是一介凡夫俗子更痛苦的事了。

爱情可以用金钱来买卖吗？有钱人自认为金钱能够买来爱情。有钱人的狂妄是多次经历异性见到有钱的自己就投怀送抱所导致的。当然，若没有为了金钱而贩卖自己爱情的人，那些有钱人又如何用金钱来购买爱情呢？所以怨恨有钱人的狂妄没有意义。有卖方就有买方，这是天经地义的，这就是资本主义，一个对人类来说存在着各种各样价值的概念。比如，歌唱得很好、心灵手巧、懂得倾听别人的故事、懂得温柔地拥抱他人、懂得享受旅行。如果这些行为全部可以用金钱来购买的话，资本主义具备的金钱暴力性也就显露出来了。然而并不值几个钱的行为才是真正值得珍惜的，就电影或者音乐而畅所欲言，这种行为谁会用钱来买呢？每个人都需要懂得一个人生法则，即以上的行为所具备的价值即使用钱也难以买到，这是一个非常重要的认知。

19世纪的巴黎不仅仅是一个国家的首都，更是资本主义的首都。当时巴黎馈赠给人间无法比拟的喜悦，同时也因可以进行爱情买卖而令人感到惋惜。在阴沉沉的巴黎街道上，有一位目睹了这场人间悲剧的小说家，他就是埃米尔·左拉。在小说《妇女乐园》里，左拉所苦恼的问题就是金钱能否买到爱情。一百五十年以前，作家就已经既小心又严峻地追寻用金钱买到爱情的可能性。

小说的开头写二十岁的农村女孩黛妮丝第一次来到作为巴黎消费

215

象征的雄伟壮观的百货商店就职。百货商店的年轻老板慕雷非常清楚自己财力和权势的周围聚集着很多愿意为他献身的巴黎女性，其中更多的是在百货商店工作的女孩们，但能打动他的只有黛妮丝一个人。慕雷对黛妮丝的好感来自对一个不起眼的新手的同情心，渐渐地他被黛妮丝散发出的魅力所吸引，这种魅力他从来没有领略过。于是慕雷总是以金钱和权力来诱惑黛妮丝，但黛妮丝不为所动。无奈慕雷拿出更大的砝码——以更多的金钱和更高的职位来继续诱惑，结果黛妮丝反而离慕雷越来越远。这让拥有一切的慕雷有一种无力感。一直以来，慕雷通过自己的金钱和权力没有得不到的东西，哪怕是爱情。最终他因自己的无力感而发出了绝望的呐喊。

到底是什么原因让黛妮丝这样执着地拒绝他呢？慕雷一次又一次地哀求黛妮丝，甚至提出，钱可以给，还是不小的数目，金额在一点一点地上涨。此外他还做出黛妮丝的野心非常大的判断，为此许下只要卖场有空位，就马上让黛妮丝升职成为首席采购员的诺言。即便如此，黛妮丝还是一而再、再而三地拒绝了他。就像经历了战争一样，他陷入大惊失色的窘境，他难以压制一点点沸腾的欲望。对于坐拥天下的慕雷来说，这是不可能发生的事情，那个小女孩总有一天会接受他。慕雷认为不管什么时候女性的道德都具有相对性。现在他只有一个目标，其他的东西，只要不是绝对需要的，全部弃置一边。慕雷想要的是强行把黛妮丝带到自己的房间，让她坐在自己的大腿上并吻上她的嘴唇。只要这种情景在脑海里一闪，慕雷全身的血液就会燃烧起来，甚至会全身发抖。所以慕雷才对自己的无能产生了绝望。

黛妮丝是一个绝对不能用金钱买到的女孩。这句话是什么意思呢？在慕雷的认知领域中，他的力量和魅力只能用金钱来表现。在慕雷面前，黛妮丝完全不被金钱吸引。这是一个让他感到困惑而又愤怒的女孩。正如乔治·斯艾伯特·毛里斯利耶所说的那样，被禁止的东西以其被禁止的原因能激起更大的欲望，这是一条法则。应该怎样做才能让黛妮丝坐在自己的腿上，并与她享受爱之吻呢？慕雷是一个认为只要有钱就可以买到一切的有钱人，连一次用钱买不到东西的经验也没有。所以在用金钱行不通的时候，他很容易感受到极大的无力感。在无计可施的情况下，慕雷陷入了一种他从来都没有体验过的情感，那就是对黛妮丝的谦逊。

谦逊是人类在感到自身无能和懦弱的时候而产生的一种悲哀。

——斯宾诺莎，《伦理学》

正如斯宾诺莎所说的那样，慕雷对黛妮丝的谦逊是一种悲哀，一种觉悟到金钱并不是万能的悲哀。这种谦逊也是在他觉悟到一个女孩并不以自己的意志为转移时产生的。这难道不是爱情吗？爱情的表现就在于不是按照"我的意思"而是"你的意思"。结果黛妮丝教会了慕雷什么是真正的爱情，慕雷也懂得了真正的爱情是怎样的。被爱情笼罩的人在所爱的人面前总是表现出无能为力，因为前者觉悟到自己的爱情被接受与否完全依赖于后者的意志。慕雷对黛妮丝的谦逊，就是因为他觉悟到自己引以为豪的金钱在爱情面前脆弱无力而产生的，这也是慕雷终于准备追求真正的爱情的证据,也是在用金钱买卖爱情的令人感到悲哀的巴黎城市里,作者想要告诉读者的内容。所以我们也许需要第二个、第三个慕雷,同样也需要像这样教会我们懂得爱情价值的女性。

埃米尔·左拉

(1842—1902)

埃米尔·左拉受到巴尔扎克的小说《人间喜剧》的影响,构思了一部描写"第二帝国时代一个家族的自然史和社会史"的小说,他从二十岁开始执笔,历经二十二年写了二十部《卢贡-马卡尔家族》。在以法国最早的乐蓬马歇百货商店为背景的小说《妇女乐园》(1883)中,作者把这家在巴黎引起轰动效应,并让地区商业圈陷入崩溃境界的百货商店比喻为庞大的机器(波德莱尔的《恶之花》也是在巴黎的百货商店得到灵感的)。这部小说是《卢贡-马卡尔家族》丛书中的第十一部作品,是唯一一部结局圆满的小说,讲的是贫穷但不失品位的女主人公黛妮丝以其诚实和内在的力量,摆脱了各种各样的逆境,终于与百货商店的老板结为连理,类似于灰姑娘的故事。作者将自己的女儿命名为黛妮丝,可见他是多么喜爱这部小说的女主人公啊!

黛妮丝有多美丽,她的智慧就有多高,她的智慧来源于她拥有的高贵的家庭。大部分出身于社会底层的百货商店服务员,其所接受的教育就像渐渐脱落的指甲油一样，只是表面的、肤浅的，黛妮丝却是远离虚伪的优雅，拥有发自内心深处的魅力和风姿。……慕雷在向黛妮丝表示愤怒的那一瞬间，却有了一种双手合一祈求她原谅自己冒犯行为的心情。

埃米尔·左拉在德雷福斯事件以及因反犹太情绪而使法国社会陷入混乱的时候，通过《我控诉》唤起了知识分子的良心，却因卖国罪逃到了英国。当他重新悄悄地回到法国时，他在家里因头痛和呼吸困难而离开了人世，因为一个将他看作卖国贼的壁炉清扫夫将他家的壁炉堵塞了。

哲学家的劝告

正如斯宾诺莎所说的那样，当我们的无力和懦弱得到认可的时候，谁都会变得谦逊。但谦逊并不等于悲哀，在谦逊里也寻找不到悲凉的感觉。真正谦逊的人，不管对谁都是包容的。谦逊会把我们从过去支配自己多年的偏见、虚荣以及自满中解放出来。但当我们摘掉有色眼镜时，能否真的看清自己、世界以及他人的本来面目呢？我们只有正视自己的无力和懦弱时，才能正确了解到自己什么能做，什么不能做。在过去想的是什么都能做，现在想的是不是不能做而是不去做（非不能也，是不为也），因此变得谦逊的人对于自己不能做的事情只是感觉到无力和懦弱，这意味着他们更加认真和成熟地对待自己能做的事情。总之，他们变得成熟了。回顾青少年时期，什么都想得到，什么人都可以爱，像这样幼稚的自满之心使我们深受折磨。但是，与青少年时期的自满相比，过度的谦逊是更危险的。过分的谦逊是一种连自己能做的事情也觉得不能做的绝望，这是非常可怕的，而这种绝望不可避免。同时，自满也向绝望转变并陷入谷底，或者两边来回跳，最后慢慢停在中间。我们只有在自满和绝望之间徘徊，才能在谦逊中找到平衡，到那时才能真正成为成年人。我们虽然知道自己的无力和懦弱，但也会了解到自己的有力和坚强。

义愤
INDIGNATIO

从羞耻之心

到残忍行为

《罪与罚》
陀思妥耶夫斯基

拉斯柯尔尼科夫的一切都是由令人难以摆脱的贫穷引起的，从大学中途辍学，不得不租住在一家公寓的五层楼斗室里，拖欠房租而不敢与房主打照面。在金钱成为所有价值的中心时刻，贫穷之人连维系作为人类的自尊感也非常困难。陀思妥耶夫斯基的名著《罪与罚》以俄罗斯独特的激情文字描述了一个年轻的灵魂因贫穷而自尊心受到伤害的可悲故事。陀思妥耶夫斯基的大部分作品都把对冷酷无情的资本主义的忧愤作为前提，《罪与罚》也是如此。当铺的老女人阿廖娜·伊凡诺夫娜不但敲诈需要金钱的邻居，还伤害这些人的自尊心，昵称为"罗佳"的拉斯柯尔尼科夫对她深恶痛绝并犯下杀害她的罪行。

从第一次去当铺开始，拉斯柯尔尼科夫就因这个守财奴而感到羞耻，导致全身发抖不止。"终于有了可以去当铺典当的东西，一个是很旧的、爸爸留下的银表，另一个是作为与妹妹分别的礼物，镶有三个红宝石的金戒指。他把金戒指拿去典当。到了老女人家，即便对她一无所知，他看到她第一眼时也感到了难以抑制的厌恶。"这种感觉是有原因的。对于因贫穷不得不卖掉珍贵物品的拉斯柯尔尼科夫来说，厌恶可能是自卑和羞耻所导致的，而把这种厌恶灌输到拉斯柯尔尼科夫的脑海中的元凶则是老女人对到当铺换钱的人所持有的轻视态度，从羞耻延伸到冷酷无情的杀人行为只有一步之遥，这一步就是愤怒。

义愤是对危害到他人的所有人的憎恶。

——斯宾诺莎，《伦理学》

斯宾诺莎对义愤曾有更加明确的解释："我们对给予与自己类似的群体不幸的人都是感到愤怒的。"与自己类似的人，从拉斯柯尔尼科夫的情况来看，是没有钱、平凡的邻居们。他们中有因贫穷而不得不使女儿索尼娅沦为妓女的小公务员；也有为了给姐姐寄钱，在别人家当家庭教师，即使受到主人调戏也不能辞职的杜尼雅；以及被当铺的老女人当作奴隶的同父异母的妹妹。拉斯柯尔尼科夫因贫穷而产生的羞耻，在无法实现正义的资本主义社会里，最终升华为义愤。

羞耻是我们强加于自己的情感，它不仅仅让我们，也让与我们处境相同的人备受痛苦，此时羞耻就化为正义的行为。特别是当所有人都憎恶的邪恶出现时，个性的邪恶有可能上升为公共性的邪恶，这种公共性的邪恶就必须消除。

这是偶然的吗？在台球室里，拉斯柯尔尼科夫听到某些人的谈话，而谈话的内容使拉斯柯尔尼科夫杀死当铺老女人的决心被赋予了正当性。

"杀死老女人，夺走她的钱，并在这些钱的帮助下，献身于未来的为全人类服务的公共福利事业。怎么样，你的想法呢？难道一个微不足道的犯罪行为不能通过几千个善事得到赦免而销声匿迹吗？一个生命的牺牲可以使数千个生命得救，不至于受苦受难，不至于妻离子散，一个人的死亡能换取百条生命，事实上——这不就是数学吗！难道不是？再说，放下所有，进一步来看，这个痨病鬼、既愚蠢又凶恶的老女人的生命有什么意义呢？老女人活着是有害的，身体如虱子和蟑螂，不，连这些都不如！她甚至还吞噬其他人的生命。几天前，她在气头上满怀仇恨地咬了丽莎维塔的手指头，险些咬断了！"

台球室里的谈话对拉斯柯尔尼科夫来说非常有说服力，同时也让他明白不仅自己对当铺老女人充满仇恨，别人也一样。终于，个性的仇恨上升为公共性的愤怒。但拉斯柯尔尼科夫忽略了一点，他没有看到自己的羞耻心。拉斯柯尔尼科夫并不想了解，当铺的老女人以及他自己只不过是资本主义的替罪羊。所谓资本主义社会，就是一种没有钱，人类就不能生存的结构化社会。当然，在资本主义社会里有钱人比没钱人更能获得特别的职位，这是毋庸置疑的。有钱人拥有以财富购买任何所需品的自由，而没钱人连生存都艰难，所以资本主义社会就是一个任谁都想获得更多金钱的社会。

拉斯柯尔尼科夫没有钱，而当铺的老女人虽说是一个有钱人，但其实和拉斯柯尔尼科夫处于相同的处境。拉斯柯尔尼科夫需要钱才去当铺，老女人为了赚更多的钱才开当铺，所以年轻人和老女人都认为金钱是万能的。将包含珍贵记忆的金戒指典当的时候，拉斯柯尔尼科夫难道不是已经在算计这枚金戒指能抵押多少钱了吗？如果当铺老女人给他的钱，也就是金戒指的代价，比他预计的数额多，也许悲剧就不会发生。拉斯柯尔尼科夫在金戒指的市场价格上加上了珍贵记忆的主观价格，然而这种珍贵记忆对老女人来说有什么意义呢？老女人关心的只有金子的市场行情。当然，所有的当铺主人都像老女人一样，给出的抵押金额要比市场价格低。

旧物蕴藏的珍贵记忆千金难买。如果拉斯柯尔尼科夫知道这一点，就不会带金戒指去当铺。一个物品在某人眼里值千金，在他人眼里只不过是陈旧的二手货而已。这就是小说的关键。拉斯柯尔尼科夫的侮辱感其实并不是因当铺的老女人而产生的，他感到羞耻的真正原因是他自己都没意识到的资本主义本性将珍贵记忆赋予了主观性的价值，并换算成金钱，却被贪婪无比的老女人彻底否定。但这个原因还不够，对拉斯柯尔尼科夫来说，在自己身上寻找羞耻的真正原因是非常困难的，所以他才把所有的罪恶归到当铺的老女人身上。

小说《罪与罚》描写的是一个拒不承认自己所犯杀人罪的青年的故事，充满了愤怒的色彩。直到遇到一个名叫索尼娅的妓女，这位不幸的青年才承认了自己的罪行。当然，罗佳的义愤也是无可厚非的，最后他醒悟了，他是无权向一个人兴师问罪的。最终拉斯柯尔尼科夫的义愤蜕变为强烈的负罪感，但这种反省为时已晚，甚至没有任何作用。可悲的是，青年到最后也没有意识到，他和当铺的老女人都只不过是资本主义冷酷无情的社会结构的替罪羊。如果拉斯柯尔尼科夫聪明一点，他就会对使自己和当铺老女人变成"钱奴"的资本主义表现出义愤。

拉斯柯尔尼科夫不知道，即使他杀死当铺的老女人，还会有其他人再开当铺，需要金钱的人还是会拿着饱含珍贵记忆的东西，在他人开的当铺门前徘徊不定。这一点才是陀思妥耶夫斯基文学的可能性和局限性。把义愤从体制转向对社会惶恐不安的个人，转向对资本主义的冷酷无情感到无力的群体，这些人都没有看穿资本主义，把对资本主义的愤怒转嫁于当铺老女人之类的人，这一点就是拉斯柯尔尼科夫，也是陀思妥耶夫斯基的局限性。像《罪与罚》这样能代表19世纪文学局限性，特别是鲜明的悲剧性的小说几乎是没有的。那么生活在21世纪的我们能否成功地超越19世纪呢？对此没人知道。

陀思妥耶夫斯基

（1821—1881）

被誉为"最伟大的近代作家"（詹姆斯·乔伊斯）的陀思妥耶夫斯基以"充满灵魂的小说，借用灵魂的小说"（弗吉尼亚·伍尔芙）对20世纪的思想家们带来了广泛的影响。尼采说："陀思妥耶夫斯基是唯一可以在心理学上教我的人。"弗洛伊德对陀思妥耶夫斯基所写的小说《卡拉马祖夫兄弟们》给予的评价是："迄今为止最伟大的小说。"

陀思妥耶夫斯基的小说主要描写在迈进资本主义门槛之前的过渡期，俄罗斯社会的面貌以及都市贫民的生活。特别是小说《罪与罚》（1866），正如作家自己宣称的那样，是一部"关于犯罪的心里报告书"，创造了苦恼青年的代名词"拉斯柯尔尼科夫"，并围绕罪与赎罪的各种意识进行了探讨。主人公罗佳在自己的论文中写道："按照大自然法则，人类大体可以分为两种类型。"

"一类是低级的人（平凡的人），他们是一种仅为繁殖同类的材料，另一类则是具有天禀和才华的人，在当时的社会里能发表新的见解。……第一类人就是一种材料，大体上来说他们天生保守，循规蹈矩，活着必须服从，从而乐意听命于人。在我看来，他们有服从的义务，因为这是他们的使命，而他们也认为，这根本不是什么有损尊严的事。第二类人呢，他们违犯政府法律，都是破坏者，或者想要破坏，根据他们的能量来说，这些人的犯罪当然是相对的，而且有很多种类。在各种不同的声明中，他们绝大多数都要求为美好的未来而破坏现状。……第一类人是这个世界的主人，而第二类人是未来的主人，前者为了保持世界要使他们的数目增加，后者推进这个世界，引导它走向目标。"

哲学家的劝告

义愤并不是所有人都具有的情感，它是一种拥有最基本的连带意识，或者存在着纽带关系的人们才会有的情感。孤独自我的人，或者自认为不受欢迎的人感觉不到义愤。一个人走在黑暗的路上，遇到一个膀大腰圆的流氓，遭到被要求下跪的窘境，大部分人往往感到羞耻，很少对流氓产生愤怒。但如果他与朋友或恋人处于同一处境，我们看到后就会对那个流氓产生愤怒。流氓只是一个人，受到流氓欺压的却有两个。目击这一场面的人会想什么时候自己也会受到那个流氓的欺压。所以少数的强者要铭记一条铁律：欺负弱者时，不能在同样是弱者的人面前进行。如果弱者判断出自己也会受到欺压，并且有可能受到欺压的人是多数的话，就会感到极大的愤怒，多数的弱者就会集中在一起，进行合作性的、有组织性的抵抗。因此，学生和劳动者非常顾及他们之间的连带意识和纽带感，组建学生会和工会也很有必要。弱者通过连带性的组织可以知道，和自己处于同一处境的人会面临怎样的危害，这样一来，他们就能在将来为抗争和免遭所面临的危害做好准备。但是不要忘记，如果弱者自己都没有意识到，也就不可能对施加危害的强者产生愤怒。

嫉 妒
INVIDIA

让人类恐怖的阴影

《嫉妒》
阿兰·罗布-格里耶

弗兰克现在为了彻底地检查化油器，正在查看必须要拆解的附件的目录，仔仔细细查看的结果就是显然要触及一个个零部件，从将螺丝钉一个个拧开的动作开始，到以同样的方法再将其拧紧的动作结束，他的动作和谐得如画一般。"你今天好像很精通机器嘛！"A说。

弗兰克在口若悬河滔滔不绝的时候，突然把嘴闭上，他盯着他右边的一张嘴唇和两只眼睛，在那里有一张静静面露微笑的脸，那表情好像永远固定在照片里一样非常僵硬，弗兰克的嘴角向一边翘起，可能有什么话想要说吧。

"从理论上说吧。"A并没有改变和气的语气，而是非常明确地说道。

弗兰克将目光移向阳光下的栏杆，栏杆上面最后留下的灰色油漆斑点、不动弹的蜥蜴，以及一动不动的天空的方向。

"现在终于弄明白货车了，"弗兰克说道，"因为马达差不多都一样。"

这句话当然是荒唐的，特别是他的大型货车的马达和他拥有的所有美国产轿车的马达，几乎没有共同点。

"说得对哟，女人也是一样的。"A说道。

北非的晚上，凉风习习，在自家的房间里，一个人处于慵懒和紧张的气氛中。在这种紧张感和孤独感中，《嫉妒》的叙述者正在极其痛苦地反复咀嚼自己的妻子和男邻居之间曾经进行过的对话。到底什么原因让妻子在凌晨与弗兰克一起出去，过了一个晚上还没有回来？弗兰克出门时说是为了购买新车，而妻子说是为了赶集跟着弗兰克一起走的。在平时，弗兰克总是将他妻子和孩子丢在家里，却随意地在叙述者家里进进出出，当然不是为了叙述者，而是为了与他的妻子见面。而叙述者的妻子总是暗暗露出期待弗兰克到访的目光，当弗兰克来家时，她就明显恢复了活力，这证明妻子欢喜弗兰克的到来。

对叙述者来说，更糟糕的是妻子和弗兰克不但在一起读小说，甚至还彼此交换意见。事实上这是最坏的情况，没有身体上的接触，也就找不到可以指责的地方，但心灵上的沟通会导致精神上的接触。以私人所有权为基础的资产阶级婚姻制度的盲点是什么？与灵魂交流相比，更重视的是肉体上的交流。"所有"的概念似乎是指对公寓、土地的所有权，只是基于眼睛看得到的东西，因此有其局限性。只要是眼睛看到的东西，都有可能成为婚姻上的问题，比如弗兰克的衣服上印有妻子的胭脂，或者妻子的脖子上留有陌生男人的吻痕。而灵魂交流完全不属于视觉上的问题，也就不可能成为问题。这种逻辑真的是混乱不堪，这也是我们认同的婚姻制度。

心灵相通的弗兰克和叙述者的妻子于凌晨一起出去之后，过了一个晚上还没有回来，这很容易引起叙述者的嫉妒。1957年出版的阿兰·罗布-格里耶的小说《嫉妒》所描述的就是叙述者在看出自己的妻子和男邻居之间的恋爱苗头后产生的嫉妒。曾经追求新小说的反传统小说运动的代表——阿兰·罗布-格里耶在自己的小说中，并不从第三人称视角来讲述故事，甚至引领故事情节发展的叙述者是存在的，但"我"这个字从来没有出现过。展现在读者面前的只是叙述者的视线，以及通过他的眼睛捕捉到的风景。在《嫉妒》中，不存在因嫉妒而苦恼的内心描写，有的只是对嫉妒的目光所捕捉到的外部风景的描写，描写的手法则像拍摄电影一样，一步步展开。

读者无法估量叙述者的内心活动。叙述者在没有陷入嫉妒时，读者也不可能猜出叙述者是怎么想的，更何况现在叙述者是妒火中烧呢。也许这才是反传统小说让人震撼的一点。陷入嫉妒的我，陷入哀怨的我，或者陷入不安的我，事实上这些"我"是完全不同的我，因为说话时习惯用"我"，所以以上背景的多个"我"好像可以用一个统一的"我"来解释，但这种想法是一个错觉。从偏执的自我意识中摆脱出来，才能真正捕捉到活生生的生活和感情，这是写小说的根本。不要写基于膨胀的自我意识以及要受到审查的小说，这一主张难道不是自我标榜为反传统小说家的心愿吗？

在这部小说中，叙述者有明确的嫉妒对象，那就是邻居弗兰克。我们可以通过斯宾诺莎的话，对叙述者、他的妻子还有弗兰克之间的嫉妒关系进行更深刻的分析。

> 嫉妒是一种恨，使人为他人的幸福感到痛苦，为他人的灾祸

感到快乐。

——斯宾诺莎,《伦理学》

对于弗兰克来说,他的幸福当然是和叙述者的妻子 A 在一起,相反他的不幸是不得不与 A 分开。弗兰克有妻子,A 也有丈夫,幸福不可能在他们之间生根发芽。正如斯宾诺莎所说,被嫉妒困住的人总是"为他人的幸福感到痛苦,为他人的灾祸感到快乐",叙述者总是在弗兰克与 A 在一起时,想要与他们同在,因为只有这样,才能给弗兰克带来不幸,可是并不是所有的事情叙述者都能掌控。A 为了去市内而发脾气,跟着弗兰克一起出去,以车发生故障为由,在外边与弗兰克度过一宿,这是叙述者完全没有想到的。这种事情真的是在不得已的情况下发生的吗?也许是这两个人希望在没有任何干扰的情况下,找某个酒店享受情爱呢?

天亮了,两个人还没有回来,等待他们的叙述者脑海中很自然地蹦出了他们在出去前的对话。被嫉妒锁住的叙述者无意识中受到了压迫,心想两个人的外宿是不得已还是有意识的决定。此刻,叙述者想起弗兰克认为所有汽车的"马达差不多都一样",妻子回答"女人也是一样的",这难道不是一种暗示吗?因为 A 是别人的妻子,说话更不便,所以她才暗示自己和渴求性爱的一般女性没有任何不同。在外一起度过了一晚的两个人好像什么事情也没有发生一样回来了,而叙述者却为此胡思乱想、不能自拔,当然他们没有忘记告诉叙述者,他们是因为汽车马达发生故障,不得已在一家廉价的酒店住上一宿的。

叙述者并没有因为嫉妒而失去理智,也没有伤心,相反嫉妒给叙述者带来一种意想不到的良性的紧张感,这种紧张感早在他和妻子的婚姻生活中蒸发了。嫉妒使从来不关心妻子的他开始仔细观察妻子的举手投足，甚至还要读懂她的内心世界。我们并不珍惜的东西，一旦被他人拥有，就想要重新夺回。斯宾诺莎说过："凡是人们想象中让他人感到快乐的任何东西，他们也都想去追求。"从弗兰克那里感到的嫉妒对叙述者来说是一种决定性的契机，它重新点燃了叙述者对 A 的关心和爱情。

叙述者努力找回属于自己的爱情，但爱情真的会如他所愿，重新复活吗？未必如此。爱情的元素中可以具备嫉妒的成分，但嫉妒的情感中无法衍生出爱情。所以嫉妒只是爱情中一种形同糟粕的情绪。弗兰克或许扮演着手电筒的角色，照亮了真相。叙述者观察自己的妻子，只是因为弗兰克进入他的视线。而在妻子眼里和心中都是弗兰克的影子，妻子对弗兰克的关心也让弗兰克开始关注他的妻子。弗兰克若不再关注她，对她的关心也就会随风而去，她也会再一次从叙述者眼里消失。而生活又会回到北非的每一天，萎靡不振、枯燥无味，就像在无情而又炙热的太阳下的一盘散沙一样。

阿兰·罗布-格里耶

（1922—2008）

罗布-格里耶站在严肃的、客观的视角，通过摄像机的镜头，将所看到的东西写进了小说，这种新的写作技巧被认为是反传统小说中屈指可数的。阿兰·罗布-格里耶在阿伦·雷乃的影片《去年在马里昂巴德》(1961)的脚本和对白基础上编写了同名小说，并直接执导电影《不朽的女人》(1963)。小说《嫉妒》(1957)描写叙述者对自己的妻子A以及随意进出自己家的邻居弗兰克两个人的举手投足进行了强迫性的观察，而读者仅仅是跟随叙述者的视线，以及叙述者听到的声音。叙述者看到弗兰克迷恋自己妻子充满魅力的美发以及水蛇般的细腰，对两人的关系心生嫉妒，所以一直在窥视他们。

极短的、细细的说话声终于被一点儿一点儿、慢慢袭上来的黑暗所吞没，再也听不见了。他们完全是一个晚上都混在一起，黑暗中只有褪色的衬衫和礼服模糊的影子才泄露出两个人的存在，他们肩并肩坐在一起，上身靠在椅背上，双臂放在扶手上，在扶手的周边，有的时候两个人的动作非常隐晦，非常小幅度的动作，不知不觉之间又回到原来的状态，也许可以想象到吧。

作者把在现实里可以感知的东西原封不动地复制到作品中："人们可以主动地接受日常生活中的非合理性以及模糊不清的东西，但在像电影或小说这样的艺术作品中，遇见这样的东西，往往会感觉不满，既然世界如此复杂，就要在作品中把这个复杂性重新表现出来。"纳博科夫对小说《嫉妒》给予了高度评价，称其为"20世纪最伟大作品之一"。

哲学家的劝告

有一个女孩想要带自己的男朋友去参加朋友的聚会，在出发之前，女孩往往因不满于男朋友的穿着打扮而絮絮叨叨，因为她想给朋友留下自己的男朋友风度翩翩的印象。但爱情是一对一的关系，正如阿兰·巴迪欧所说的那样，是属于两个人的关系，爱情故事中有两个主人公，女孩的行为已经超越了爱情的底线。将恋人包装成帅男介绍给朋友，就等于将男朋友的地位降低到美丽的配角，让自己和朋友成为主角。事情发展到此，还不是最糟糕的。在聚会上，他们不由自主地遇到了一件麻烦事，女孩的朋友被她迷人的男朋友所吸引，对他表现出极大的关心，为了得到他的关心，还不停地撒娇。预想不到的嫉妒之火猛烈地燃烧起来。随着嫉妒之火的蔓延，女孩只能急急忙忙地带着男朋友从这种尴尬的气氛中逃离，女孩感觉到，自己的朋友和恋人在一刹那已取代她成为故事中的男女主人公。嫉妒就是被一种想要成为主人公的情感所笼罩，因为女孩本可以成为主人公。女孩还会一如既往地爱着自己的男朋友吗？很辛苦吧。"请你，也只有你，让我成为主人公。"对女孩来说，这才是爱情的定义。

敌意
IRA

为了保护自己人生

的荒唐战斗

《个人的体验》
大江健三郎

大江健三郎将自己所经历的苦痛的生活炼狱原封不动地写进了小说《个人的体验》，有人认为这是一部读起来很不舒服的小说，我认为虽然不舒服，但写作方法非常朴实，也许这一点才是这部小说的伟大之处。小说中所描写的生活之艰辛可能在其他任何一部小说中都很难找到。面对艰辛的生活，只能咬紧牙关来应对，若不具备这种非凡的精神，是很难承受生活重担的。作为作者的替身，小说的主人公鸟的生活就是如此艰辛，他感觉自己正光着脚站在锋利的刀刃上，进退两难。鸟的儿子一出生就患有先天性"脑疝"，出生时脑组织大部分外溢，即使生存下来，也不得不面对终生残疾的命运。在读者看来，鸟的苦恼很简单：一是鸟将要背负起照顾绝对不可能恢复正常的残疾儿子的重担一直到死，并在这种沉重的氛围中活下去；二是甩掉这沉重的生活重担，在弄死儿子的罪恶感中生活下去。

　　对于生活在刀刃上的鸟来说，不管跳向哪一边，所面临的都是锋利的芒刺，但他还是要做出决定，因为一直站在刀刃上，脚就会血流不止。进退两难的境地让鸟不知所措，所以作者借鸟之口来述说自己当时的烦恼。

"体验之中,一个人渐渐地深入他体验的洞穴,最终也一定会走到能够展望人类普遍真实的出口。按理说会有这样的体验吧?不管怎么说,痛苦的个人得到痛苦之后的果实。然而,现在我的个人体验的苦役,却是处在绝望地向深处掘进的孤独一人与世隔绝的竖井洞里。即使在同样黑暗的坑洞里流淌下痛苦的汗水,从我的体验中也无法产生一点点人的意义。只是毫无所获地一边感到羞耻一边挖洞罢了。在深深的竖井洞底瞎挖,也许会发疯的。"

不管是对刚出生的残疾儿负起责任,还是果断地舍弃他,对鸟来说都是不幸和残酷的命运,他的生活都将与过去完全不同。不是面临生活的重担,就是带着罪恶感生活下去,面对给予自己这样命运的孩子,鸟不可能没有敌意。

敌意是因恨被刺激而欲伤害所憎恶的人的欲望。
——斯宾诺莎,《伦理学》

鸟讨厌自己的残疾孩子,竟有想弄死他的想法。按照斯宾诺莎所说,这种情感被称为"敌意",即加害于自己不喜欢的人的欲望。面对刚出生就患有"脑疝"的孩子,鸟的敌意具有双重性,由此也更加强烈。一是因为这个孩子让他的生活如同处在刀刃上,二是他一生都要辛苦承担生活的重担。所以鸟终于迈出一步,做出弄死孩子的选择。

问题是，这样的鸟会被戴上利己主义的帽子，会受到周围人谴责和鄙夷的目光，这对年轻的鸟来说是难以承受的。

如果鸟能从妻子那里得到情爱，同时也爱着妻子的话，鸟也许愿意接受残疾儿，也愿意承担起生活的重担。残疾儿或许并不会让他们感到轻松，但通过两个人的努力，他们足够可以应付。可是鸟与妻子在精神上没有任何交流，甚至想离婚。有一天，鸟与大学时期的女朋友火见子不期而遇，火见子点燃了鸟的爱情之火，并弥补了鸟所欠缺的爱。如果不是为了满足一时的性欲，那么男女之间的性爱是一种让人切切实实地感到对方存在的行为。

对鸟来说，火见子的性器官单纯而实在，没有隐藏一点儿恐怖的胚芽。这不是"完全不知其究竟的东西"，而仿佛是用柔软的合成树脂制成的衣袋似的单纯的物件。这里应该没有妖怪一类的东西突然追来，鸟心里踏踏实实。这或许是因为火见子把他们的性交限定在彻底追求赤裸的性享乐吧。鸟想起了自己和妻子战战兢兢如履薄冰的性交。结婚以后，过了这么多年，直到现在，鸟夫妇在性交的时候，仍不断被忧郁的情绪纠缠着。鸟用笨拙的手脚触摸像极力克服厌恶心理，硬硬地蜷在那里的妻子的身体时，她总感到像被殴打了一样，因而总是怒气冲冲地想对鸟回敬几拳。

性爱是一种深刻体会拥有对方的经历。鸟在与妻子做爱的时候并没有感到高兴，但他们夫妻还是忠实地扮演着自己的角色，尽到该尽的义务，也许正是这种残缺的爱才导致残疾儿的出生。但这只是一种猜测。爱情和性爱之间有什么关系？爱情和孩子的出生有什么关系呢？即使不相爱，也能让孩子出生，但不管怎样相爱，也无法拥有孩子。若火见子不出现，懦弱而又稚嫩的鸟也不会有弄死孩子的想法。从社会义务的角度来看，火见子是一位自由的女孩，从心里愿意和向往非洲的鸟在一起。火见子非常爱鸟，而鸟也一样，为了火见子，弄死孩子是鸟的唯一选择。

鸟产生的敌意也许不是针对残疾儿，而是针对与妻子无爱的生活。而残疾儿却让鸟不得不作出决断，是继续和妻子维持这种无爱的生活，还是和火见子在一起享受性爱。就在鸟犹犹豫豫不知所措的时候，残疾儿接受了手术。是不幸，还是幸运？孩子被确诊并没有患"脑疝"，而只是"肉瘤"。虽然鸟在决断时产生了犹豫，但孩子的成长、医生们的手术，以及周围的气氛等因素都替鸟做出了决定，连给儿子输血鸟都是不情不愿的。鸟的岳母觉得自己的女婿很了不起，并且到处炫耀："鸟哇，真是速猛活跃呀！"很多人认为《个人的体验》是一部卓越的青春小说，还有作家表示这部小说使他的人格也发生了改变，即舍弃自私自利的幸福，形成祈愿人类之爱的成熟人格。

我们不能忽视鸟对自己的残疾孩子存在敌意。或许鸟的敌意只是随着周围的变化而产生的。这真的是一种成长吗？即使是，也是一种诡异的成长吧。某教授赞扬鸟"敢于面对这个不幸，打赢了这一仗"，鸟有气无力的回答让我们感到心痛。

"哪里，我多次想逃掉，几乎就要逃掉了。……可在现实中生活，最终只能被正统的生存方式所强制。即使想落入欺瞒的圈套之中，不知什么时候，又只能拒绝它。就是那样吧。"

如果鸟真的成长了的话，他成长过程中关键的一点就是他洞察到"现实的生活其实是被要求以传统形式而活着"。将这种成长过程中的苦涩展现给读者，也是作为伟大作家的大江健三郎可以留在我们记忆深处的原因吧。

大江健三郎
（1935—）

就读于东京大学法文系，在校期间成为"芥川文学奖"年纪最小的获奖者，作为日本作家的代表受到了毛泽东的接见，并积极展开反核运动，是一位现实主义的作家。他的作品描述了"困境中的现代芸芸众生相"，并以此为由，于1994年荣获诺贝尔文学奖。以《暧昧的日本和日本人》《暧昧的日本的我》（中国）为题发表了获奖感言，在受奖辞中对日本的战后清算问题提出了批评，关于自传体小说《个人的体验》（1964），作家坦诚地表示："这部青春小说事实上带来了根本性的净化作用。"

鸟的孩子现在如果还活着，鸟应该是直奔育儿室；可是如果死了呢，那必须去小儿科诊疗室商量解剖和火化的手续。这是一场赌博。鸟开始迈步向诊疗室走去。在意识表层里，他很清楚地把赌注押在孩子死了这一边。他现在是他自己孩子的真正敌人，孩子一生中最初也是最大的敌人。鸟颇感愧疚，并且想道，如果真的存在永恒的生命，存在审判的神，那么，我是有罪的。但是，这种罪孽感，和在急救车上他用"像阿波利奈尔式的头缠绷带"来形容见到婴儿时所袭来的悲哀一样，更多的是甜桔似的味道。

然而就是这个儿子使父亲成为一位伟大的小说家，也造就了父亲的成功。"头部带着伤出生，且要承受着包括智能障碍在内的所有残疾带来的痛苦，和在这种条件下成长的儿子，时而共生存、时而以此为契机，并将这些作为小说的主题而开始执笔。于是，作为作家的我决定将我的人生与儿子绑在一起，之所以可以说这样的话，是因为《个人的体验》最初是作为青春小说而存在的。"现在作家的儿子大江光虽是残疾人，但以作曲家的身份活跃于日本乐坛。

哲学家的劝告

当你和某个人在一起时感到痛苦和忧郁，你就会厌恶他。与敌意相比，可以说厌恶的情感更好一些。因为敌意是一种欲望，一种想要加害于自己心里所敌对的对象的欲望。敌意并不是简单的讨厌，而是为了伤害某个人而进行谋划，并使计划付诸实践，将你牢牢困住。销毁同事准备好的PPT资料；在单位聚餐的时候，将上司的鞋子藏到别的地方；在厌恶的人坐下来的时候，有一种想要把椅子挪开的冲动；面对总是炫耀自己新婚如何幸福的同事，想要使坏告诉她，你看到了她的丈夫和别的女人打情骂俏的场面，所有这些行为都是因敌意而起。不管是谋划加害于某个人，还是直接采取行动，敌意不但给对方，也给自己带来致命性的后果。尽管如此，被称为敌意的情感会刺激你采取具体的行动。敌意虽然可以防范，但它分明还是一种欲望。当加害于对方的具体行为没有获得成功的时候，被敌意所困的人感到的空虚是巨大的。可见，敌意是一种多么可怕的致命性的欲望。因此，早一点与有敌意的人决裂是一件好事。做不到这一点的话，不管是谁，最终都会因敌意这种情感，被伤得体无完肤，粉身碎骨。

嘲弄
IRRISIO

冷笑和怜悯之间

《我是猫》
夏目漱石

人类很难想象一只在思想上富有哲理性的猫喝啤酒喝醉了，而掉进水缸里的不平凡经历。比伟大的人类哲学家更冷静的猫先生在探究人类的过程中，最终还是被命运捉弄而悲惨地死去。猫先生真的想知道人类为什么喝酒，所以才不得不亲自尝试，但悲剧就是在这种强烈的好奇心驱使下发生的，猫先生因不胜酒力而掉进水缸，告别世间万事。对于比人类更加理解人类的猫先生的死亡，任何人都不知道。被称为"日本的莎士比亚"的夏目漱石却与猫先生的关系比较亲密，并把它不平凡的经历和挑战的理由记录下来，在此背景下诞生的就是于1907年完成的《我是猫》。凡事都要保持距离才能真正品尝其中的味道，但人类不喜欢与他人保持距离，这也是人类很难正视自己的原因。而猫先生却能站在哲学的角度看待这一问题。

猫族面对这类问题，可就单纯得多。想吃就吃，想睡就睡；恼怒时尽情地发火，流泪时哭他个死去活来，首先，绝不写日记之类没用的玩意儿，因为没有必要写它。像我家主人那样表里不一的人，也许有必要写写日记，让自己见不得人的真情实感在暗室中发泄一通。至于我们猫族，行走、坐卧、拉屎撒尿，无不是真正的日记，没有必要那么煞费心机，掩盖自己的真面目。有写日记的工夫，还不如在檐廊下睡一大觉哩！……我老老实实坐着，依次听着三人谈话，觉得既没有什么好笑，也没有什么可悲。看起来，人哪，为了消磨时间，硬是鼓唇摇舌，笑那些并不可笑、乐那些并不可乐的事，此外便一无所长。关于主人的任性与狭隘，我早有耳闻，但是，只因他素日不多开口，有些方面还未必了解。正是那未必了解之处，才使人略萌敬畏之念。可是刚才听完他的谈吐，却忽地又想予以主人轻蔑。

一只猫真的很难理解人类到底属于哪一个族类，有智慧的东洋人高喊"知行合一"，有智慧的西洋人讲究理论与实践相结合或综合的辩证关系。而现代的人类却正在彰显一种与自身拥有的知识相背离的生活状态。如果世界已经知行合一，那么也就不需要追求梦想了。然而让人类吃惊的是，除人类以外的所有动物都是知行合一，懂得将理论与实践辩证性地结合起来，人类却做不到这一点。人类更应该尊重包括猫先生在内的所有动物，但是现实的情况是怎样的呢？没有实现知行合一的人类却嘲弄已知行合一的动物是低下劣等的，甚至还趾高气扬地宣称自己是万物之灵，这难道不可笑吗？

饥饿的狼以捕捉到的鸡来果腹，这就是知行合一。动物在肚子饿的时候都会捕食来填饱肚子，而人类即使知道自己肚子饿了，也还要在尊重生命和减肥这两个古怪的理由之间进行选择，为此一直烦恼不已，所以并不能马上进餐。可笑的是，这种情绪也不能维持很久，人类只在很短的时间内就会进食，可见人类耍酷也不长久（一点不酷）。在猫先生的眼睛里，人类的行为是多么奇怪呀！人类认为杀死像鸡一样活着的生物是残忍的行为，令人毛骨悚然，但一旦肚子饿，肯定就会走进快餐厅和烤鸡店，连鸡骨头都啃得一点渣也不剩，在用鸡填饱肚子之后，打着饱嗝却一点也不感到羞愧，一边咂着嘴，一边强调尊重生命。这是多么伪善和讽刺的行为啊！

在猫的眼中，外表光芒四射的人类是虚假和复杂的，猫可以表里如一地生活，人类却口是心非。

> 尽管人类像没用的丝瓜随风摇曳，却又装作超然物外的样子，其实，在他们心里，既有俗念，又有贪欲。即使在日常谈笑中，也隐约可见其争胜之意、夺魁之心。进而言之，他们自己与其平时所痛骂的凡夫俗子，原是一丘之貉。这在猫眼里，真是可悲极了。

人类的表里不一才是他们写日记之类的东西的原因。通过坦率的文字来记录哪怕在一瞬间让表里达到一致的挣扎心态。知行合一的猫先生绝对不会写日记之类的东西，因为日记是在知道有的事情根本没有做过的时候才写的。

人类引以为豪的文明和文化，也许就来自这种表里不一致的情况，或者是人类为了达到表里一致而付出各种各样的努力才使其诞生的。只有猫先生明白这一点，这也是夏目漱石的卓越之处。对于认为人类是万物之灵的人类中心主义，再辛辣的嘲弄也不过如此，小说《我是猫》可谓是压卷之作。作者让普通动物以幽默的口吻说出不认同人类的看法，再加上文中提到的人类的知性虚伪意识，真的让我们感到羞愧，无法面对这部小说。

  主人高度评价这封书信的惟一理由，如同道家之尊敬《道德经》、儒家之尊敬《易经》、禅门之尊敬《临济录》，只因大多一窍不通。然而，一窍不通又说不过去，于是，便胡乱注释，装成懂了的样子。

看到这样的主人，猫有可能发出讥讽的笑声，这也许也是夏目漱石的笑声，是一种叫做嘲弄的情感的本能反应。那么嘲弄是基于怎样的内在逻辑而产生的呢？

  嘲弄是由于想象着所恨之物有可以轻视之处而发生的快乐。
——斯宾诺莎，《伦理学》

  嘲弄是一种微妙的情感，一种游离在讨厌和高兴情绪之间的情感。在所有动物都厌恶的人类中，动物们发现了不合理现象和伪善的行为，这让它们兴奋不已。而"漱石＝我"最蔑视的就是这种表里不一。人类贬低表里如一的猫类，认为它们是低于人类的恶劣存在。不如猫却自认为比猫高明的人类是所有族类中最混账难缠的，把自己的缺点当成优点，把猫的优点说成缺点，这种不屑一顾、贬低其他族类的态度让夏目漱石看不过去，所以他把自己看作一只猫，对人类表示厌恶。在看破人类的本性——表里不一之后，"猫＝漱石"非常兴奋，可以堂堂正正地嘲笑人类了。

《我是猫》的写作风格幽默且略含苦涩，但是不管夏目漱石与猫有多么亲近，他到底不是猫，而是人。猫类对人类的嘲弄实际上只能是人类对人类的嘲弄，这种自我嘲弄让人更加空虚，甚至崩溃。自嘲让猫掉进水缸死了，也让夏目漱石患上了顽固的忧郁症而饱受折磨。人类在能正视自己之前，一刻也不能忘记猫先生的洞察和说教，此外，我们要感谢作者，是他将猫先生的犀利遗训告知了读者！

夏目漱石

（1867—1916）

明治时代的大文豪夏目漱石是日本近现代文坛上的一棵常青树，他带来的影响巨大而深远。他热衷于汉文学，并领悟到英文的重要性，因而进入东京帝国大学的英文系学习，在政府资助下前往英国学习莎士比亚文学，回国后在大学任教，之后从《朝日新闻》离职，开始从事文学创作。夏目漱石的创作在当时日本文坛上独树一帜，他不肯附和当时处于隆盛时期的自然主义派，其作品关心社会现实，被誉为"余裕派"，是日本民众最爱戴的作家之一，从1984年到2004年，他的头像被印在一千日元的纸币上。

《我是猫》（1905—1906）虽是夏目漱石的处女作，但正是这部连载小说使他成为人气作家。他将波斯猫隐喻为叙述者"我"，以猫听来的故事，对那些不懂装懂、爱慕虚荣的人进行喜剧性的丑化。

"意义非常深长。此人一定是个对哲理颇有研究的人。了不起的见识呀！"从这一番话也可以看出主人多么愚蠢。不过，反过来看，也不无精辟之处。主人有个习惯，喜欢赞美所有自己不懂的事。当然这不局限于主人吧。未知之处正隐藏着不容忽视的力量，莫测的地方总是引起神圣之感。因此，尽管凡夫俗子们对待不懂的事情显得像真懂了似的；而学者却把懂了的事情讲得叫人听不懂。大学课程当中，那些把未知的事情讲得滔滔不绝的老师大受好评，而那些讲解已知事理的却不受欢迎，由此可见一斑。因此主人敬佩这一封信，同样也不是由于看懂了信中内容，而是由于捉摸不透这封信的宗旨何在。

哲学家的劝告

平时总是批评你工作有问题的上司被董事长斥责无能时，你会拍手称快。自作聪明、让人厌烦的后辈犯了一般人都不会犯的重大错误时，你内心会忍不住高兴起来。像圣人君子一样高高在上的知识分子却做出让人倒胃口的行为，由此陷入致命性的丑闻中，你的心情就好像中了彩票一样兴奋不已。以上的情感便是嘲弄。讨厌的人做出可笑的失误行为时，你会暂时被快乐的情绪所笼罩。"自以为是，好样的（反语），你也是一般人嘛！"当然，你非常清楚这种快乐只能隐藏在心里。出于本能，你知道不该为他人的不幸感到高兴。你要表现得像一个纯熟的话剧演员,内心知道有更大的快乐在等着你。讨厌的人发生了不幸,你还在他面前摆出他的不幸就是你的不幸的怜惜表情,结果他就会继续哭诉自己的不幸,面对这样的他,其实你内心充满了嘲弄,并有一种叫做喜悦的情感油然而生。嘲弄也会产生这样病态的情感。从根本上说,和轻视你的人在一起,就会处于厌恶和痛苦的境地,若不幸和倒霉的事情降临在轻视你的人身上,你也会暂时沉浸在快乐之中,但这种快乐是临时性的、瞬间性的。这种感觉就好像是徘徊在连一片绿洲都没有的沙漠里,突然从天空飘下一滴雨一样,与一滴雨带来的快乐相比,让沙漠变成沧海的快乐不是更好吗?

肉欲
LIBIDO

快速激烈

摇摆的灵魂

《魔鬼》
托尔斯泰

持续的柔板！音符被要求一个一个有力地弹奏，乐曲被要求沉重缓慢地演奏，这是作曲家的指令。只有在音符之间静默的空间里，沉重的音符才能连续奏出。好像填补空白，又好像赶走空虚一样，贝多芬的《第九小提琴奏鸣曲》(《克鲁采奏鸣曲》)的第一乐章就是这样开始的，小提琴就像求爱一样，连续奏出凄凉的旋律，钢琴在接受小提琴求爱的同时，奏出迷人销魂的旋律，随之火热的和音便开始了。小提琴和钢琴的合奏是奇妙的，若我们全神贯注地去欣赏这紧张和兴奋的音律，准会联想到男女之间的激情之爱。托尔斯泰在聆听贝多芬的《第九交响乐》时，领悟到爱情的紧张和热情，也许作为伟大的作家，这是理所当然的反应。

托尔斯泰的题为《克鲁采奏鸣曲》的小说，击碎了有关爱情和结婚的各种各样的幻想，在《克鲁采奏鸣曲》和《魔鬼》(收录于《克鲁采奏鸣曲》)这两部小说中，可以发现托尔斯泰下半生的婚姻观。通过这两部小说，托尔斯泰从根本上颠覆了结婚是真正爱情的果实这一普通理念。据他所说，结婚的本质并不体现在精神之爱上，而是体现在对肉体的欲望上。正是由于这种观点,《克鲁采奏鸣曲》在当时才被列为禁书。很多人希望在道德理念上找到托辞,对这部小说加以认证,因为它包含难以根除的真实性。作者认为,结婚的本质在于肉欲,对于这种主张,公众很容易反驳,但是在个人生活中,像肉欲这样重要的东西,男女是没有差别的。在个人表现逐渐坦荡的今天,比起性欲,很多男性和女性都认为天作之合的姻缘更为重要。

在市中心,有两种红色标记日益增多,一种是教堂的红十字架,另一种是情侣旅店的红色招牌。这就说明我们的日常生活是在教堂的禁欲主义和情侣旅店的肉欲之间来回摆动的。好,现在问一个露骨的问题,有时候,你既有机会进入教堂,也有机会和爱人去情侣旅店,你会选择哪一边?人类认为合法的婚姻生活就是拥有"合法的情侣旅店"的入场券。在婚姻生活中,不需要看谁的脸色,也不会受到任何干涉,可以拥有尽情抚摸对方身体的空间,所以才有"入洞房"的习俗。在月光照耀下的深夜,夫妻以合法之名接吻,这个吻像蜂蜜一样甜美。在我们生活中,肉欲可以被认为是一种最恍惚和最不安的情感。关于肉欲,看看斯宾诺莎是怎样定义的。

> 肉欲是对性交的欲望和迷爱,不论有节度与否,都被称为普通的肉欲。换句话说,就是对于性交无节制的欲望和爱好。
>
> ——斯宾诺莎,《伦理学》

按照斯宾诺莎的说法,想与异性性交的欲望,或者喜欢性交,都是肉欲的表现。所以不要把人类的性交贬低成动物的交配,动物的交配是在发情期为了种族的延续而做出的行为,两者有着本质上的不同。

如果性的目的只是为了繁衍子孙，那就不会构成任何问题。从个人的角度来看，这只是难以掌控的传宗接代的使命。人类若把性看作肉欲或是爱情，意义就不同了。斯宾诺莎认为肉欲和爱情给予人类的应该是生活的勇气。所以，人类的性与动物为了延续种族而进行的交配有着很大的区别。

我们每个人的肉欲是具有个体性意义的宝贵情感。人类与动物不同，人类的性欲不应该具有人性吗？人性的本质是拥有奔放、自由的热情，否则性对人类来说就是一种没有任何意义的本能行为。从社会性理念的角度来看，主张性只是为了传宗接代，应该有节制，这种观点很讽刺吧。人类与处于发情期的动物相同，对性生活都有要求，而人类的性生活是具有人性的。在托尔斯泰的短篇小说《魔鬼》中，不懈探索的主题也是性。这是一部悲剧，陷入肉欲的主人公不能正视自己的肉欲，最终不得不自我了断。

虽然尽力不想去看，但叶夫根尼看着正在运送稻草的斯捷潘尼达时，她的又黑又亮的眼睛，以及红色的头巾还是有几次映入了他的眼帘。叶夫根尼侧目看了几眼斯捷潘尼达，再一次感觉到有一些连自己都说不清楚的东西在脑海里回旋。很快第二天，再次去村子的谷仓时，叶夫根尼呆呆地爱慕地望着那年轻女人的熟悉面容，没有做任何事情就白白地消磨两个小时。他猛然觉悟到他在自取灭亡，根本无法回头的自取灭亡。那种苦痛，那种所有的可怕的恐惧再次袭来，此外还无法救赎。……"真的，这个女人就是恶魔，对，的确是，那个女人操纵着相悖于自己意愿的我，该杀死她吗？对！只有两条路可以走，要么杀死妻子，要么杀死斯捷潘尼达,再也不能这样生活下去了。……不可以这样,只有两条路呀,不是妻子死就是那个女人亡,还有……啊,对,还有第三条路,有的。"叶夫根尼小声地说道,瞬间,一种毛骨悚然的感觉袭上心头,"好吧,自杀吧,没有必要杀死她们!"

斯捷潘尼达是一个充满魅力的女人,面对一度是自己性伴侣的那个女人,叶夫根尼没有走得更近,因为斯捷潘尼达绝对不会成为自己的妻子。斯捷潘尼达与他分别之后,现在又一次出现在叶夫根尼的眼前,好像什么事情也没有发生一样,虽然叶夫根尼拥有端庄贤惠的妻子,但他意识到自己至今无法摆脱这个女人的魅力。他怎能忘记昔日主导他肉体上的喜悦的女人呢?他的妻子虽然贤淑和善良,但作为性伴侣,却无法与斯捷潘妮尼达相比,只是一个没有激情的女人。此外,叶夫根尼想要掌管家业,受人尊敬,他还是一个拥有社会性欲望的人。斯捷潘尼达则完全相反,她不屑于追求社会性欲望,也不在乎他人的评判,只是一味地依偎在他的怀里诱惑。固然,问题不在斯捷潘尼达身上,而只是叶夫根尼内在的欲望导致的错觉。叶夫根尼的直觉告诉他,如果因欲望的纠缠而继续保持与斯捷潘尼达的关系,在社会上他会失去一切名誉,他的人生会陷入搁浅的窘境,这也是他把斯捷潘尼达叫作恶魔的原因。

在叶夫根尼把斯捷潘尼达叫作恶魔的一瞬间,也是他将自己的肉欲诅咒为恶魔的时候,这是悲剧的导火索。在社会的监视下,叶夫根尼压抑自己的情感,好像什么事情也没有发生一样,努力维持婚姻生活,但这是他要的生活吗?他的生活包括两个世界,一个是斯捷潘尼达个人欲望的世界,一个是拥有妻子的社会名誉世界,叶夫根尼哪一个也不能放弃。结论就是留下这两个世界，自己从人世间消失，想要扼杀揪住自己不放的欲望，就只能杀死自己。叶夫根尼是以手枪结束自己生命的，在他的脑海里，这种想法就像《克鲁采奏鸣曲》的最后第三乐章的旋律一样，非常快，按照贝多芬的指令，以急板演奏方式一闪而过，好像在猛烈的风中即将熄灭的烛火一样，非常艰难地做出最后的挣扎。

列夫·托尔斯泰
（1828—1910）

弗拉基米尔·纳博科夫认为托尔斯泰是"最伟大的俄罗斯作家"，特别是《安娜·卡列尼娜》，托马斯·曼评价它为"世界文化中最伟大的社会问题小说"，陀思妥耶夫斯基称它为"完美的作品"。但托尔斯泰对与自己同时代的陀思妥耶夫斯基的评价却是作品主题伟大，但文笔欠佳，对于谢尔盖耶维奇·屠格涅夫，托尔斯泰则贬低他的作品，认为文笔很好，但主题过于琐碎。托尔斯泰在自己的领地为启蒙运动做出了努力，率先推行农奴制度的废除，晚年推动了以禁欲和体力劳动为核心的"托尔斯泰主义"，由此成为全世界知识人的精神支柱。托尔斯泰在晚年毅然决定捐赠自己的著作权，由此导致财产继承权的纠纷，并与妻子产生不和，由于对妻子的失望，他几次秘密离家出走，结果因肺炎死于出走的途中。

托尔斯泰的《魔鬼》(1889)是一部自传体小说，最接近他的生活,在小说中作者详细地表述了自己的晚期婚姻观,是一部重要的作品。托尔斯泰将自己的日记和所有的作品都与妻子共享,但唯独这部作品没有给妻子看,并希望自己死后也不要公开。小说讲述主人公叶夫根尼拥有稳定的婚姻生活,但因依然忘不了与自己在婚前有过肉体关系的斯捷潘尼达而苦恼。"和乡下娘们鬼混,背叛自己所爱的年轻的妻子,无论怎么想,做出这种苟且之事,难道不是一种无法生存下去的自我灭亡吗?"在小说动笔之前,托尔斯泰借用了《圣经》的有关章节,预示了小说的结局。"只是我告诉你们,凡看见妇女就动淫念的,这人心里已经与她犯奸淫了。若是你的右眼叫你跌倒,就剜出来丢掉!宁可失去百体中的一体,不叫全身丢在地狱里。"结果叶夫根尼冲动地选择自杀,随之烦恼也烟消云散。但是作家将这部小说的结尾写成两个版本,另一个版本是以斯捷潘尼达被杀作为故事的最后结局。

哲学家的劝告

性不是爱情的结束,而是爱情的开始。由于对性的误读,大部分人都很容易相信性是爱情的完成,迄今为止性在社会上还是一个禁忌的话题,人们认为发生性行为是很危险的。在儒教思想和基督教观念结合下的今天,禁欲主义的观念更加强化,甚至强烈要求年轻人保护贞操,这难道不是我们褴褛社会的一个断面吗?与禁欲主义所期待的不同,被禁止的欲望和想象力更是强烈。举个例子,当我们看到墙上写着"不要窥视"这样的文字时,谁都想一探究竟墙内的情况,同时各种各样的想象在脑子里回旋:"墙内究竟有什么?"事实上,导致社会淫乱不堪的罪魁祸首就是禁欲主义的价值观。禁欲主义表面上看起来好像很重视精神世界,事实上内在更贪图肉体上的快乐。问题是,这种弊端由我们原封不动来承受,作为现代人的我们也认为性是一种禁忌,但同时也将性看成是神圣的,这就是二律背反。如果有想要搭讪的人,就去搭讪,这样才能确认这个人是否谈得来,如果谈得来,继续聊下去也没问题。反之只有分道扬镳。吃饭、运动、旅行、看电影也是如此。想象中的好和现实中的好是截然不同的,性也一样。若对一个人有情欲,可以在那个人允许的条件下,尝试一下性爱,这样才能确认两人是否合适。性不是爱情的完成或结果,性只是促使爱情的开始,也是使爱升华的契机。

贪食
LUXURIA

当动物本性被发现时

《吃事三篇（二）》
莫言

在喜欢的人面前，肚子不知深浅地发出咕咕的声音，这是一件荒唐的事情，为什么偏偏在那个人面前呢？一家充满浪漫气氛的咖啡店里，客人并不多，四周非常寂静，肚子叫的声音好比雷声一样，喜欢的人就在身边，多么狼狈呀！他是你迄今为止见过的人当中最让人心动的男性，本想要与他发展一段美好、高雅的爱情关系，但肚子不争气，明明中午吃了美味的意大利面，此时也不应该饿，或许就是这些面条在肚子里瞎折腾吧。无论如何，肚子发出了怪声，你的脸上火辣辣的。侧目而视，不知道他是听到了，还是假装没有听到，他好像什么也没有发生一样，继续聊着天，令人困惑。没过多久，你又一次陷入狼狈不堪的境地，他说："该吃饭了，现在我也饿了。"哈！还说"我也饿了"，他这样说是为了显得亲切吗？
　　这样的事情也许谁都经历过，肚子咕咕叫的声音或者放屁的声音，在独处的时候不成问题，但是在他人面前，特别是想与这个人发展更好的关系时，这种生理现象总是让人感到不好意思。如果他是对你非常重要的人，这种不好意思的感觉就更加强烈，因为他在你短暂的人生中是神一样的存在。现在，与他的关系中混进了动物性的要素，虽是出于本能，却是你不情愿的。肚子咕咕叫的声音难道不是告诉你："你不可能成为神，你不过是受到生理现象支配的动物而已"？

面对喜欢的人，只是为了遵循礼仪，饭也不能吃饱、卫生间也不能去，把对方看作神，同时希望自己也被看成神。这种希望，事实上是一种绝望。独处的时候没有关系，但与别人在一起的时候就会成为问题，即动物性的欲求不释放出来是不行的。在所有的欲求当中，特别重要的是食欲。肚子饿的时候，每个人的灵魂中的自尊，都能得到捍卫吗？2012年诺贝尔文学奖的获奖者莫言的短篇小说《吃事三篇（二）》就捕捉到了这一点。这部小说曾刊载在中国现代小说集《万事亨通》上，是一部自传体小说，莫言在这部小说里以充满诙谐的语气描述了让自己深陷羞耻却难以忍受的食欲。

> 但一上宴席，总有些迫不及待，生怕捞不到吃的似的疯抢，也不管别人是怎样看我。吃完后也感到后悔。为什么我就不能慢悠悠地吃呢？为什么我就不能少吃一点呢？让人也觉得我的出身高贵，吃相文雅，因为在文明社会里，吃得多是没有教养的表现。……我回想三十多年来吃的经历，感到自己跟一头猪、一条狗没有什么区别，一直哼哼着，转着圈子，找点可吃的东西，填这个无底洞。

在吃的方面，很多中国人因为曾经贫穷而惶恐不安。这是产业不发展、人口众多导致的，也是无可奈何。显而易见，莫言的幼儿时期也是捉襟见肘，欲求不满就像创伤一样难以抚平。谁能忘记在饥饿时代那饥肠辘辘的滋味呢？即使现在是不用担心挨饿的温饱时代，但肚子饿带来的创伤不会那么简单地随风而逝。吃什么也不会饱足的感觉，就是肚子饿所造成的创伤，所以即使肚子很饱，也总是把视线放在食物上。对食物的执着会对人际关系造成致命性的后果。当视线集中在食物上时，就会给人一种贪吃的感觉。

并不是只有莫言才会有这样有关饥饿的创伤，每个人都有，只是在程度上有所差异。谁都有过一两次被眼前的食物弄得失魂落魄、洋相百出的经验。回忆一下你第一次吃套餐的时候，对于已经熟悉在一张桌子上可以吃到很多菜肴的人来说，第一次接触的套餐可能成为刑讯似的记忆，好吃的东西被端上来，每道菜都有你喜欢的口味，但还有更好的菜肴继续被端上来，吃着、吃着，连动筷子都觉得烦，这时，同席的人才转给头来看你。"呵！他还在继续吃，还在享受。"从别人的目光中，你才知道自己是多么贪吃，肚子已被塞得满满的。"出身高贵，吃相文雅"的评价根本不会用在你身上。

在吃饭的时候，一心扑在食物上，过度贪吃，事实上你也会觉得自己是一个没有吃相的人。但是这并不是一个简单的有关品位的问题，因为对同桌的人视而不见，只对食物贪婪，这等于轻视与你一起吃饭的人。专注一样东西，就会忽视另外一样东西，对你有好感的人可以理解，但是感觉到自己被轻视的人就会表现出自己好像受到了侮辱。无法抑制食欲的莫言坦言在食物面前，"感到自己跟一头猪、一条狗没有什么区别"，这也许是理所当然的事情吧。但在这里出现了食欲和贪食的区别，食欲是因为肚子饿而单纯地想摄取食物，贪食并不是简单的食欲，正如斯宾诺莎所说的那样，贪食不是适度的食欲，而是过度的食欲。

贪食是对美味无节制的欲望或痴爱。

——斯宾诺莎,《伦理学》

在斯宾诺莎的定义中,重点是"过度"这个词。在吃饭的时候,同桌的人应该比美味的食物更重要,但压制不住的食欲使你忽视他人而一心扑在食物上。在这种情况下,你很难意识到对方的存在,也失去了读懂对方内心状态所需要的细腻情感。因此对方感到自己受到侮辱,当对方要把这种侮辱原封不动送还给你时,他就会说:"你像狗和猪一样贪食。"如果只对吃专心致志的话,我们便会堕落为动物。但若全盘否定食欲,像神仙一样不吃不喝也是不行的。总之,不管什么情况,"过度"是不可取的。

聚餐的意义是以食物为媒介,将我们所珍惜的人聚集在一起,美味的食物,珍惜的人,哪一边也不应错过,但是这并不容易做到。通常我们只顾品尝美味,忘记了坐在对面的人的存在。相反,若太在乎对方,对于厨师倾尽心血做成的美味佳肴,我们可能就似吃非吃,不知其味,这也是一种不可取的行为。莫言属于前者,他应该明白用美味填饱肚子的同时,需要重视一下吃饭的礼节,还可以下定类似的决心:"今天吃的时候,不超过三筷头。"只有进行这种严酷的体能训练,才能治愈他幼年时期难以忘怀的饥饿所带来的创伤。因为吃饭让他不是堕落为动物,也不是升华为神,而是成为一个人。

莫言
（1955— ）

莫言是笔名，蕴含的意义是只用文字来表达思想，而不是用口（告诫自己少说话的意思）。其系列作品《红高粱家族》描写的是中国普通民众在抗日战争时期的故事，这部小说在中国社会上引起了很大的反响。张艺谋导演将第一部《红高粱》(1988)搬上银幕，并获得了柏林国际电影节金熊奖。以批判中国计划生育政策为主题的小说《蛙》是一部"大胆涉及中国社会最敏感的问题"的小说，因此受到了"在追求生命本质的同时，体现了对人性的热爱"这样的高度评价。

莫言在小学时因"文化大革命"而中途辍学，不得不回乡务农，之后参加中国人民解放军。正是这样的人生阅历滋养着莫言，使他成为一位会讲故事的人。莫言可以敏锐地捕捉到底层老百姓的伤痛，并以他特有的诙谐把伤痛推向极致。《吃事三篇（二）》描写的就是童年的穷苦和饥饿的创伤。

> 吃人家嘴短的意思很明白，仅仅有这点意思那简直不算意思，我的意思是说吃人一棵胡萝卜所蒙受的耻辱哪怕用一棵老山参也难清洗。

2012年，莫言成为有史以来首位获得诺贝尔文学奖的中国籍作家。获奖理由是："将魔幻现实主义与民间故事、历史和当代社会融合在一起。"

哲学家的劝告

某位女诗人曾在诗中描写自己利用暴饮暴食来缓解失恋的痛苦。她把饭锅放在两腿之间，在米饭上放上泡菜和辣椒酱后开始搅拌，为了弥补离开的人所留下的空白，勺子上装满泡菜拌饭，塞满自己的嘴里，就好像要把嘴唇撑破一样。这样做只能让离开的男人留下的空白越来越大，嘴里塞满了饭菜，面颊也跟着鼓起来，在这样的面颊上却布满心酸的泪水。虽然有点夸大其辞，但是肯定有人和诗人有着类似的经历，他们以吃来填充所爱之人离去后带来的空白以及空虚感。"帅极了"转变为"好吃极了"，这是一个让人痛苦的刹那。但是他人的位置怎么能用泡菜拌饭和意大利面来填充呢？像这样的食欲往往以流泪为结局。一方面，即使饱受离别痛苦的折磨，也还是大吃特吃，看起来好像动物一样；另一方面，一个人孤独颓废地吃着东西，更加凄苦无比。除了失恋以外，成绩或业绩等其他方面受到挫折时也是如此。吃东西产生的原始性的充足感是任何人都难以抗拒的，出于这个原因，有些人每当受到挫折就开始吃东西，这很容易导致肥胖。环顾周围有点肥胖的人，其中有很多人容易受到挫折，刚刚感觉到失落和空虚，他们的手就开始伸向吃的东西，不停地吃。如果你遇见家族没有肥胖史的肥胖之人，善待他们，因为他们可能拥有容易受到伤害的脆弱的灵魂。

恐惧
METUS

过去是

不幸的个人宿命

《群鬼》
亨利克·易卜生

对于明天，我们往往会产生矛盾的心理。我们因梦想与今日不同的生活而激动，但大部分人预见到明天比今天更可怕，便在心里种下恐惧的种子。也许我们今天的生活方式才是问题所在，如果继续在这种恐惧中生活下去，我们还会以激动的心情去等待明天吗？虽然可以高喊出"绝对不会比现在差"，但"也许还不如今天"的不安并不会因此销声匿迹。上了年纪以后，这种不安反而越来越强烈，肉体和精神都被这种可怕的生活磨损得面目全非。

不幸之人对不幸的预感总是伴随着他们的生活，他们觉得不幸就好像是宿命一样，无论怎么做都不能挣脱出来。未来充满光明这样的理念根本无法进入这些人的脑子，也许还会让不幸之人更感失落，但真相就是如此。总有一天，为了补偿不幸所带来的痛苦，幸福会找上门来，但这只是一种无谓的信任，有时候不幸的人更不幸，幸福的人更幸福。对于初恋失败的人来说，下一次恋爱失败的可能性比成功的可能性更高，因为他们重视的不是新的爱情带来的激动，而是对失败的预感。这种融入了恐惧感的爱情能摘到圆满的果实吗？两个人稍微有点距离感就马上习惯性地心灰意冷,为了恢复良好的关系所做出的努力也会适得其反。

对未来的恐惧与对过去不幸的记忆是两种不可分离的元素。

> 恐惧是一种不稳定的痛苦,此种痛苦起源于关于将来或过去某一事物的观念,而对于那一事物的前途,我们还有一些怀疑。
>
> ——斯宾诺莎,《伦理学》

斯宾诺莎的定义有一点复杂,质疑未来或过去的事物这部分有点难懂,只要知道未来的事物和过去的事物并不需要统一起来,难点就会迎刃而解。比如,过去让你痛苦的爱人和现在交往的爱人没有必要进行比较。但是被以前的爱人抛弃所带来的痛苦,会使与现在爱人的未来蒙上灰色的阴影,这才是恐惧产生的根源。纠缠于过去的不幸,预感到不幸还会在未来反复出现,恐惧就会在我们内心产生,且掌控我们的未来。不幸的过去不会成为过眼烟云,而是现在和未来生活中令人窒息的沉重负担。事实上人类是一种通过过去来构想未来的动物。过去幸福的人对未来的构想是玫瑰色的,过去不幸的人对未来的构想则是灰色的。

亨利克·易卜生的《群鬼》全剧分为三幕,讲述的是因灰色未来而产生的恐惧。这是一部悲剧,剧中的阿尔文夫人不能从过去的不幸中摆脱出来,过着传道士似的生活。阿尔文夫人年轻时因丈夫的寻花问柳而受到极大的伤害,但一直默默地忍辱负重,她害怕丈夫自由放荡的个性给儿子欧士华造成负面影响,所以在儿子很小的时候便送他去了国外。过了一段时间她的儿子从巴黎回来了，他在巴黎作为画家小有成就，但阿尔文夫人还是再一次陷入了恐惧，因为她在儿子身上发现了与丈夫相同的放荡气息。

"幽灵，刚才听到了吕嘉纳和欧士华在那边窃窃私语，我仿佛有一种见到幽灵的感觉，怎么还会有大家都是幽灵的想法，先生，我们面对面只有两个人，我说，父母遗传下来的东西，就像见了鬼一样，毫不保留地给了我们。不仅如此，所有该灭亡和老朽的各种思想，或者该湮灭和迂腐的各种信仰，也完全给了我们。这些东西并没有在我们内心生根，仅仅是留在那里，而我们却不能将它们赶走，翻开报纸一看，就有了幽灵隐藏在字里行间的感觉，绝对没有错，这个国家到处都有幽灵，就像海边的沙子那么多，再加上我们都畏惧阳光啊！"

目睹了欧士华和吕嘉纳偷情的场面，阿尔文夫人大吃一惊，目瞪口呆。吕嘉纳是谁呀？她是阿尔文夫人的丈夫和女仆所生的受到诅咒的孩子。阿尔文夫人将恐惧和担心向牧师曼德吐露，结果幽灵让阿尔文夫人所担心的极为人性的特质实体化。这些特质究竟是什么呢？是对自由的憧憬和对爱情的热情，总之是与她长期信仰的宗教价值相背离的。所有的东西，特别是与令人赏心悦目的肉体和情欲有关的观念，都通过幽灵的实体化引起了她的担心，然而否定这些性观念的难道不是幽灵吗？幽灵！没有身体、没有情人，自然也就没有能够挑动情欲的香甜的抚摸和接吻。

易卜生是一个对黑色幽默运用自如的调皮鬼似的作家，比如在文中，真正的幽灵并不是丈夫，也不是儿子，而是被基督教价值观所熏染，否定人类最珍贵感情的阿尔文夫人自己。阿尔文夫人的丈夫之所以能被其他女人所吸引，恐怕也是因为阿尔文夫人是一位在感情上很难沟通的女人。

"你可怜的父亲，无法找到与他共享生活情趣的人，还有我也无法给这个家庭带来快乐，去学一下义务什么的东西，你母亲始终如一被这些束缚所绊住，所有的事情都与义务有关，最后，你的义务，那个人的义务，也许都是我的工作。欧士华，你的父亲是一个让家庭变成毫无乐趣的地方的人。"

阿尔文夫人担心儿子受到丈夫放荡开放的性格影响，于是将他送到国外，但事实上他并不是该逃离父亲的不良影响，而是应从母亲的灰暗影响中挣脱出来。多么荒唐和讽刺啊！欧士华成为一名实至名归的画家，也是因为挣脱了母亲的影响。如果不肯定人性的情感，不把这些通过画画表现出来的话，欧士华怎么可能成为一位卓越的画家呢？欧士华终于荣归故里，回到家中，然而在所有陈旧死板以及阴郁的价值观面前，欧士华的艺术才华最终被磨损得无影无踪。

现在终于明白了吧，真正的幽灵是阿尔文夫人，一个戴着狭隘的宗教价值观这副有色眼镜来判断世间所有东西的女人。如果欧士华聪明的话，就会早早地离开自己的母亲，这样才不会让她在被幽灵笼罩的家中慢慢地枯萎疯掉。然而善良的欧士华尽管从母亲那里感到了幽灵的存在，但并没有准确地捕捉到这一点，结果欧士华的活力被一点点吞噬，慢慢地接近死亡。欧士华的画曾蕴含丰富的热情，但在母亲的影响下，欧士华的激情一点点流逝，他自己也渐渐走向死亡。总有一天，他也会成为和母亲一样的幽灵，所以欧士华在最后奄奄一息时说的话让我们有种心酸的感觉。"太阳、太阳……"欧士华断断续续僵硬地重复着，绝望地寻找"太阳"，因为只有太阳才会让母亲陈腐的价值观消融。可是可怜的欧士华不知道，幽灵是不知道自己是幽灵的，母亲也一样，其实她就是把太阳遮掩起来的那块浓重的乌云。

亨利克·易卜生

（1828—1906）

《易卜生戏剧选》收录了易卜生广为流传的四大"社会问题剧"，即《社会支柱》《玩偶之家》《群鬼》《人民公敌》。这些作品将近代敏感性的社会问题与古典悲剧的形式完美地结合在一起，发表之后，就让易卜生在生前获得了文学巨匠的声誉。

易卜生为了告诫自己不要骄傲，在书房的墙上挂上了竞争者瑞典剧作家斯特林堡的多幅肖像画，"在涅墨西斯（斯特林堡）的监视下，有必要努力工作。"此外，易卜生还认为了解同一时代的人的心理，没有比广告更好的方法，为此他每天都很努力地阅读新闻广告。

在仰慕易卜生的人当中，有一位是挪威巨匠蒙克。蒙克为易卜生的几个剧本设计过布景，其中《群鬼》让蒙克深陷其中，不能自拔，甚至亲自担任舞台设计，蒙克还认为自己和作品中弱不禁风的主人公画家欧士华属于同一类型的人。

欧士华：在这里的人，把工作看作是受到诅咒的劳动，为自己犯的错误忏悔，他们就是受到这样的教育长大的。所以对他们来说，要生存下去是一件悲惨的事情，而想着从生活中挣脱出来则是一件不错的事情。

阿尔文夫人：太悲惨了，听起来很让人伤心呀。

欧士华：但是，在别的地方，这些根本不成问题，听从这样教育的人事实上一个也没有。在别的国家里，人家都是这样想的，只要活着就是一件很棒的事情，妈妈难道从来都没有想过，为什么我的画都以生活中所有的幸福为主题呢？无论什么时候，无一例外，这生活中的幸福，光线、阳光、清新的空气……还有愉悦而又幸福的笑脸都是美好的，所以我很害怕和妈妈住在这个家里。

哲学家的劝告

担心罹患疾病，担心被解雇，担心变得贫穷，担心失去爱情，像这样的恐惧每个人都会有。恐惧源自对未来的不确定性，但是过去失落的经验会起到决定性的作用。曾经因疾病而备受痛苦的人，曾经失业的人，曾经失恋的人，所担心的就是在将来也会反复出现同样的情况。所以，恐惧由两种要素结合而产生，过去的伤痛和对未来的不确定性的顾虑。恐惧作为一种会吞噬我们现实的情感是无法隐藏的，因为伤心的记忆将我们送回过去，过度的牵挂又将我们抛向未来。那么怎样才能克服恐惧，享受现在的生活呢？最重要的是确保拥有轻松的心态，不要对现在拥有的东西恋恋不舍，包括健康、青春、事业、爱情等，所有这些总会有离我们而去的那一天，对于这一点，要学会接受。此外，还要有什么时候都能舍弃这些东西的觉悟。现在拥有的所有东西只是暂时留在我们身边，知道这一点，对未来的恐惧便会有所减少。青春也好，健康也好，都会在不知不觉之间离我们而去，所以要在年轻的时候、健康的时候，专心致志、竭尽全力把事情做好。解雇也罢，辞职也罢，要明白我们不可能永远留在现在就职的单位，所以不用左顾右盼，而是坦荡地面对职场生活。接受爱情或者恋人随时都会离去的现实，尽情陶醉在和恋人的香甜亲吻中吧。若现在所拥有的宝贵的东西能与我们相伴，我们自然会感到幸福，但也要知道，所有的东西即使离去也并没有消失，只是回到原点。这样想的话，恐惧就会烟消云散，换句话说，恐惧总有一天会从各位身边流逝。

同情
MISERICOROIA

悲惨

是献给悲惨的

可怜献词

《蒂凡尼的早餐》
杜鲁门·卡波特

所有的一切并不是在梦境中，因为梦想有两种，一种是健康的梦想，以克服现实困难为对象。俄罗斯钢琴演奏家埃米尔·吉列尔斯在演奏贝多芬的钢琴奏鸣曲时，触键强劲、力度惊人、演奏幅度宏大，如果梦想成为像他一样卓越的钢琴演奏家，那么不管是谁只要勇敢面对钢琴，埋头苦练便可。这种梦想，也可以称为直视现实的梦想，拥有这种梦想的人都是不平凡的人，当他现有的情况发生改变时，就会获得成功。另一种梦想是病态的梦想，是想隐藏悲惨现实的梦想。例如，一个考生虽然学习不理想，但梦想可以上一般的大学，在大学里跟异性约会，去夜总会玩，这种平庸的梦想让这位考生虚度了大好时光。一个女孩梦想着能和一位帅哥谈一场轰轰烈烈的恋爱，却不为此做出任何努力，让自己成为有品位的女性。大部分人深陷逃避现实的梦想中，像这样的例子数不胜数，在这里就不一一列举了。

生活穷困潦倒的人为了逃避现实而做着精彩的梦，就像尼采说的"人性的，太人性的"，这句话是我们的自画像。一个人在描述自己逃避现实的梦想时，能让人直接感觉到他想要逃避怎样的现实。众所周知，资本主义是有多少钱，歌颂自由的声音就有多大，安全的保障系数就有多大的强制性体制。但是在资本主义社会里，大部分人的梦想都大同小异，因为他们的财富与日俱增。有钱人不管在哪里都可以得到高品质的服务，同时安全也会受到保障，富足而又安全的生活能够实现的原因在于大量的金钱作为后盾。可是并不是每个人都能积累财富。一位年轻未婚的女性，其工资勉强超过两百万韩元，她可以住在价格为三十亿韩元的顶级豪华公寓里，得到社区警卫铁桶似的保护，喝着高档葡萄酒看着夕阳慢慢落下来吗？

年轻未婚女性的梦想看起来自不量力，但她不能放弃生活在价格为三十亿韩元的顶级豪华公寓里的梦想，因为在放弃梦想的一瞬间，她就会发现自己的现实情况：不断加班、薪水低，以及住在狭窄的小单人房里。她知道这样的梦想不切实际，但还是梦想着买博彩，或者梦想着跟财力相当的男性交往，以此来实现最终的梦想。在这里，有一位十九岁、像猫一样聪明伶俐、魅力无穷的高级应召女郎，她的名字是郝莉·戈莱特利。郝莉是一位让人怜惜的女孩，梦想着能遇到一位富裕的男友，之后总有一天能生活得像女王一样。杜鲁门·卡波特的小说《蒂凡尼的早餐》生动地描写了像猫一样让人怜惜的女孩郝莉与化身为"他"的作者之间所发生的很多事情。

在小说中，叙述者"我"很偶然地与郝莉住在同一所公寓，多面的郝莉和"我"有着很多相似之处。郝莉总是梦想着改变自己的社会身份，而"我"与郝莉是一样的人，虽是无名作家，但还是坚持着梦想，希望某天会成为有名的畅销书作家。郝莉在自己的房间里诱惑着男人，但诱惑演变成被那个男人拳脚相加，郝莉从紧急出口逃出，藏身到"我"的房间。由作者化身的"我"从很久以前就对郝莉的特别的生活给予很大的关心。擅自闯入陌生男人房间的郝莉看上去非常尴尬，为了消除尴尬，她随后就怀抱着猫，非常坦率地开始讲起自己的故事。

"连名字也没有的可怜小懒猫，说真的，猫没有名字很不方便，但我没有这个权力，只有等到它找到主人的时候。我们现在还是如同那天在河边相遇一样，是没有任何关系的，它是独立的，我也一样。在我没有这个想法之前，也就是说，可以找到同不管什么能在一起生活的地方之前，我不想拥有任何东西。而且我真的不清楚，这个地方究竟在哪儿，但这个地方是怎样的地方，我是很清楚的。……那里是好像蒂凡尼一样……害怕，像猪一样流着汗，到底怕什么我也不知道，只是不要是不好的事情，可是不知道是什么。……在我找到的所有办法中，最棒的还是坐着出租车去蒂凡尼，看到那肃静而又壮观的样子，我的心就平静下来，在那里不会有什么事情，在那里没有穿着笔挺的西服、亲切帅气的男性，也没有银首饰和鳄鱼皮包的味道，它更不是令人神往的地方。要是在现实中找到和去蒂凡尼一样的感觉的地方，我就一定会买家具，也会给猫起名字。"

像流浪猫一样的郝莉寻找着可以安身的固定之所，为此竟然一件东西也不买。可见她的渴望是多么强烈呀！所谓的安全之所，是指可以播下幸福种子的地方，只有找到这样的地方，所拥有的东西才会有意义，在不安全的地方购进家具有什么意义呢？不知道什么时候就会离开，离开的话，所有的家具都要扔掉。郝莉生活的地方从来都是不安全的，拥有一个安全之所是她的梦想，当然在她的脑海中是指和蒂凡尼一样的地方。蒂凡尼像宫殿一样巍然耸立在纽约的中心地带第五大道，是世界最大的珠宝公司。像蒂凡尼这样的安全之所几乎是没有的，没有踉踉跄跄的醉汉，也没有像受伤的狗一样到处咬人的人，蒂凡尼是很多穿着笔挺的西服、亲切帅气的男性穿梭的地方，也是散发着银首饰和鳄鱼皮包味道的令人神往的地方。

但贫穷的郝莉根本不能冒犯像蒂凡尼这样的地方，那只属于梦想中的宫殿。郝莉梦想拥有像蒂凡尼一样安全又令人神往的地方，而那意味着这个地方富可敌国。为了得到这样的地方，不管以什么办法，只有挣到钱，安全才能得到保证，爱情才会降临。文中的叙述者"我"也是如此。对于郝莉来说，蒂凡尼是一个安全之所，对"我"来说，畅销书榜才是安全之地。为了帮助陷入危机的郝莉，"我"从物质和精神两方面竭尽全力，所谓"同病相怜"吧，所以"我"才对郝莉心怀同情。

> 同情是一种爱，使人为他人的幸福感到快乐，为他人的不幸感到痛苦。
>
> ——斯宾诺莎，《伦理学》

"我"希望郝莉能得到像蒂凡尼一样的地方，她与蒂凡尼的距离越远，"我"就越难过，或许是因为"我"可以通过郝莉来估量自己的梦想能否实现。如果郝莉基于自己的财富得到了安全、令人神往的地方，那"我"也可以执笔写畅销书，营造安全、神往的生活。"我"几经周折帮助陷入危机的郝莉，她为了寻找像蒂凡尼一样的地方而离开了纽约。因为对她来说,纽约不再是像蒂凡尼一样的安全之所了。郝莉离开之后,"我"陷入思考:"郝莉真的找到'蒂凡尼'并在那里落地生根了吗?现在可以买家具,也可以给猫取名字,安全上得到保障了吗?"

像失去家园的流浪猫一样,可怜的郝莉最终会怎样呢?"我"完全不知道,只不过是殷切希望她找到蒂凡尼。幸运的是,我们从文中可以发现一个伏笔,暗示着郝莉曾经养的猫最终在安全的地方,安稳而又幸福地生活。

在一间看起来非常温暖的房间里,窗台上摆着一排排花盆,在那像镜框一样干净的窗户里,蕾丝花边的窗帘中,那只猫坐在那里。我很想知道那只猫的名字是什么,现在应该有名字了吧,应该在某个地方找到了属于自己的地方,不管是非洲的小木屋,还是哪里,现在只希望郝莉也找到这样的地方。

小说《蒂凡尼的早餐》的最后一章就是这样心酸而又赋予深情。

杜鲁门·卡波特

(1924—1984)

卡波特高中时期在《纽约客》打杂,一边工作一边开始写作,很快一跃成为明星作家,也是当时社交界的活跃分子,过着豪华奢侈的生活。但是他晚年因无法战胜空虚感而酗酒甚至吸毒。

《蒂凡尼的早餐》(1958)改变成电影时,作者卡波特选择玛丽莲·梦露来扮演主人公,但这部电影却成为奥黛丽·赫本的代表作。原定将《蒂凡尼的早餐》作为《草竖琴》的续集作品,因担心违背主要广告商蒂凡尼的思想而作罢,取而代之的是将《蒂凡尼的早餐》刊登在有竞争性的《时尚先生》杂志上,结果凭借这部小说,《时尚先生》的销售量创下有史以来最高纪录。日语版译者村上春树也是卡波特迷。"读多少遍也不觉得厌烦。"

郝莉没有给自己养的猫取名字,就像居无定所的流浪汉一样,在名片上写上"旅行中",虽然过着应召女郎的生活,但相当独立,有一点点幼稚,但不失为是一个可爱的女人。

"我很清楚地知道,我绝对不会成为电影演员。太辛苦了,而且一个知性的女人会认为是一件让人丢脸的工作。……事实上,必须要舍弃自尊心,成为有钱人名扬四海会不喜欢?这也是我计划之内的事情,总有一天会实现的,为此我要努力奋斗,但是我想即使梦想成真,我也希望我的自尊心不会消失,也许在将来的某一个晴天早上,我在蒂凡尼吃早饭,我也希望那时的我还是我。"

小说的名字源自作者和朋友的玩笑,当他问起其他城市的人"纽约最好的酒店在哪儿?"时,得到的答案是"最好在蒂凡尼吃早餐",这让作家很吃惊,所以小说的名字就定为了《蒂凡尼的早餐》。

哲学家的劝告

同情是以双方处于同等处境为前提所产生的奇妙情感，换句话说，同情的人和受到同情的人必须具备相似的社会身份和地位，所以同情完全不同于怜悯。拥有潇洒男友的女孩面对没有谈恋爱的朋友所产生的感觉是怜悯。可见，怜悯产生的前提是具有一定的优越感。有过被男朋友抛弃经历的女性，面对最近因失恋而陷入痛苦的朋友所产生的感觉才可以称为同情。因此，朋友之间的共同感觉是："我们的恋爱为什么这样不顺利呢？"他们都认为自己属于同种命运的共同体，都是爱情悲剧的主角，这种情感便是同情。所以在忠告他人时，一定要注意，如果认为你和对方不是处于同等水准，就不要表现出同情。举个例子，你的一位同学毕业于名牌大学，之后又在美国完成了 MBA 的教育，同学聚会时，我们得知他最近从你曾经工作过的大企业以名誉退休的形式被解雇了，这时候，我们可以对他的痛苦表示同情，但是在这种情况下，他很容易把慰藉当成是侮辱。因为同情他人勉强从地方大学毕业，不会英语，在一个名不见传的中小企业工作，可见在这个同学眼中他的处境有多么糟糕，他可能会勃然大怒，踹翻椅子，离开同学会。"虽然我是失业者，但不管怎么说，我看起来是该接受你们安慰的人吗？哼，一帮垃圾，一帮无能的人，什么都不懂，现在竟敢在我面前耀武扬威！"所以即使是同学也不要随便同情人，同情的对象最好是认同你的人，有的时候善意的同情反而会招来意想不到的反感效果。

恭顺
AVERSIO

对惧怕之人的热情

《人间失格》
太宰治

世界上存在一种人，他们非常害怕每天早上睁开眼睛，他们所爱的人或许出于交通事故等原因无奈地从他们身边离开，对他们来说，活着是一件非常痛苦的事情。很多人都知道爱本来就是通过"不在的苦痛"来确认的。暂时离别都觉得无比痛苦，永别会演变成一种恐惧、一种极端的痛苦。他们从睡梦中醒来便开始思念，死去的人回不来，更难以填补他离去的空缺。还有一种人也害怕早上睁开眼睛，其理由却完全相反。对他们来说，爱属于另一个世界。当他们和别人在一起的时候，他们感觉到的是极度的恐惧和忧虑。

"存在的苦痛"指他人存在身边所带来的苦痛，"不在的苦痛"指所爱的人消失时产生的苦痛，相比之下，后者反而是幸福的。因为陷入"不在的苦痛"的人只是暂时和他人在一起，就已经感到非常幸福了，但饱受"存在的痛苦"的人一直到死也没有感到一丝幸福。萨特说过"他人即地狱"这句话，意思是他人掌握着自己根本没有的自由，这对于陷入"存在的苦痛"的人来说是一种奢侈，因为他们连控制他人的尝试也没有做过。萨特的话没有使用任何文学性的夸张修辞方法，对萨特来说，"他人"这个词本身就带有地狱般的恐怖。所以那些害怕他人存在的人并不指望得到幸福。仅仅是希望不和他人见面，陷入"存在的苦痛"的咒语中的人，并不希望早晨睁开双眼，更有甚者还热衷于自杀。

日本作家太宰治就是这样的人。1948年6月13日，三十九岁的太宰治与情妇在东京玉川上水投水自尽，同年出版的小说《人间失格》的开头就是太宰治讲述自己的童年被他人所掌控，由此对他人产生恐惧感。

> 从人们发怒的面孔中，我发现了比狮子、鳄鱼、巨龙更可怕的动物本性。平常他们总是将这种本性藏得非常好，可一旦时机到了，他们就会像那些悠闲地躺在草地上休息的牛，突然甩动尾巴抽死肚皮上的牛虻一般，暴露出人类的这种本性。见此情景，我总是不由得头皮发麻，毛骨悚然。可一旦想到这种本性也许就是人类赖以生存的资格之一，就只有对自己感到由衷的绝望了。

害怕他人，就无法对其发脾气，所以作者认为自己已丧失为人的资格。害怕他人，就无法堂堂正正地说出自己的欲望，活着的目的只是迎合他人的欲望，这样活着还有意义吗？活着就要拥有实现欲望的意志，在不否定自己的欲望的同时，对他人的欲望也不能顺从。迎合他人欲望的生活和只听导演的话进行表演的电影演员的生活没什么两样，不过是影子般的生活罢了。作者通过自己的化身叶藏的童年经历，描绘了因害怕他人而经历的各种遭遇，这些情节让人看了着实心酸。

某一天,在去东京的前一晚上,父亲把孩子们召集到客厅里,笑着问每一个孩子,这次带什么礼物才好,并且把孩子们的回答一一写在了记事本上。父亲对孩子们如此亲热,这还是鲜见的事情。"叶藏呢?"被父亲一问,我顿时哑言了。一旦别人问起自己想要什么,那一刻反倒是什么都不想要了。怎么样都行,反正不可能有什么让我快乐的东西——这种想法在脑海中一闪而过。同时,只要是别人赠予我的东西,无论它多么不合我的口味,也是不能拒绝的。对讨厌的事不能说讨厌,而对喜欢的事呢,也是一样,如同战战兢兢地行窃一般,根本感觉不到快乐,因难以名状的恐惧感而痛苦挣扎。总之,我甚至缺乏力量在两者之间进行选择。在我看来,多年以后,正是这种性格造成了我自己所谓的那种"充满耻辱的生涯"。

对叶藏来说,父爱是不存在的,父亲只是一个什么时候都会发脾气的他人。所以某天父亲问起叶藏自己从东京回来后叶藏想要什么礼物时,叶藏觉得这是一个危机,害怕作为他人的父亲的叶藏好像蜗牛伸出触须探路一样,开始琢磨父亲的内心想法。"究竟父亲想要我要什么礼物呢?"幼年叶藏怎么可能没有想要的礼物呢?但在父亲询问的瞬间,叶藏并不能认真地想着自己的欲望,只是一味地探询父亲的欲望。若领会错了,就要遭到臭骂,所以叶藏不敢说出自己想要什么,只能吞吞吐吐,扭扭捏捏,事实上他只是对这种不知所措的感觉感到恐惧罢了。

接着,把叶藏的恐怖看作扭扭捏捏的父亲暗示性地讲了"狮子舞面具"的故事,那天晚上叶藏偷偷地进入父亲的房间,在他的记事本上写下"狮子舞面具"这几个字,就像自己想要的东西被父亲猜对了,但在父亲面前因为扭扭捏捏不好意思说出来一样。但实际上事情不是这样的,叶藏想要什么东西并不重要,叶藏只是想要知道父亲想要的是什么。只有这样,才能避开父亲的愤怒,因为父亲和他人一样的,发起怒来就像那些悠闲地躺在草地上休息的牛,突然甩动尾巴抽死肚皮上的牛虻一般,令人胆颤心惊。从叶藏的行为中,我们发现一条规律,内心是恐惧,外表是忸怩,对他人的话总是顺从,并以恭顺的样子表现出来。斯宾诺莎之所以伟大,是因为明确地掌握了这条规律。

恭顺是只做使人喜悦之事而不做使人不快之事的欲望。

——斯宾诺莎,《伦理学》

遇到非常听话的孩子,也就是不缠人又非常稳重的孩子,成年人一般都会面带微笑地夸孩子:"这孩子真谦和呀。"或者:"真是又乖又善良的孩子。"可是说这些话的成年人是否知道,为了得到这样的评价,孩子顺从和满足他们的欲望,同时也不敢承认自己的欲望。按照斯宾诺莎的话,恭顺是一种"只做使人喜悦之事而不做使人不快之事"的情感。从表面上看,孩子好像具有照顾他人的共同体意识,但背后的真相是,对孩子来说,他人或者共同体是笼罩着他们心头的浓重的恐怖阴影。所以恭顺的孩子担心他人迁怒于自己,只好对自己的欲望,即自己喜欢做的事和不喜欢做的事缄默不言。

可怜的叶藏也是如此,一直过着这种不敢说出自己欲望的生活,最终叶藏会成为一个"废人"。不过二十七岁的叶藏看上去却好像四十多岁,过着生不如死的生活,好像行尸走肉一样,是一种不能按照自己意志生活，迎合并顺从他人心意的存在。叶藏正在慢慢地沦为废人，但他周围的人对他的评价还是没有变："我们知道的叶藏呀，真的是一个单纯、体贴，说不喝酒，不过有时也喝一点，像上帝一样的好人。"然而，上帝不知道叶藏的恐怖和孤寂。

太宰治

（1909—1948）

《人间失格》（1948）是一部作者毫无保留地描写自己的个人苦恼和经历的小说，其中包括和妓女的关系，参加共产主义的学生运动，和银座咖啡馆女侍结伴自杀，但只有酒吧女死亡，作者以协助自杀罪遭到拘留，以及因埋头写作而没能毕业。这一连串的事件导致作者被家族除籍，让作者倍受精神上的打击，他还罹患肺结核瞒过妻子入住精神病医院。此外，作者试图多次自杀，第五次自杀给作者的人生画上了句号，这部小说是作者的最后一部作品。

尽管我对每个人都很温和。可那种所谓的友情却一次也没有真切地体会过。甚至所有的交往给我带来的只是痛楚。为了排遣那种痛楚，我拼命地扮演丑角，反而累得筋疲力尽。即使在大街上看到熟识的面孔，哪怕只是与熟人相似的面孔，我都会震惊不已，在一刹那，被令人头晕目眩的痛苦所带来的战栗牢牢地捆住。即使知道有人喜欢自己，我也缺乏去爱别人的能力。……这种时候,能稍稍安慰我的就只有繁子了。繁子已经毫不顾忌地叫我"爸爸"了。

"爸爸,有人说只要一祈祷,神什么都会答应的,这话是真的吗?"

……

"繁子,你究竟想向神祈祷些什么呢?"我漫不经心地改变了话题。

"繁子想要自己真正的爸爸呐。"

我吃了一惊,眼前一片晕眩。敌人。我是繁子的敌人?还是繁子是我的敌人?总之,这里也有一个威胁着我的可怕大人。他人,不可思议的他人,尽是秘密的他人。顷刻间,在我眼里,繁子变成了那样的他人。

哲学家的劝告

世界上存在三种人:第一种人对所有人都温和,且不惜赞扬对方;第二种人被所有人认为是恶徒,受到所有人的谴责;第三种人既能得到赞扬又会受到责骂。对于受到所有人谴责的第二种人,人们只把他们看作是垃圾,认为小心一点就好。事实上,真正危险的是第一种人,从来不表达自己的观点,总是跟随他人的意志,见风使舵,有时候温和,有时候恭顺,自然也就容易得到赞扬。一直到死都还见风使舵、趋炎附势的人是废人，即便活着也不是真正地活着，彻底地放弃自己的欲望，和死人无异。此外，即使追随他人的欲望，自己的欲望也不能被否定，否则第一种人就会演变成危险的存在，被压制的欲望会使他们朝比自己更弱的人爆发出来，他们也许会对妻子和孩子毫不手软拳脚相加。向强者卑躬屈膝，必然会受到压力，为了释放这些压力，就会攻击弱者。在第一种人中，有的男性看起来温和谦虚，与其交往的女性被其外表所欺骗，甚至还决心和他们结婚，但是没过多久，她们整个身心都因自己的愚蠢选择所带来的严重后果而备受折磨。所以，要小心温和恭顺的人；小心所有人都赞扬的人；小心没饭吃还活着的人，这些都是生活中的金规铁律。而我们最可接近的是第三种人，他们在别人的面前可以坦荡地说出自己的欲望，爱憎分明，所以才既会得到赞扬又会受到责骂。假设一个人的欲望和你的欲望相吻合，请不要犹豫，和他一起畅游爱之海吧。

憎恨
ODIUM

是你崩溃

还是我崩溃

《钢琴教师》
埃尔弗里德·耶利内克

相爱的男女为什么沉醉于性爱？只是因为性欲吗？不，还有别的原因，因为性爱让人感觉好像世界上只剩下两个人，又好像是一个人在享受美好时光，这才是相爱的人沉醉于性爱的真正原因，至于两个人的未来如何，却没有丝毫感到不安。这就好像冰冷的雪花降落到火热巨大的篝火上，马上就会被融化一样，其不安的心理也会消失得无影无踪。离别之际，恋人总是激情地抚摸对方，渴望对方，对未来的不安越多，他们就越想要享受现在的时光。相爱的人在享受欢愉时会呼吸急促，身体颤栗，感觉他们所拥有的现在是多么的重要。尽情地享受现在，这是柏拉图式的爱情绝对不能理解的，能够得到人间这种本能的性爱是一件值得祝福的事情。这就是我们享受现在并要继续努力活下去的原因，可见爱情的作用是不言而喻的。

　　有一位钢琴教师却从来没有享受过这种本能的性爱。事实上她知道性爱在自己的生活中起到了决定性的、关键性的作用。但她的身体却不接受这一点。即使年轻的学生对她的身体进行了长时间激情的抚摸，女教师的身体也没有放松下来。她的身体和性器完全是干枯的，没有一点反应。

克雷默尔在埃里卡的体内到处乱拱,埃里卡用胳膊撑着他,使他和自己保持一段距离。她把他那玩意儿拉出来。她暗示他,就此打住,否则她就离开他。她必须轻轻重复几次,因为她那突然变得冷静、慎重的意志不那么容易说服他和他那性勃起的狂热。他的头脑好像被怒气冲冲的意图弄糊涂了。他犹豫了,问自己是不是弄错了什么。在音乐史中和其他什么地方都没有正在追求的男子这么简单就离去的。……他用手在空中乱抓,敢于重新在禁区试探,看她是否让他把那黑黝黝的节日汇演的小洞打开。他向她预言,他们俩还会有好多更美妙的好事,他已经准备好了。埃里卡命令克雷默尔沉默,无论如何别动,不然她就走。克雷默尔不全明白她是什么意思。相反他哀求道,现在她无论如何不能停止,因为他马上就要火山爆发了。但是埃里卡说,现在她不想再握着它了,绝不。

埃尔弗里德·耶利内克的小说《钢琴教师》被拍成电影之后更加广为人知。刚才我们所读到的是这部小说在描写性爱时最露骨的部分。克雷默尔是一个金发的理工科学生,他现在和他的钢琴教师埃里卡缠在一起,但埃里卡只抓住了克雷默尔的性器,却没有与其做爱的想法。不,不是没有,而是不能,因为她的母亲,准确地说是因为她母亲的"驯养"。埃里卡的母亲从小就培养她对古典音乐的兴趣,希望她能够靠古典音乐谋生,同时也教育她只有艺术才能让她得到幸福。但这仅仅是母亲的私欲。对母亲来说,更重要的是希望她能以此养家糊口。

埃里卡虽然没有成为伟大的钢琴家，但还是按照母亲的意愿成为大学钢琴教师，这时候她已是三十多岁的老处女了。仅仅这一点也算是一种成功吧！因为埃里卡代替了早亡的父亲成为家庭的经济支柱，并让自己和母亲过上了衣食无忧的生活。

埃里卡的母亲担心埃里卡总有一天会离开自己，与所爱的人生活在一起，她自己没有固定收入，注定孤老一生。为此她在埃里卡小的时候便向她灌输只能与自己生活才会幸福的思想。为了达到这一目的，母亲一直压抑着埃里卡的性本能，如果埃里卡的性欲爆发，就会结出爱情之果，那时候女儿还会跟自己一起生活吗？所以对埃里卡来说，贪求自己身体的克雷默尔可以说是她的最后一位"救世主"。母亲的"驯养"看起来并没有任何效果，事实上却成功地达到了目的。埃里卡并不接受作为男性的克雷默尔，不，不是不接受，而是她的身体已不是能够接受男性的身体。

埃里卡的身体、性器、洞口，这些代表着她身体的本质的器官在健康而又年轻的男性面前完全没有任何反应。当这种冷淡无欲的感觉传遍她的全身时，她感到极大的恐惧，也认识到自己的人生是错误的，所以她才会对自己的母亲产生憎恨的感觉。

> 憎恨是为一个外在因素的观念所伴随着的痛苦。
> ——斯宾诺莎，《伦理学》

定义中的"外在因素"在这里指的是母亲，当埃里卡明白这一点时，对母亲产生的情感便是憎恨。人类倾向于快乐而回避"痛苦"，所以，斯宾诺莎才强调"因恨一个人而将他看得太低"。报复母亲最佳的方式就是爱上男人，轻视母亲，即使这个男人不是克雷默尔，这样她才能远离自己所憎恨的母亲。但埃里卡已经处于难以恢复正常状态的境地，她的下身已经腐朽，使全身陷入麻木之中，这种"不敏症"叫埃里卡怎么能爱上男人或者接受男人的爱呢？

埃里卡唯一能做的就是让母亲知道自己不再是她的所属物。为了不成为母亲的所属物，埃里卡选择成为别人的所属物，并故意让母亲知道。为此埃里卡煽动克雷默尔闯入她的家，把她监禁起来，殴打她，因为她觉得殴打和监禁就意味着控制，也证明她是那个人的所属品。

埃里卡和母亲相互怒视，尖声叫骂。母亲失去了自控力，异常愤怒。母亲有点疑心，克雷默尔先生想挤入母亲和女儿之间，让女儿不再受母亲支配，母亲被恐怖的感觉所包围，作为唯一的一个原始、本真的母亲，她预感到自己的孩子会发生什么。

用这种极端的方式能成功地远离母亲吗？也许很难吧。哪个母亲会轻易放弃自己的所有权呢？若他人夺走了对女儿的所有权，母亲反而要巩固其权利，绝对不会让它弱化。埃里卡的母亲已经找回了作为母亲"对于孩子会发生什么事情"的直觉。除非母亲死了，否则她是不可能让埃里卡获得自由的。埃里卡用刀自残，血流如注，不顾周围人的目光，走向家里。看到这样的埃里卡，我们已经预感到悲剧的发生。"埃里卡知道自己要去哪里，她是走在回家的路上，她的脚步越走越快。"

杀死母亲能得到自由吗？也许很难吧。因为母亲从小就开始"驯养"她，已经成为她的精神领袖，借用弗洛伊德的话来说，母亲已经成为埃里卡的"超自我"。如果只是杀死现实中的母亲,而不是杀死统治内在的"超自我"的母亲,埃里卡绝对不能找回自由。现实中的母亲根本没有力量控制埃里卡,因为母亲已年迈衰老并依赖女儿,这位即将走进坟墓的老人才是需要埃里卡的。埃里卡即使杀死母亲,也要面对没有任何变化的现实。最后,她终于知道她应该杀死的是她心中的母亲,为此她感到绝望。她明白只有杀死自己,才能结束这一切,这是多么让人无奈的结局啊!

埃尔弗里德·耶利内克
（1946— ）

奥地利犹太裔小说家埃尔弗里德·耶利内克曾在维也纳大学主修戏剧和艺术史,她的作品笼罩着强烈的女权主义色彩,因拥有浓厚的艺术风格而受到盛赞,但也因带有浓烈的色情成分而受到猛烈抨击。耶利内克成为诺贝尔文学奖历史上第十位女性获奖者,获奖评语是:"她用超凡的语言以及在小说中表现出的音乐动感,显示了社会的荒谬以及它们使人屈服的奇异力量。"耶利内克强烈批判奥地利的右倾主义,称之为"犯罪的国家",但她在祖国也被贴上了"给奥地利政府抹黑的女人"的标签。

耶利内克虽然毕业于音乐大学,但是由于对母亲的强制性音乐教育方式产生了反抗心理,她对文学有了兴趣。《钢琴教师》(1983)是一部自传体小说,书中的很多内容都是耶利内克的自身写照,而同名电影更使这部著作广为人知。小说通过对女儿在母亲极端变态的钳制下心灵如何被扭曲的描述,揭露了一种畸形的权利关系。

埃里卡像这块水银,这个滑溜溜的家伙,这会儿也许还开着车在什么地方兜风并且瞎胡闹吧。然而,每天,女儿都准时回到她所属的那个家,分秒不差。不安经常使母亲揪心,因为财产的主人痛苦地领悟到:信赖虽然好,但监督更为恰当。妈妈的难题在于:为了使自己的财产不逃开,要尽可能使它固定在一个地方不动。

哲学家的劝告

当你不再爱一个人的时候,你对他的情感可能是憎恨,也可能是不关心。拥有这种想法的人,一般都像孩子一样,从来没有憎恨一个人或者从来没有成为别人憎恨的对象。一次也没有成为他人深恶痛绝的对象的人往往认为,别人对他们的情感要么是爱,要么是不关心。这样的人认为,与爱相反的情感便是不关心。若两个人相互憎恨,他们只能选择分手,而且其中一个人必须从这个世界上消失,总之是一种互相诅咒的关系。但如果这两个人不得不在一起,不可分割的话,那么他们只有两条路:一条是杀死对方,另一条是自杀。所以被憎恨这种情感笼罩的人往往认为自己的人生非常凄惨。"如果我们之间漠不关心的话，那该多好啊，我们可以结束关系，不以一方的死亡作为代价。"可见憎恨是世界上最具有悲剧性的情感，宁愿别人对自己不理不睬，不闻不问，也不要被憎恨。但是面对他人的憎恨，我们无可奈何，因为憎恨不仅弱化我们生活的意志，也使我们变得如朽木一般。于是害怕自杀的人只能杀死对方，相反，不能杀死对方的人就只能选择自杀。若选择自杀，我们又会悲叹自己的命运。再也不会因他人的憎恨而悲伤，可能会安心地、幸福地、没有遗憾地闭上自己的眼睛。如果你遇到认为与爱相反的情感是不关心而不是憎恨的人，那就把你的微笑献给这个单纯的人吧，因为他根本没有经历过憎恨这样的情感。

第四部

风之痕

在充满活力的想象中，所有的一切都处于活跃的状态，所有的一切都是一往直前。运动创造存在，回旋的大气创造星星，声音造就形象，声音赋予语言和思想。

——加斯东·巴什拉，《空气与梦》

懊悔
POENITENTIA

所有的不幸

是因自己

而转向软弱

《卡斯特桥市长》
托马斯·哈代

学生时代，每次考试我们都被深深的悔意席卷，考试卷才答了一半，冷酷无情的监考老师就在一旁催促快点把卷子答完。这时候我们往往追悔莫及，如果多努力一点，也不至于陷入这样狼狈不堪的境地。虽然不做学生已有很多年了，但情况还是没有多大好转。年末，在寒风中竖起衣领，相似的悔意肯定会再次侵袭而来。一年又要过去了，所面临的问题并没有顺利解决，自愧感骤然而生，同时也追悔莫及，为了让冻透的身体舒缓过来，只有双手握着咖啡杯，无限的懊悔之意才会随着咖啡的香气慢慢地消散而去。"如果那时我不那样做的话……"这是我们表达懊悔时经常使用的修辞手法，似乎这样能说明我们好像有选择这样做或那样做的自由。

托马斯·哈代的小说《卡斯特桥市长》主要表达的就是懊悔的情感。这部作品讲的是二十一岁的亨查德因酒醉而闯下大祸，从此人生旅途的方向也发生了变化，最后凄惨地离开人世的悲苦故事。失业之后，饱受压力之苦的亨查德与妻子总是吵吵闹闹，他们过的是一种疲惫不堪、杂乱无章的生活。我们或许可以从亨查德身上见到自己的影子：不敢跟老板顶撞一句，只能向无辜和软弱的妻子发火，而发火的原因有一半是羞愧，还有一半是对不能接受自己的妻子表达的遗憾。正是羞耻和遗憾这两种情感折磨着亨查德，使他不得不从家里跑出来，并在村里的庆祝活动中喝得酩酊大醉，但他万万没有想到此时发生了逆转他人生的大事件。一喝酒就胡吹乱侃的亨查德被酒馆的女老板所设计，将自己的妻子拿出来拍卖，以五几尼的价钱卖给了一个叫纽森的水手。

亨查德的妻子苏珊得知后，愤怒地将结婚戒指摔在亨查德的脸上，带着还在襁褓中的孩子毅然决然地跟着水手纽森离开了。亨查德酒醒之后，对自己荒诞的行为无比懊悔，但是覆水难收，妻子已随纽森坐船离去了。虽说苏珊是在气头上和纽森一起走的，但是没过多久，她也和亨查德一样掉进懊悔的深渊，因为她还爱着丈夫，她觉得跟一个素不相识的人在一起生活前景渺茫。然而在气头上离开丈夫这件事已没有回头路。这对夫妻可真是天生绝配呀！一样的莽撞和冲动，根本不考虑后果，做起事来也是一样的断然和坚决。时光无情，岁月流逝，夫妻重逢之日无法预料，也许渺茫无望吧。

某一天，苏珊带着女儿伊丽莎白·简慕名前来寻找已是飞黄腾达、身为卡斯特桥市长的亨查德，等了整整十八年，一家人终于团聚在一起。妻子走后，亨查德深深陷入忏悔，并发誓戒酒，凭借自己的诚实和勤奋，积累了财富，赢得了名誉，最终在社会上占有一席之地，成为卡斯特桥市长，妻子和女儿伊丽莎白毫不犹豫地接受了亨查德目前所拥有的这些，这使亨查德卸下了负罪感和悔恨的十字架。但是，亨查德没有料到苏珊母女的回归使他坠入了更大的不幸漩涡之中。原来伊丽莎白并不是他的亲生女儿，而是水手纽森的女儿，他对此却无可奈何，一切都是老天爷对他的捉弄。妻子愚蠢的选择，伊丽莎白·简的出生，所有的事情都是他在二十一岁那年铸成的大错引起的，所以他认为这一切都是因果报应，必须由自己来承担。

《卡斯特桥市长》讲述了亨查德坎坷曲折的一生，作者想要以此告诉读者懊悔所具备的内在规律。这部小说详细地描述了巨大的悔意如何让一个人的人生走向毁灭的过程。从情感上来讲，亨查德的想法是无可挑剔的，可是苏珊离开亨查德，和纽森一起生活生下伊丽莎白，这些难道都完全归咎于亨查德吗？是亨查德将苏珊拿去拍卖的，但如果苏珊比亨查德更慎重，就不会离开不懂事的丈夫。此外，从经济方面来看，如果苏珊手头宽裕，就不会让亲生女儿死去，也可以等到和亨查德再会的一天。这场悲剧的发生是可以想象的，只有二十一岁的亨查德必须养家糊口，照顾妻小，可是当时的社会结构失衡，失业导致他走上了绝路。如果亨查德没有失去工作，他就不会心灰意冷和妻子吵闹，也不会酒精中毒，醉生梦死。

在懊悔的情感中最关键的是所有的不幸都是自己造成的精神态度，而前提条件是有意识可以做不同行动的自由。睿智的哲学家斯宾诺莎当然不会疏略这一点。

> 懊悔是我们相信事情是出于心灵的自由命令而做的观念所伴随着的痛苦。
>
> ——斯宾诺莎，《伦理学》

斯宾诺莎定义的重点是"我们相信事情是出于心灵的自由命令而做的"，只有在不幸是自己直接造成的时候，我们才会被懊悔的情感牢牢锁住。但这种主张存在一个误区：相信所有的不幸是自己造成的，就等于相信自己拥有绝对的、自由的选择权，这难道不是一种傲慢的态度吗？一个自我意识非常强的人总是从客观角度看问题，并没有注重问题的实质，只是如实地看到问题的表面，所以才把问题怪罪在自己的头上，这样的人要想从懊悔中获得自由是非常艰难的。

举个例子，父亲因酒驾发生交通事故而离开了人世，女儿却相信父亲的死是自己学习成绩不好造成的，如果她不把成绩单拿给父亲看，父亲也不会在晚上出去喝闷酒。但实际上父亲是参加同学会和朋友们喝的酒，又因为离家近，所以直接开车回家，才会导致交通事故的发生。女儿的想法来自女儿任性的逻辑，好像她有决定所有事情的自由。她任性的逻辑是如果自己学习更努力一点，成绩再好一点，父亲就不会离开自己，父亲遭遇死亡正是自己不好好学习造成的。若按照这一逻辑，女儿拥有可以让父亲生或死的无所不能的自由，所以女儿认为父亲是因自己而死，自己是一个杀人犯。

在斯宾诺莎的定义中可以捕捉到本质性的问题，即摆脱懊悔的线索。我们根本不能主宰事物的发生和结果，认识到这一点，自然就不会产生懊悔的情感。但这只是一种理论性的言论。只要经历过一次懊悔，一般来说，我们就很难根除它。即使女儿以后知道父亲喝酒不是因为自己的成绩下降而是因为去见了朋友，女儿还是不能卸下懊悔的重担，还是认为因为自己不堪入目的成绩，父亲才会忧虑伤感，才会去见朋友，才会离自己而去，这种想法可能会永远伴随着女儿的一生吧。

托马斯·哈代

(1840—1928)

托马斯·哈代通过《卡斯特桥市长》《苔丝》《无名的裘德》等威塞克斯故事系列（威塞克斯是作家的故乡多塞特郡的旧名），创造了英国文化史上的悲剧性主人公代表，他"是维多利亚时代第一位尝试撕下当时中产阶层所忌讳的性爱潘多拉魔盒上的封印"的人，并以描写有伤风化的罗曼史为由受到抨击。哈代的小说对被命运捉弄的人们的行为和心理进行了深刻的探索，并一直出现在现代的银幕上，以现代社会角度重新诠释。

《卡斯特桥市长》是以19世纪中叶英国农村流行的典妻行为为素材的小说，在当时人身买卖属于非法行为，但是处于社会底层的平民却认为这种残留的老习惯具有法律效力。

> 对于罪人来说，无论他怎样懊悔，上苍连一点点安慰也不会赐予他。亨查德和约伯的心情是一样的，感到诅咒降临到自己的身上。像亨查德这样有着强烈冲动情绪的人，一旦失去支撑着穷困的卑劣，即可以称之为最后的精神支柱自尊心时，就一定会这样诅咒自己："像我这样不值得原谅的人普天之下还会有吗？"

约翰·福尔斯对哈代的创作要求是这样解释的："欲求和断念、永远不能消失的美好记忆和永无休止的抑制、心悦的诚服和悲剧性的义务、可鄙的现实以及冠冕堂皇的假象，像这样两者之间的矛盾和对立成为那个时代最伟大的艺术家哈代的创作源泉。此外，以上的这些也是对他所拥有的一切，以及他所生活的时代社会结构的解释。"

作家死后被安葬在威斯敏斯特教堂的诗人角。按照他的遗愿，他的心脏被安葬在他故乡妻子的坟墓旁边。

哲学家的劝告

懊悔是一种幼稚的情感。一般来说，孩子都以自我为中心来感觉和判断周围所有的事情，下雨是因为自己哭泣，彩虹的出现是因为自己吃了一块甜甜的糖果，甚至认为世上所有的事物都会跟自己说话，对自己的行动给予密切的关注，而孩子发脾气的原因是世间事物不以自己的意志为转移。懊悔是将不幸归咎于自身所产生的一种情感，前提条件是以自我为中心来判断世间所有事物，这是一种幼稚的态度。若相信自己的行为不会使世间一切发生变化的话，那么像懊悔这样的情感也就不会产生。很容易陷进懊悔的人将大学落榜的责任怪罪在自己头上，却从来没有考虑过其他因素造成的影响，例如限定招生人数这样的大学旧体制问题，专业的选择是出于父母的强迫，不能埋头专心学习的家庭环境。这种人也将失恋的原因归结到自己身上，相信恋人离去是因为遇到了更棒的理想型对象，或者是为了专心于学业。为了能从懊悔的痛苦中解脱出来，我们必须丢掉这种幼稚的态度，不以自我为中心来看待世界，而应该意识到世间的一切不可能以自己的意

志为转移,他人并不会按照我们的意志行事,我们必须接受他人自有他人性的现实,那样懊悔就会渐渐离我们远去。人类要明白的道理是:"所有的一切并不能以我们的意志为转移","期盼的幸福也有难以实现的可能","预想不到的幸福和不幸都会降临到我们的头上"。

吸引
PROPENSIO

爱情之花开不出

隐约的心悸

《情人》
玛格丽特·杜拉斯

有句话说，山中迷路，顺溪而下便可，因为水往低处流，且顺着捷径流向平地。这种源于长久以来的实践经验总结出来的智慧在关键时刻往往让人受益匪浅。但凡事都有例外，法则也是如此。年轻时曾爬过智异山，也有过迷路的经历，在山间徘徊不定，不知怎么走才好，幸运的是发现了一条小溪，我不禁高声欢呼，终于找到了可以离开这里的路。我沿着小溪走了三四个小时，突然小溪消失不见了，可能是溪水渗透到土里变为地下水了，这让我不知所措。有的小溪溪水越积越多，汇成河流与大海相连，有的小溪溪水却越流越少，最后竟销声匿迹了。数十年过去了，现在依然难忘当时的慌张无措，那条让我束手无策的小溪仿佛还在眼前静静地流淌，那次经历深深地印在我的脑海中。

我们的爱情也如溪水一样，满以为得到了全心全意的爱情，到头来完全失去足迹，甚至变了味道。

吸引是基于偶然而成为快乐原因的某种事物的观念所伴随着

的快乐。

——斯宾诺莎,《伦理学》

按照斯宾诺莎所说的那样,爱情可以解释为与他人相遇时所产生的一种快乐,而这份从他人那里得到的快乐就像花一样,既可以繁花似锦,也可以陨于未发。若前者叫做爱情,后者可以叫做吸引,斯宾诺莎的睿智就在于能够将这两种快乐区分开来,区分爱情和吸引的关键就是偶然。对此可以作一些简单的整理,当和他人相遇产生的快乐属于必然性,我们把这种快乐叫做爱情;反之,若这种快乐属于偶然性,那就是吸引。爱情是一种必然的快乐,只有特定的人才能带来持续的快乐。

从偶然的快乐中衍生出来的吸引与之不同,并不一定非特定的人不可,幽默感、财富等因素能够起到决定性的作用。而对方所拥有的东西、他是否具有魅力也是基于你的现状而决定的。如果你现在满怀伤感,他的幽默就会给你带来快乐,如果你现在是贫穷的,他的财富就会成为你快乐的源头。可是能带来这些的不一定只有那个人,这是偶然性快乐的核心所在。当你伤心欲绝、孤寂无助时,谁能热情地关注你,你就认为与他的相遇是一件值得高兴的事情,但这只是偶然的快乐罢了。只是为了驱赶忧伤而寻找的快乐,就像初雪那样落地为水,只是暂时的,并不是永远的。

玛格丽特·杜拉斯的自传体小说《情人》于1884年出版,在这部小说中有关作者的美好回忆也属于上文提到的吸引。从书名看,很多人误以为作者写的是爱情故事,那就大错特错了,这部小说只是记录作者自己的故事。作者是一位曾在法国殖民地越南生活过的白人,但已家道中落，母亲重男轻女，偏心作者的大哥，并不怜惜作者，在这种家庭背景下成长起来的十五岁少女遇到了中国富商的儿子，一位二十多岁的少爷。少女和富家少爷在命运的安排下，在湄公河的某一个码头相遇了。

一位具有令人窒息的魅力的少女和一位坐着豪华轿车的男人不期而遇。这个男人不但有钱，而且温柔亲切、体贴入微，他对少女展开了甜蜜的攻势，对于这种心照不宣的诱惑，少女怎么会断然拒绝呢？这是她不幸生活中得来不易的一个小小的幸福。少女的这种智慧在她成长为小说家之后，绽放出更加异样的光彩，当然这是后话。少女心里非常清楚，她并不爱他，而是被他吸引了，仅此而已。

　　客厅里光线相当暗淡，但她没有叫他打开百叶窗。她并没有意识到一种能够确切形容的感情，既不情愿也不反感，也许这就意味着某种欲望。但是她根本就无视这些问题，当他头天晚上邀请她到这里来的时候，她马上就满口答应了。……他正在那里发抖。开始他只是先看着她，好像是要等她开口说话。可是她一言未发。于是他也就不再动了。他并没有去脱掉她的衣服，他只是对她说他爱她爱得发疯，他说话时声音压得很低。然后他便缄默不语。她没有回答他的话。她完全可以对他说她并不爱他，可她什么也没说。蓦然间，她马上意识到他并不了解她，并且将永远了解不了她，因为他浅于世故，并没有意识到自己颓废的样子，也不懂得去绕那么多圈子把她抓住，这一点他将永远也办不到。只有她才能懂得这一切。只有她了解。她与他虽素不相识，毫无了解，可她却顿时恍悟：就在渡船上，她的心早已被他吸引，她喜欢他。

女主人公是一个十五岁的少女，有着与年纪不相符的成熟，处于这个年纪的少女被一种从来没有过的欲念所支配，很容易对爱情充满憧憬，这一点也许她不知道，可是少女对自己的感情了如指掌，她知道自己并没有被爱情套住，而是被他吸引。从中我们可以了解到，女孩的感情演变成爱情与任何必然性的条件都无关，因为和他在一起只是让她感到快乐。少女非常清楚自己现在的感情事实上被偶然性条件所支配，若不是经济上捉襟见肘，若不是家人之间的关系扭曲，若不是家庭破败不堪，少女绝对不会被年纪大的中国男人吸引。如果没有"它"，我们很难获得完整的自我，就可以把"它"看成是必然性的，如果别的东西可以替代"它"，没有"它"也可以生活下去，那"它"就是偶然性的。

对于少女来说，从那位东方男子身上感觉到的心动和快乐只不过是一种偶然罢了。少女非常清楚自己对他的感情不是爱情，只是吸引。从表面上看，那个男人更不幸，因为他不是被少女吸引，而是无可救药地爱上了她。但是面对夺走自己心的少女，他又能怎么办呢？几十年的岁月一去不复返，那个男人打来了电话。

> 他说他一想到她就心痛不已，还有他不知道说什么才好，和从前一样感到害怕。然后他停顿一下，缓缓地对她说出心里话，他说他和从前一样，仍然爱着她，说他永远无法停止对她的爱，他将至死只爱着她。

一个男人几十年来始终如一地爱着一个女人，对这个男人来说，这真的是一件不幸的事吗？能提出这个问题的人，也许是那位十五岁的女孩，也许是杜拉斯本人。爱情之花无法盛开，那种模模糊糊、时隐时现的感情却只停留在吸引的情感上，而怀有这份情感的人不是他，而是她。让我们合上书，想象杜拉斯只是被其他某个男性偶然地吸引，而没有感受过一种没有他不行的必然性情感。如果是这样，那么她的人生真的只有不幸。如果没有爱情，谁会知道自己究竟属于哪一朵美丽之花？不幸中的万幸，她终归还是从别的男人那里感受到了爱情的真谛。否则，她又怎能写出如此怀念爱过自己的东方男子的自传体小说呢？若一生只有被吸引的经验，她绝对不会理解那个中国男子回味他自己爱情的心情。

玛格丽特·杜拉斯

（1914—1996）

杜拉斯与她的自传体小说《情人》(1984) 的主人公一样，出生于曾是法国殖民地的越南（印度支那嘉定市），教授法语的公务员父亲过早地离开人世，使杜拉斯的生活陷于贫困之中。杜拉斯曾在巴黎索邦大学攻读法律和政治学。电影《广岛之恋》(1959) 脚本的撰写使她与阿兰·罗布-格里耶一起成为新文化小说和电影的引导者。

杜拉斯在晚年饱受酒精中毒和肝硬化的折磨。她以《情人》获得龚古尔文学奖，小说被改编为电影之后，杜拉斯声名远播于全球。这部小说讲的是一位贫穷的白人少女和一位富有的东方少爷之间的爱情故事。事实上关于自己的家庭杜拉斯说出了难言的苦痛:"痛苦是我的情人,当妈妈在像沙漠一样的生活环境中号啕大哭时,也就是从那时开始,她总是告诫我,让我掉进不幸深渊的人就是我的情人。"朱丽娅·克里斯蒂娃说:"杜拉斯的作品是由死亡和苦痛的文本编织而成的。"

> 死神的魔影仍不离开我。当时我真想把我大哥杀了,真的想把他杀掉。我真想制服他,哪怕只有一次也行,然后看着他死去。那是为了当着我母亲的面,除掉一件她心爱的东西,就是她这个大儿子,以此来惩罚母亲,因为母亲唯独对他如此厚爱。

杜拉斯的小说一直都是这样饱含情感,直到六十六岁也依然如此。那年她认识了一位二十多岁的青年杨·安德烈亚,他陪在她旁边,呵护她,直到她走完人生。"杜拉斯不允许我除了她还有别的人,这对独占欲强的她来说是一种巨大的苦痛。"《情人》原稿是通过杜拉斯口述,杨在打字机上完成的。

哲学家的劝告

有的女性很早就仓促地把自己嫁出去,因为她的童年幸福指数太低。如果和家人生活在一起的记忆是痛苦的，她的幸福指数就会很低，只要有人对她好一点，她就会被吸引。设想有这样一位女性，吃饭的时候总被人戏弄为"饭桶"，就像受气包一样，突然有一天某位男性亲切地对她说："你看起来吃得很香。"这位女性怎么能拒绝对自己如此亲切的男性呢？她很快就会离开家人和他重新开始新的生活，若他们的生活在某种程度上达到稳定，并出现了另一位关心她的男性，她就有可能渐渐失去对第一位男性的热情，与第一位男性相比，这位后来者可能对她更好一点，她就会被他吸引，投入他的怀抱。很多女艺人儿童时期是不幸的，虽然她们成为了耀眼的女明星，但是她们的婚姻生活往往以悲剧收场。吸引并不等于爱情，如果说吸引只是依附在过去的状态，那么爱情就是与现在的本质相关联的。打个比方，有的食物可以果腹，有的食物之所以美味，是因为它合口味，可见这两者之间在本质上是完全不同的。只有在并不感到饥饿的时候，才能去寻找合乎口味的食物，所以只有在清点生活的不幸之后，才可以去爱一个人。在这之前，我们应该照顾好自己，并让自己的生活得到一定的幸福。

耻 辱
PUDOR

残忍复仇的序幕

《星期六》
伊恩·麦克尤恩

外科医生亨利·贝罗安的人生可以说没有一点遗憾，他的人生被公认为是圆满的。难得和老岳父、可爱的一对儿女欢聚在一起吃晚饭，这时，亨利的妻子罗莎琳却满脸惊慌地走进家门，在她的后面紧跟着的是手里拿着刀的巴克斯特以及他手下的小喽啰，随之进来的还有紧随着他们的阴暗影子。一看见他们，亨利的脑海里马上浮现出白天发生的交通事故。白天亨利被以巴克斯特为首的三个流氓围堵，他根据自己的医学知识攻击巴克斯特，使其陷入窘境，成功地度过了危机，也免于暴力相击。看到巴克斯特闯进自己家，此时此刻，虽然有点晚，但亨利还是明白了自己伤害了流氓的自尊心。

白天在交通事故现场，亨利被巴克斯特一伙人围堵，头目巴克斯特胁迫他，可怕的危机感向他袭来，这时，作为医生的亨利看穿了巴克斯特患有亨廷顿氏舞蹈症。亨廷顿氏舞蹈症是一种大脑萎缩的不治之症，若病情加重，就会出现不能正常走路、说话和思路并不清晰，甚至小便也无法自理的症状，就男患者而言，也有可能不能勃起，这是一种最后发展成痴呆或傻子的可怕疾病。在亨利确认巴克斯特罹患这种疾病的瞬间,他扭转了事态的发展方向,因为在医生面前,即使是流氓也不得不变成温顺的患者。亨利不但临危不惧,也懂得作为医生应该掌握的分寸,在这样的亨利面前,巴克斯特只能是不治之症的患者。结果,在众目睽睽下,巴克斯特成为一个让人可怜的患者,也让手下见到了自己被亨利挟制之后软弱的一面。

以上是伊恩·麦克尤恩的小说《星期六》中最有戏剧性的场面。事实上,在亨利·贝罗安以医学知识向自己施压的时候,巴克斯特因感到极度的耻辱而变得畏首畏尾,当被认定为患者时,巴克斯特在自己的手下面前不得不表现出温顺的样子。对一个流氓来说,弱点被揭穿可是绝对不能接受的耻辱,作家就是这样描写导致残忍复仇结果的巴克斯特的耻辱。

> 巴克斯特确信自己被人羞辱了,贝罗安想要逃过这一劫,同时触犯了自己的威严。想得越多,巴克斯特越是怒不可遏。他的心情再次风起云涌,一种新的情绪正在酝酿,这次是愤怒不安。巴克斯特停止小声的嘟囔,逼近贝罗安,贝罗安甚至能闻到他呼吸中金属味道的口臭。"你这个脏货!"巴克斯特一边大骂,一边推搡贝罗安的前胸,"你想要我吗?让我在那两个家伙面前出丑,你以为我会在乎你?操,你这个逼养的!"

在医生和患者的关系框架里,占据优势地位的始终是医生;在头目和小喽啰的关系框架里,处于优势地位的当然是头目。在碰撞事故发生的当时,比起巴克斯特和他的两个小喽啰,亨利是处于弱势地位的,一方是在体育馆花大部分时间来锻炼身体的街头流氓,一方是一生都泡在图书馆的瘦弱的外科医生。医生在流氓面前能使出多少劲儿？但急中生智的亨利向无知的巴克斯特撒下了被称为医患关系的蜘蛛网，在那一刻，亨利的情况发生了逆转，与流氓相比，反而占据了相对的有利位置。作为流氓的巴克斯特无计可施，连自己都没有意识到他就像普通的不治之症患者一样，有着想要抓住救命稻草的心态，由此摇身一变成为温顺的患者，仔细聆听亨利的诊断。巴克斯特的这种反应也许是再自然不过的，尽管是暴力型的人，身为患者还是把对自己生命有影响的医生看作是神一样的存在。

巴克斯特之所以深深地感到了耻辱，是因为手下看到了自己被医生摆布的样子，作家对巴克斯特的耻辱作了以下的描述："将军的优柔寡断，属下的投降，没有比这更令人感到耻辱的抒情。"但是他已经被外科医生罗贝安所撒的蜘蛛网束缚住，中了医患关系的圈套。所以巴克斯特就像被束缚在蜘蛛网上的飞蛾一样，只能垂死挣扎，已经无法从那个境地中逃脱。巴克斯特虽然怒火中烧，但只能对亨利骂骂咧咧，即便是这样，巴克斯特还是无法洗刷所受到的耻辱。现在到了寻求斯宾诺莎帮助的时候，来看看耻辱的概念。

> 耻辱是我们想象着我们的某种行为受到他人指责，与这种观念所伴随着的痛苦。
>
> ——斯宾诺莎，《伦理学》

正如斯宾诺莎所说的那样，耻辱是指当我们认为他人对自己的某种行为进行指责的时候我们内心所产生的痛苦情感。但事实上也许并不是他人的指责让我们感到耻辱，而是我们如何看待他人的指责。他人指责我们，我们却认为这并不是指责，那我们就不会感到耻辱；相反他人并没有指责我们的想法，但是我们认为这是指责，这时也会有耻辱的感觉。巴克斯特的情况便是后者，实际上，手下可能会指责他，也有可能不会指责他，但是巴克斯特以为他们会讥笑作为头目的自己。对于街头流氓来说，世界上唯一让他们感到自豪的就是属下对自己的尊敬。可是，现在的巴克斯特在自己的小喽啰面前被当做有不治之症的患者，这对他来说就是一种耻辱。

但与耻辱相比，巴克斯特所感到的自卑才是关键，罹患亨廷顿氏舞蹈症，成为不能正常说话和行动的痴呆，或者成为小便不能自理、性器不能勃起的无能男人，这些剥夺了巴克斯特引以为豪的兽性和"敢做性"，以及象征着旺盛精力的凶残性。所以巴克斯特认为医生的诊断让手下敢于嘲弄自己的权威。就像我们在自己的无知暴露时感到耻辱一样，炫耀自己无比兽性的流氓在自己脆弱的一面暴露时，也一定会感到耻辱的。

在亨利一家享受着幸福晚餐的时候，巴克斯特领着手下闯了进来。不向手下展现自己比亨利更优越的一面，如何洗刷耻辱呢？巴克斯特采取的方法实际上很简单，撕开医生和患者之间的关系框架，进入顽强流氓和柔弱市民之间的关系框架，从而进行报复。不管是街头流氓还是上流阶层人士，谁都希望从他人那里得到好的评价。当然这种欲望有可能是一种虚荣，但对一无所有的人来说，可能就是一种自尊心，这难道不是平凡人类的写照吗？当这种虚荣和自尊心破灭时，人类就会深陷耻辱，想要洗刷耻辱的人只有复仇这条路，这是恢复名誉的唯一的办法。从亨利的慌张可以知道，强加于他人的耻辱会在出乎意料的情况下造成危机的局面。不管是何种耻辱，施加耻辱的人终究会受到被侮辱的人致命性的报复。

伊恩·麦克尤恩
（1948— ）

英国小说家伊恩·麦克尤恩以其作品《阿姆斯特丹》获得了英国布克奖。电影《赎罪》(2007)就改编自他的同名小说。

"9·11"恐怖事件发生以后，如何找到全球范围内的恐怖主义与平凡都市人的日常生活之间的连接点，一直是很多作家思考的问题。小说《星期六》描述的是亨利·贝罗安医生的一天，这不是普通的一天，是2003年爆发的全球反对对伊战争大游行期间的某一个星期六。主人公亨利极其忠于自己的生活，在性爱、网球、家庭活动等方面，表现出一丝不苟的态度，同时也非常关注像战争和恐怖主义这样的国际政治问题。然而即便是属于全球范围内的暴力行为，对其印象和谈论也只局限于不会与个人日常生活发生碰撞的范围内。作者对这种相背离的两者关系，在其作品的卷首语中引用了索尔·贝娄的小说《赫索格》来解释。

> 在某个城市中，在某个世纪里，某个过渡期中，在群体中的每一个人，被科学地扭曲，被有组织的力量统治，被滴水不漏严密地控制，生存在后机械化的环境里，革命的希望一个一个破灭，之后回到一个没有集体意识而同时又贬低个人价值的社会

里，多如牛毛的大众已使得个性变得毫无价值。统治者将数以亿计的物资浪费在对外的战争上，却不知维护自己家园的安定，且对在高度文明的城市里继续肆虐横行的野蛮和原始保持沉默。

在小说《星期六》中，有品位的市民亨利·贝罗安在光天化日之下与几个流氓发生冲突，警察们忙于维护反战示威游行的秩序，没有一个警察来帮助亨利，导致亨利自认为的一个美好的星期六在暴力中结束了。

哲学家的劝告

"逆鳞"这个词源自中国经典名作《韩非子》，意为"倒生的鳞片"。逆鳞的生长方向与其他鳞片相反，主要聚集在龙的头部后面（在中国是指龙的喉部以下），如果乘龙的人不小心触摸到这一部分，龙就会被激怒，回头将坐在龙背上的人咬死。韩非子为什么要讲"逆鳞"的故事呢？就是为了告诉我们，每个人都有逆鳞，最好不要去招惹。对某个人来说，他肚子上的肥肉可能就是他的逆鳞，不管是谁，只要对他说"哎哟！看起来很健康嘛！"就有可能让他感到羞辱，他就会对那个触犯他逆鳞的人充满敌意和反感。对某个人来说，他的父母大字不识就是他的逆鳞，"你妈妈是学什么专业的？"听起来是一个很简单的问题，事实上却很危险，一旦对他问出口，气氛就会达到剑拔弩张的程度。对某个人来说，离婚是他的逆鳞，最明智的做法就是不要对他说："现在单身很吃香呀！"因为这句话让他感觉到你在同情他。每个人的逆鳞都是完全不同的。面对别人对自己外貌的评价，有的人很反感，有的人则认为是简单的玩笑，而把外貌当成逆鳞的人是根据当时所处的情况和氛围来判断的，如果情况和氛围允许的话，那么外貌成为逆鳞的可能性也会随之散去。所以，要想拥有一个良好的人际关系网，与他人见面时，最先要做的就是分析其逆鳞是什么，若能不触犯甚至还可以保护它，就能维持与他人良好的关系。不够细心的人是很难去分析每个人的逆鳞是什么，或者什么情况下会产生什么样的逆鳞。

胆怯
PUSILLANIMITAS

预感到失败

枯竭的自我意识

《白日的诞生》
西多妮·加布里埃尔·科莱特

哲学家尼采认为强者的想法并不多，弱者的想法却很多，这是一个非常有趣的现象。或许尼采是对的吧，但实际上强者只是把自己的想法付诸实践，所以看上去好像没有多少想法。相反，弱者看起来好像想法很多，却并没有付诸实践，原因在于他们的软弱，虽然有时候这种软弱可能有一定的正当性，但弱者宁愿拥有更多没有付诸实践的想法。因为正当性掩盖弱点，粉饰生活，将真实的他们隐藏起来，并给他们戴上了厚厚的、深不可测的假面具。对于那些难以接受新的爱情的女人们来说，那些糟糕透顶又在情理之中的爱情故事就是因此面临悲伤结局的。

"改变生活方式再重新开始，重生对我来说并不是很辛苦的事情，但是现在我想要的不是这个，现在我想做的是一次也没有做过的事情，知道吗？维亚尔，十六岁以后的第一次，生与爱无关，死也与爱无关。……理解了吗？三十年以来，迄今第一次，我讨厌这种折腾我的家伙的爱情，这不是生与死的问题，而是难过的时候难过，高兴的时候高兴，我想要这样的生活。最近有一件非常精彩的事情，非常精彩，但是，我说，产妇解脱之后，第一次睡得很沉，但一听到孩子的哭声，就反射性地马上惊醒，很可笑吧，到现在对爱还会做出反射性的行为，忘记了被拒绝的这件事情吧，不要嫌弃爱情，维亚尔。"

以上是于20世纪80年代拍摄的电影《白日的诞生》中的一段台词，原作同电影一样非常受欢迎，是一部如实描述作者自身凄苦经历的自传体小说。也许是因为亲身经历过才会有如此细腻的情感描写，小说称得上是一部压卷之作。刚刚读到的内容让我们身临其境，仿佛感觉到了一个已过不惑之年的女人为从爱情中解脱出来，苦苦挣扎的心情。对离过几次婚的女人来说，爱情既有魅力可感，又有惨烈可尝，就像世间所有的花儿一样，害羞的花蕾刚刚探头，不知不觉之间已是花团锦簇、超群绝伦，也会在风雨中摇曳飘零，最终被无心之人践踏，爱情也是如此。直到现在她才明白母亲的教诲："直接摸一下火，才知道什么是被烫的感觉。"可是，就是这样的女人，却迎来了一位三十五岁左右的英俊男性维亚尔的爱情，她该怎么办呢？

难道还要再一次开始这种无果之花般的爱情吗？科莱特已经深受爱情之火的煎熬，从这一点来看，她应该阻碍爱情之花的绽放。科莱特，也就是作品中的"我"决心将爱情扼杀在摇篮之中。让"我"能够下定如此决心的原因是什么？如果是斯宾诺莎的话，一定会说是胆怯或者害怕的情感。

> 胆怯是因为害怕同辈的人都敢于承当的危险而压制自己的

欲望。

——斯宾诺莎,《伦理学》

处于不惑之年的女人遇到年纪比自己小的男性往往怦然心动,同时也会感到无形的压力。年轻的女人可以全身心地投入炽热如火的爱情,但是不惑之年的女人就像晚秋的枫叶一样,过不了多久魅力就会褪色,年纪小的男人却显露出更加旺盛的欲望,因此女人惧怕爱情的到来。尽管如此,也有很多女人如飞蛾扑火一样愿意献身于这样的爱情,她们知道世界上没有不危险的爱情,没有可以保证未来的爱情,爱情是需要随时冒风险的。科莱特和所有女人一样,她想和维亚尔共赴爱情之火,这是她无法隐藏的真相。

若科莱特忘记自己与维亚尔的年龄差,忘记还有一个非常敬仰维亚尔、风华正茂的二十多岁的女孩克莱曼婷,她就会和维亚尔共赴爱河,这才是她的真实欲望。她从"那脱下上衣有一点兴奋的青年那里,嗅到了情欲之夜的香甜味道"。可见她的欲望是显而易见的,但她依然胆怯。当然她心中理直气壮地认为自己并不胆怯,她自我安慰,如果她是与维亚尔同龄的女孩,一定会毫不顾忌、奋不顾身地接受命运的安排,但是现在的她心存胆怯,害怕这滚烫的爱情之火将自己烧得体无完肤。

她选择远离维亚尔,看起来是一种超凡脱俗的姿态。"生与爱无关,死也与爱无关。"前夫所说的这句话始终在她的耳边反复回响。他对身为作家的妻子说:"可是,你能不写这些像爱情、出轨、乱伦、决裂等问题的小说吗?人生并不是只由这些构成的,人生还有别的东西。"但事实上,爱情是一种让人成熟的情感,即便是通过他人才能成熟,因此，所有人才会为爱赴汤蹈火、在所不惜。

维亚尔并不成熟，如果他知道科莱特因爱而感到恐惧，他就应该给她更多的勇气和希望。认为自己胆怯的人就不是成熟的人，这是维亚尔的错觉。对于有过几次离别经历的人来说，勇气和成熟不会因此产生。一次又一次受到伤害，至今还带着没有愈合的伤口的人所说的话更加接近于真实。"生与爱无关，死也与爱无关。"说这话的人是害怕爱情吗？这难道不是在诅咒爱情吗？但是没有爱情的生与死又有什么意义呢？对于这一点，她很清楚，她的丈夫或许也是知道的吧。

认为害怕爱情的女人在爱情方面超脱，这也是维亚尔的错觉。将科莱特看作经验丰富又非常成熟的女人，这更是维亚尔的错觉和误会。这难道不是她的悲剧吗？事实上，她的要求是维亚尔能拥有容纳自己恐惧的宽广胸怀。然而维亚尔舍弃了选择像修女一样生活的她，按照她的意愿从她身边消失，但是她的"与爱无关的生活"，从爱情中超脱出来的生活果真来临了吗？绝对不会，也不可能。幸运的是她依然思念着维亚尔，依然在追寻自己的爱情。

> 在感情上我不是依附维亚尔，而是依旧在思念他，是的，我想他，如果更想他的话，我感觉到对他还需要一个更完美的过程。

如果没有爱情，我们的人生将毫无意义。从爱情中超脱只能是剩下最后一口气时才会有的事情。

西多妮·加布里埃尔·科莱特

（1873—1954）

科莱特将被视为禁忌的情感描写得真实而又淋漓尽致，在当时的法国文坛占有一席之地，以至于获得"我们的科莱特"的美誉，成为法国国宝级作家的同时，也成为巴黎的文化符号。她不但为莫里斯·拉威尔的音乐剧《孩子和魔术》撰写剧本，在自己的小说《吉吉》登上百老汇歌剧舞台上时，还亲选奥黛丽·赫本作为歌剧的主人公。

科莱特的小说《白日的诞生》也是一部详细描述女性的隐秘欲望的小说。

> 我渐渐感到存在于过去的"另一个我"偷偷地在我体内复活，并且别有用心地继续生存下去，为了能够更好地了解维亚尔，我又一次尽情地利用了另一个我，一个对身体的结合充满激情，用身体语言来解释爱情誓言的可称之为高手的"另一个我"……每日跑来享受着海水浴，只是为了看到他那几乎一丝不挂的身体，我越来越熟悉他身体各部位的线条，埃及人的肩膀、浑圆笔直的颈部，以及他全身散发出的光泽和扰人心乱的神秘……拥有这样身体的维尔亚是以快乐为基准的阶级，在动物等级的社会中占据着优越的地位。我感到我所剩的时间并不多了。我要让我身上的一切感性器官都活跃起来，同时还要领略和品尝那些被禁忌的地方所赋予的兴奋。

埃莱娜·西苏认为科莱特是"女性作家中最有代表性的一个"。科莱特的父亲遭遇破产，丈夫很有名气，却在感情上背叛她，让她饱受痛苦。她也是"美好时代"的红磨坊的哑剧演员，三十岁时传出她与继子之间的丑闻。她结过三次婚，作为女性作家，她获得了法国荣誉军团勋章，阅历丰富的科莱特最终在猫儿成群的巴黎皇家殿公寓结束了她传奇的一生。法国政府为她举行了国葬，她的葬礼就像19世纪的维克多·雨果一样，前来吊唁的人数不胜数。

哲学家的劝告

人类是胆小的，或许这也是人类创造宗教的原因。人类担心不下雨会使地里的庄稼旱死，所以就有了祈雨节，以此来求雨。但下雨与祈雨节之间究竟有没有关系呢？与其不知所措地等待，还不如做点什么，哪怕是一点点，也能减轻对未来的恐惧，即对未来可能会发生的不幸产生的恐惧，这种情感的本质就是胆怯。所以，胆怯的人因担心未来被不幸吞噬，甚至连现在想要做的事情都不能全身心顾及。担心牙齿会被腐蚀而不吃巧克力；害怕失恋被抛弃而拒绝求婚；害怕考试而不能尽情欣赏表演；担心发生事故而不去旅行……这些全都是害怕失败的人，要想从这种胆怯的情感中逃脱，唯一的方法就是投入现在的欲望，坚持到底、不达目的不罢休，为了拥有更高的目标做出不懈的努力。面对欲望，我们往往在琢磨未来失败的可能性有多大，为了避免失败，只有对未来不再怀有希望和绝望，才能遇到更有魅力和更让人震撼的目标。好吃得无法拒绝的巧克力和牙齿受到腐蚀之间到底是什么代数关系呢？遇到魅力无穷、想要与之拥吻的人，为什么要畏惧未来的失恋呢？坐在梦幻般的演出现场，欣赏无与伦比的表演，本身就是一种无法比拟的幸福，担忧明天的考试有用吗？因此，为了能够邂逅迷人的机会或发生偶然的相遇，不要做缩头乌龟，昂首挺胸地走出去，有很多能够创造出奇迹的偶然在等待着我们。

确信
SECURITAS

疑心的乌云

消失时的痛快感

《蝴蝶梦》
达芙妮·杜穆里埃

疑心既可说是一种幸福，也可说是一种不幸，因为我们不可能对所有的事情都表示怀疑。有些人与我们的生活密切相关，若对他们的行为表示怀疑，那就是一种不幸；有些人并不是我们所爱之人，但与我们之间的疑心反而让人羡慕，说明彼此还有一份关心。不管是多么羸弱不堪的女人，只要站在自己深爱的男人面前，都不得不以强者自居，这或许是爱情的力量。对强者来说，疑心只是一种情感，但强者的一点点变化会给弱者留下致命性的伤痕，而弱者也总是用怀疑的眼神来探询强者的内心是否真的坚强。

　　迈克西姆是一位富有且魅力十足的贵族，他的妻子年轻且深爱他。若问这个女孩爱情的威力有多大，她会回答在她爱着这样富有帅气的丈夫时，她也有可能不得已掉进对丈夫充满怀疑的泥淖中。在她跟随丈夫回到他的豪宅生活之后，更多的疑惑围绕着她。在这个叫做曼德丽的城池里，到处都留有丈夫的前任夫人吕蓓卡的痕迹。吕蓓卡因不幸事故而离开人世，但还像以往一样掌控着曼德丽的所有空间、全家老小，甚至还有自己的丈夫。尽管这里是"我"深爱的丈夫家，但

"我"好像是和吕蓓卡生活在一起,她如何能感到愉快和幸福呢?

"到底为什么会跟我结婚?真的是因为爱我吗?"成为豪宅新主人的"我"在适应新婚生活的过程中,总是有一种不安感,诚然这种不安感产生的关键因素在于"我"对迈克西姆的爱情持怀疑的态度。比阿尔弗雷德·希区柯克执导的同名电影更加有名的小说《蝴蝶梦》(也译作《吕蓓卡》),讲的是作为叙述者的"我",也就是年轻的德温特夫人怀疑丈夫并没有忘记前妻——美丽的吕蓓卡夫人,且为此深感不安而展开的故事。新婚没多久,迈克西姆就向"我"坦白了事实的真相,给"我"带来了很大的冲击。原来吕蓓卡只是在外人面前扮演着贤妻良母的角色,但事实上她是一个恶毒的女人,最终导致迈克西姆无法忍受她的淫荡和无耻,开枪打死了她,并捏造沉船事故来掩盖真相。

> "你鄙弃我,是不是?我的耻辱、我的憎恨和我的厌恶,你都不能理解。"
>
> 我没吭声,只是将他的双手放在我的胸口。我并不关心他的耻辱。他对我说的事情没有一件跟我有关系,对我也不重要。我只翻来覆去想着一件事:迈克西姆不爱吕蓓卡,他从来没爱过她,自始至终没有。他和她两人从来没享受过一时一刻的幸福。迈克西姆还在说话,我仍然洗耳恭听,但是他的话对我来说没有意义,我压根儿觉得不重要。
>
> ……
>
> "我的宝贝儿,"我说,"我的迈克西姆,亲爱的。"我把他的双手贴在自己脸上,用嘴唇凑上去。
>
> "你理解吗?"他问,"真的理解吗?"

"是的,"我说,"我亲爱的。"但我马上又把头扭开,避开他的视线。我是否理解他究竟有什么关系?我的心犹如一根随风飘荡的鸟羽轻松释然,因为他从未爱过吕蓓卡。

曾经让德温特夫妇的关系蒙上怀疑和不安的阴影的吕蓓卡像幽灵一样消失了,丈夫从来没有爱过吕蓓卡,甚至憎恨她,还把年少的"我"当作圣母玛利亚一样,向"我"忏悔所有的罪过,也把他的内心毫无顾忌地展现在"我"的面前,这难道不是仅仅可以在所爱的人面前才能表现出的行为吗?所有的疑心都像春雪一样融化了,德温特夫人的心就像飞向空中的羽毛一样轻松释然,到现在她才知道丈夫只爱自己一个人,她的心被一种叫做确信的情感所填满。

确信是起源于一种无可置疑的过去或将来之物的观念的快乐。

——斯宾诺莎,《伦理学》

按照斯宾诺莎的话,确信是在没有疑心的情况下才能产生的情感。事实上引起疑心的因素有很多,也只有在这些因素消失得无影无踪时,才会有一种叫做确信的快乐降临在我们身上。举个例子,旅行时往往要依靠地图来查找路线,在岔路口,你不知道应该走哪条路才能回到酒店,仔仔细细地看了好几遍地图,还是充满疑惑地问自己:怎么办才好呢?是走这边还是走那边?做出抉择之后,随着时间的推移,疑惑也越来越大,也许没有选择的路才是去酒店的正确之路。就在此刻,你突然发现了矗立在远处的酒店,这时一种难以控制的兴奋贯穿全身。

假如在此过程中疑惑并不大，那么面临结果时，因确信产生的快乐有可能也是微不足道的。疑惑越大，确信带来的喜悦就越强烈。

确信难以让疑心造成的伤口愈合，且不知什么时候，这伤口会重新裂开，让确信再次远离，而疑心又会占据其原来的位置，可见确信和疑心就像铜钱的两面一样，被捆绑在悲剧性的宿命中。对每个人来说，确信和疑心这两种情感总是存在的。相爱的人不应该说"我相信你"，因为这句话有可能成为矛盾的导火索，如果相信对方，也就没有必要说这句话了。是的，确信和疑心很容易使相爱的人处于精神崩溃的边缘，最终有可能为爱情画上悲剧性的句号。

德温特夫人之所以会产生确信的感觉，难道不是因为她预感到悲剧的结局或者会有更大更多的疑问产生吗？除了吕蓓卡勾引过的男人以外，只有她丈夫一个人知道吕蓓卡是一个恶毒的女人，豪宅里的仆人对吕蓓卡的印象都是完美无缺的贤妻良母。吕蓓卡勾引男人的事是从迈克西姆的口中听到的，别人谁也没有说过，所以只要迈克西姆永远闭上他的嘴，就没有人会怀疑吕蓓卡贤妻良母的形象。但有一点让人很怀疑，吕蓓卡的演技怎么会这样天衣无缝，没有任何破绽呢？在风雨交加的一天，吕蓓卡的尸体和她乘坐的小船很偶然地在大海里被发现了，以事故为终结的事件再一次将迈克西姆推向危机的悬崖边，迈克西姆这才向妻子和盘托出，道出吕蓓卡的真实面貌。

或许迈克西姆就是一个软弱的恶魔，杀死了妻子，为了洗刷自己的罪行而污蔑吕蓓卡是恶女。如果是这样，那么现在已经相信丈夫爱情的德温特夫人会不会成为恶魔的第二个牺牲品或者替罪羊呢？像上演以疑心和确信为主题的电视剧一样，在《蝴蝶梦》的结尾，曾让丈夫引以为豪的豪宅在大火中被烧成废墟。这是吕蓓卡的诅咒，还是那位崇拜吕蓓卡的忠心耿耿的女仆所为，或者是迈克西姆用大火烧掉豪宅，寻找全新自我的阴谋呢？不管怎样，吕蓓卡的豪宅里的所有人都纷纷离去、各奔东西，最终只剩下主人公和她的丈夫在一起，她安全了吗？小说就是在这些比过去更大的新的疑问中结束的。

达芙妮·杜穆里埃

（1907—1989）

希区柯克十分欣赏杜穆里埃，可以说是杜穆里埃迷，因此将她的小说《牙买加客栈》《群鸟》《蝴蝶梦》搬上了银幕。特别是《蝴蝶梦》还被改编为奥地利音乐剧，成为维也纳音乐剧的代表作，受到广泛的欢迎。

《蝴蝶梦》讲述的是发生在早已死去却似乎仍掌控着曼德丽庄园一切的女人吕蓓卡，想要从过去的阴影中逃离的迈克西姆，出身低微、相貌平平却与庄园的主人相爱的"我"之间的故事，而这三者之间的关系让人联想到夏洛特·勃朗特的小说《简爱》。

"现在知道了？你绝对赢不了吕蓓卡夫人。她即使死了，也还是这儿的女主人。真正的德温特夫人是她，而不是你，你才是亡灵和鬼魂。……躺在教堂墓地里的应该是你，而不是德温特夫人。应该死的是你，而不是德温特夫人。"

在触目惊心的危机面前，需要一种让惊恐万分的"我"成长的力量，那就是"我"确信丈夫爱"我"，"我将不再是个小孩，再不会老是'我''我''我'如何，而将是'我们'如何。我俩是不能分离的一对。"

人们闭口不谈吕蓓卡，我总以为是出于同情和怜悯，不料真正的原因却在于耻辱和困窘。我居然始终未能看出端倪，这简直不可思议。世上怎么会有像我这样的人，作茧自缚，痛苦万分，由于自身的盲目和愚钝，竟还在自己面前筑起一堵障眼的大墙，使自己无法看清事实真相。我设想了一幕又一幕失真的图景，独自坐在那儿观赏，却从来没有足够的勇气去探求真相。其实，我只要跨出一步，迈克西姆早在四个月，不，五个月前就会把一切都告诉我的。

哲学家的劝告

"我相信你"这句话让人感到害怕，当听到这句话时，只有聪明绝顶的人才能解读对方深深的疑虑，而这种疑虑像受到压力的弹簧，不知什么时候又会突然反弹，给对方重击，随之对对方的信任也会烟消云散。大部分平凡人的生活就是在确信和不信之间来回移动，因为我们的生活并不只依靠自己的力量，更多的是依赖他人的力量。我们相信他人会按照我们的意志去做，这样我们就会觉得幸福，反之，我们就会觉得不幸福。在此过程中，优柔寡断和谨慎这两种情感也会相伴而生。要想摆脱确信和不信这种致命性的辩证法，其中一个方法就是放手去做。我们能做的事情全部由自己承担，若结果不尽如人意，那么就坦然地舍弃，根本不用去想对方会怎么样，因为事情是自己做的，跟别人没有任何关系。举个例子，当你爱上某个人，那就足够了，至于你爱的人是否爱你，也就没有理由确信和怀疑了，若对方爱你，那就是幸运至极的事情。所以真正需要认真考虑的并不是对方是否爱你，而是你是否爱对方。这个道理不只适用于爱情，人和人之间的关系、人与世间万物的关系，都可以以此来解释。对于他人，我们根本没有理由怀揣确信和不信，只要默默地或者坦然地去做自己应该做的事就好。如果你被确信和不信所束缚，请把视线从他人身上转回到自己身上，或许你会发现自己是一个过于依赖他人而又软弱的人，若不改正这一点，那你永远就只能在确信和不信之间彷徨，沦为迷路的灵魂。

希望
SPES

不确定之后

更加恳切的等待

《远大前程》
查尔斯·狄更斯

我爱她，我爱她，我爱她！然后我的心底涌起一阵感激之情，她竟命中注定要和我这个曾经是个小铁匠的人结成良缘。不过我又担心，她是否像我一样为这种命中注定而欢天喜地呢？她什么时候才能对我感兴趣呢？

预言具有一种神秘的魅力，特别是当我们约定美好未来时，没有比这更让人心驰神往的了。曾经是铁匠少年的皮普也不例外。"你爱埃斯苔娜吧！"郝维仙小姐的预言就像咒语一样，使皮普幸福得不知所措，胸腔好像爆裂一样。他怎么敢有这样的想法呢？埃斯苔娜的爱情是做梦也难以得到的，但自己却能跟这样的埃斯苔娜成为恋人，甚至还有结婚的可能，简直像进入梦境一般。但是皮普还是忐忑不安。难道只因郝维仙的愿望，埃斯苔娜就会对卑微的自己产生兴趣吗？郝维仙小姐的预言让看起来没有可能实现的希望深深地烙进了皮普渺小的心灵。希望就像预言一样向我们走来，这难道不是预言的力量吗？

查尔斯·狄更斯的小说《远大前程》描写了名为皮普的不幸少年的希望和挫折。这是一部写于19世纪的小说，但至今依然让人爱不释手，因为这部小说讲的是一种希望，一种在资本主义社会里根本无法萌发的人类最深奥的情感。那么人类最终希望的是什么呢？是得到他人的关心和爱情，不仅是19世纪的英国，在当今社会里，我们越有钱越能得到更多的关心和爱情。小说的原书名也有"对得到或继承巨额财产的期待"的意思，卑微的铁匠少年人生逆转的源泉难道不就是一夜暴富吗？

皮普很清楚埃斯苔娜将会选择有钱的男人，因为美丽的埃斯苔娜也是一个很世故的女人。要想让郝维仙的预言最终变为现实，皮普必须接受"巨额的遗产"，因为只有这"巨额的遗产"才能让皮普看起来拥有伟大之处。得到巨额遗产的可能性，也就是和埃斯苔娜成为恋人的可能性。对巨额遗产的希望和对爱情的希望之间的关系是密不可分的。简单地说，对爱情的希望是通过对钱的希望来实现的。不幸的是，这时候的皮普并没有意识到自己陷入了只认金钱的世俗小人所设计的危险中，但不幸中的万幸，"巨额的遗产"化为泡影之后，皮普也从那个危险中逃脱了。

怀揣希望的人了解那是一种非常不安的情感。只是想象着和埃斯苔娜牵手散步或者接吻的场面，就会令皮普幸福、紧张不已，他的希望笼罩着浓浓的黑暗。

> 希望是一种不稳定的快乐，起源于关于将来或过去某一事物的观念，而对于那一事物的结果，我们还有一些怀疑。
>
> ——斯宾诺莎，《伦理学》

"对于事物的结果存在一定程度的怀疑的快乐"是一种不确定的快乐。事物的结果与希望一致,那值得高兴,但也有可能不会随心所愿。在这种逻辑的影响下,希望的情感背后,隐藏着一种让我们的生活变得杂乱无章的力量。如果事情按照自己的希望发展,就会很幸福,而伴随而来的不确定性也会越来越勒紧我们的咽喉。承受力脆弱的人不会为了悄然而生的快乐拼命挣扎,也就没必要因未来的不确定性而浑身颤抖。希望好像铜钱一样有正反面,正面是希望所带来的快乐,反面是其不确定性,事实上哪一面都是不可或缺的,因为除去一面,剩下的一面必定会随之消失。

被影子环抱的树木其树影也是越长越大,有个人不喜欢树影的黑色,又不愿意放弃树木的雄伟,所以他的愿望是保持树木的原形,而将影子削减为一半,不仅如此,他更希望将剩下的一半减为一半。这种愿望能实现吗?当然这是不可能的事情。因为为了减少树木的影子,除了对雄伟的树木进行修枝剪叶,别无办法。希望也是一样,如果不喜欢未来的不确定性而想要将其最小化,那么只能将怀揣的希望缩小。正像有树木才会有树影一样,与追随希望的未来快乐相伴而生的是不确定性,因此,害怕经受不住不确定性而将希望扼杀在摇篮中是一件非常愚蠢的事情。

《远大前程》描述的是孤儿皮普的南柯一梦,内容凄凉,小说的结局是主人公陷入崩溃边缘,但与之相比,小说描写的人类对爱情的希望如何在金钱至高无上的社会里被扭曲和践踏更让它成为经典之作。作者还通过对被资本主义污染的人类的假希望,以正话反说的形式向观众展示人类真正的希望是什么。只看小说的表面情节,其结局是无法继承巨额财产的埃斯苔娜最终与一位有钱而又俗不可耐的绅士结婚，皮普的希望落空了，郝维仙小姐的预言成为一派胡言。但这对皮普来说也许是一件好事，因为那世故之人有可能是自己，放弃埃斯苔娜，皮普或许就舍弃了贪欲金钱的自己，还有自身的世俗劣根性。所以皮普在金钱方面获得了自由。

金钱可以得到爱情也可以失去爱情，我们不可能只对金钱存在希望，人类的希望应该依旧倾向于人类自身。作者带着悲伤的微笑向 21 世纪可以被称为"皮普"的我们提出一个问题，是选择金钱还是选择爱情，但作者并不强求我们用简单的二分法来回答这个问题。为了所爱的人努力挣钱不是一件让人羞愧，而是堂堂正正的事情。在原始社会，人们为了心爱的家人不也是而冒着生命危险猎杀动物吗？重要的是，猎物也好、金钱也好，这些只是为了得到爱情的手段而不是目的。当你有了钱，不爱你的人即使向你走来，他爱的也只是有钱的你，或者你手中的钱。皮普得到的真正巨额遗产难道不是这种醒悟吗？俗人和俗人，真挚的人和真挚的人，他们的相遇不是蕴涵着不确定性，而是一种人生哲理，即只有阅历丰富，才能阅人有术。

查尔斯·狄更斯

（1812—1870）

查尔斯·狄更斯的《雾都孤儿》《圣诞颂歌》等文学作品对读者来说可谓耳熟能详，也正是这些作品使狄更斯成为英国工业革命时代的代表作家,他的小说体现了他关怀社会弱者、警戒社会强者的思想。他的墓碑上写道:"查尔斯·狄更斯是贫穷、受苦与被压迫人民的同情者;他的去世令世界失去了一位伟大的英国作家。"

小说《远大前程》(1861)讲述主人公皮普对"巨额遗产"和美好爱情充满了希望,但最后这一切只不过是一场梦而已。即使如此,皮普最终还是成为一个懂得追求真实的成熟的年轻人,同时也觉醒了,他知道那些被称为"绅士"的人实际上就是一个卑劣的族类,相反,看起来让人害怕的罪犯马格韦契其实是一位拥有纯洁心灵的人。他还知道他一直心存感谢的资助者郝维仙小姐其实是一个活着的恶魔。他宽恕了她,即使郝维仙小姐犯下了不可饶恕的错误:收养了一个女孩,因为她自己怀着刻骨的怨。

恨,情感被别人玩弄,自尊心受到伤害,她就让这个女孩长大成人后,作为她报仇雪恨的工具。然而,她把自己和白日的阳光隔离,她把自己和一切事物无限地隔离;她孤独地生活,她把自己和成千上万自然而有益的事物隔离;她的整颗心都在孤独地沉思,因而扭曲损伤,这和世上所有违背了上帝安排的人一样,都一定、必然地得到这种后果。对于这一点我同样知道得很清楚。因此,我能毫无同情地看着她吗?

哲学家的劝告

"想要成为那样的人""想要去那个地方""想要与那个人见面"。是的,每个人都心怀某种希望,与成年人相比,希望更青睐于孩子们,因为与希望所带来的不确定性相比,孩童更注重希望实现时所带来的那份快乐,所以孩子们可以尽情去希望、去幻想、去期盼。而成年人更在乎希望能否实现,而不是希望所带来的快乐。日益忙碌的成年人被很多工作缠身,这种不确定性是一种很大的麻烦,所以他们拒绝生活和未来所面临的不确定性,并且愿意将希望放在祭坛上,将它从现实生活中排除,甚至还尽量安慰自己:孩子们那种充满希望的生活不过是一种幼稚的生活而已。这是伊索寓言中所提到的"酸葡萄心理"在作怪,这样做真的会将摘不到葡萄的人的弱点隐藏起来吗?在把期望降低或者干脆舍弃希望的那一瞬间,我们的未来也随之烟消云散,剩下的每一天都像钟摆一样,周而复始、千篇一律。要知道,参天大树的起点是一粒小小的种子,万丈高楼的起点是一块平常的基石,让我们心怀小小的希望吧。"我要成为画家,一定会画出绚丽的油画。""我要学习火烈鸟吉他。""我要去马丘比丘!""我要去见凯斯·杰瑞,去听他的音乐会,要请他在 CD 上签名。"就是从这样小小的愿望开始,我们的希望才会越来越多,相伴而生的快乐和幸福就会停留在我们的身边。

傲慢
SUPERBIA

侵蚀爱情的

凶手癌细胞

《危险关系》
皮埃尔·肖代洛·德·拉克洛

在西洋发展史中，最具有戏剧性的时期可以说是18世纪的启蒙时代，在此之前以神的名义所压迫的人性化的东西最终在这一时期被释放出来。就像老师不在的时候，被压制的学生犹如火山爆发一样，不可控制的火焰瞬间喷射出来，教室里变得热闹非凡，这种氛围就是启蒙时代的社会氛围。尤其是基于宗教的理由被完全否定和蔑视的男女之间的性欲，西方人对肉体的肯定才是从神那里得到解放的最大证据，也是西方进入启蒙时代的最大证据。过去基督教只承认精神之爱的价值，此时受到启蒙的人异口同声地宣布，精神之爱只不过是爱情的一半，神一样的仁爱更是蹩脚的爱情，而性爱成为爱情的权威。

如果男女之间只存在精神之爱，爱情和友情之间究竟有什么差异呢？男人和女人在身体上明显地存在各自的特征，想一想男性和女性的生殖器官结构，不言而喻，男性肉体和女性肉体之间是相互需要的。所以，受到启蒙的人就像亚当和夏娃一样，对自己的身体不再感到羞愧，甚至还知道那是享受世间最大幸福——性爱的最佳渠道。这难道不是启蒙主义的最大影响力吗？但对性欲的肯定并不都是幸运的，因为男女两性还要承受随之而来形形色色的感情波浪的冲击。于1782年出版的皮埃尔·肖代洛·德·拉克洛的小说《危险关系》对性欲，以及与其相伴的各种感情进行了细腻的刻画，可谓是登峰造极之作。

小说讲的是世间少有的花花公子瓦尔蒙子爵和仅次于他的浪荡女梅尔特伊侯爵夫人之间所下的一个荒唐的赌，以及他们之间充满火药味的拉锯战。如果瓦尔蒙子爵将贤淑的德·都尔维尔法院院长夫人弄到手，也就是诱惑成功的话，梅尔特伊侯爵夫人就会和他一起享受床笫之欢。可是瓦尔蒙子爵在诱惑院长夫人的过程中付出了真爱，他玩弄女人原本只是出于单纯的征服感和快乐。谁也没有想事情变得复杂了，因为按照他和梅尔特伊侯爵夫人之间的协议，即使他和院长夫人做了爱，也不能和她真心相爱。结果瓦尔蒙赢了，他催促侯爵夫人准备与他度过一个香艳的夜晚。但是侯爵夫人认为瓦尔蒙实际上失败了，因为她一直在监视他，知道他动了真情。随后，瓦尔蒙立即给侯爵夫人写了一封信，告诉她是她误会了他，还狡辩称自己绝对不能接受这种付出真心的屈辱。

这次爱情游戏和以往不一样，要经过艰苦和周密的作战，才能得到圆满的胜利，没有比一个人努力取得的胜利更让人感到珍贵的了。享受征服那个女人的快感，这才是一种甜蜜荣耀的情感。

花花公子征服一个女人，并不是让她成为自己的奴隶，而是，让她爱上自己，这是一件无比荣光的事情。侯爵夫人指责瓦尔蒙作为花花公子爱上一个女人，而不是征服她，这是有悖于其名声的。面对梅尔特伊侯爵夫人的指责，瓦尔蒙感到羞辱，被爱情降伏和愿意成为一个人的奴隶没有差别。瓦尔蒙子爵苦苦挣扎，此时的他还是弯不下傲慢的腰板，固执地认为自己征服了院长夫人而不是爱上了她，当然在书信的字里行间中，到处可以发现瓦尔蒙动了真情的证据和告白。

傲慢是由于爱自己而将自己看得太高。

——斯宾诺莎，《伦理学》

瓦尔蒙子爵自得于将女人玩弄于股掌之中的生活，对自己远播的名声津津乐道。他就是这样俗不可耐的人，所以他一刻也不承认自己成了院长夫人在情感上的奴隶。出于这种傲慢，瓦尔蒙子爵接受了梅尔特伊侯爵夫人的残忍提议，为了证明自己仍凌驾于女人之上，冷酷地抛弃了院长夫人。瓦尔蒙无法预料他的傲慢导致的后果是什么。他最终还是绝情地将院长夫人从自己的身边赶走，但此刻的瓦尔蒙不再是世间少有的浪荡子，而已经成了动了真情的平凡男人。在他冷落院长夫人的时候，他感到自己接近于精神分裂，脑海中自认为是征服和玩弄女人的高手，而现实中他对院长夫人却付出了真爱，这两种感觉是完全相悖的，对他来说是一种精神上的折磨。

从表面上看，是瓦尔蒙抛弃了院长夫人，然而他抛弃得越狠，思念得越深。当院长夫人从他身边消失的那一刻，他已经陷入极度的痛苦中。为了缓解这种彻骨的思念，哪怕是一点点，瓦尔蒙强烈要求梅尔特伊侯爵夫人与他同床共枕、完成鱼水之欢。但梅尔特伊侯爵夫人是一个敏感的女人，对瓦尔蒙这种复杂的心理状态一清二楚。现在的瓦尔蒙因为抛弃了院长夫人，所以才毫无顾忌地提出让梅尔特伊侯爵夫人履行赌约，但侯爵夫人已经认识到瓦尔蒙是真心爱上了院长夫人，自己沦为院长夫人的替代品。更具有戏剧性的是，侯爵夫人拒绝履行赌约，因为她在不知不觉中已爱上了瓦尔蒙，无法忍受与爱着别的女人的瓦尔蒙共度良宵。与瓦尔蒙一样，侯爵夫人也因真爱而不知所措。

一位是抛弃了自己心爱的女人，与侯爵夫人等价交换的一夜之欢也遭到了拒绝的男性，一位是在算计中爱上对方的女性，这两个人好像成了天真的孩子，对于这种抢夺性的要求，总是觉得不够。这种感觉使他们背离了以往隐秘的情人关系，被一种互相伤害、嫉妒、憎恨的情绪笼罩着。在这场爱情游戏的漩涡中，纯真的院长夫人的真情遭到了欺骗，最终隐居在修道院，不久之后便离开了人世。可见爱情就像传染病一样，使这三个人深陷其中，相互传染、相互伤害。

爱上一个人并不可耻，但认为爱可耻的男主人公的骄傲使这个故事以悲剧收场。如果爱上一个人，就要将傲慢弃置一边，也许《危险关系》要告诉我们的就是这些吧。

皮埃尔·肖代洛·德·拉克洛

（1741—1803）

《危险关系》（1782）是一部以"社交界"的故事为基础，描写法国大革命前夕法国贵族们荒淫无耻的恋爱习俗的小说。这部作品与卢梭的《新爱洛漪丝》都是当时的畅销书，并且还成为当时流行的书信体小说的代表作。《危险关系》很久以来一直被打上道德败坏、有伤风化的烙印，然而对于这部作品中有关心理的细腻描写，司汤达、波德莱尔、安德烈·纪德等作家都给予了认可，并捕捉到其真实价值。失去丈夫寡居的梅尔特伊侯爵夫人在精神上是一位独立的"自由夫人"。

"子爵大人，知道我为什么不结婚吗？可不是找不到合适的婆家，只是不想把可以管教我行为的权利给任何一个人。"当这样一位一点也不逊于男人且充满自信的女人知道瓦尔蒙深深爱上别的女人时，她的自尊心受到了更大的伤害，情感天平失去了平衡。

不，我不是赢了那个女人，而只是赢了你，所以才有趣，一种甜在心里的有趣，对了，瓦尔蒙子爵，你深深地爱上了德·都尔维尔法院院长夫人，并且现在也爱着她，疯狂地爱着她，但是为了我的恶趣味而玩弄这个女性让她感到羞愧，你的勇敢让她牺牲，你宁愿成为一个笑柄，也要让这样的千个女子牺牲，你的自尊心真的让人震惊无比，难道不是吗？对，很多智者说的话是对的，自尊心是幸福的敌人。

这部小说在两百年以后的今天，先后被搬上银幕，电影《比爱更美的诱惑》、以20世纪30年代的老上海为背景的电影《危险关系》，还有以李氏朝鲜为背景的电影《丑闻》，虽是老题材，但在不同的时代和背景下演绎出了各种各样的故事。

哲学家的劝告

"关于你，我什么都知道。"没有比这句话更能表现出傲慢之人的内在心理了。傲慢的情感来源于自信，这种自信指的是自认为对任何领域都无所不知，但傲慢往往以悲剧收场。自认为比他人知道得更多，但事实上只是在卖弄最终导致自己走向灭亡。认为自己比任何人都了解汽车的构造，这样的人最容易死于交通事故；认为自己比任何人都擅长攀岩，这样的人最容易坠崖而死。道理不局限在事物上，人也是如此，背叛我们的人往往对我们的情况一清二楚。不管是对汽车、对攀岩，还是对人，之所以比别人了解得更清楚，是因为喜爱或钟情，因为爱对方才想要了解对方。也许与"爱"同义的是"我要知道"，但是，当我们陷入认为自己无所不知，或者没有必要知道更多东西的傲慢情感中时，我们已经不会再继续喜爱那些东西或钟爱那个人了。结果那些曾经让我们付出爱的人与事物开始向我们复仇。"你真的认为很了解我吗？"正是这种自以为无所不知的傲慢使我们对时刻发生变化的汽车状态不加理会，甚至不屑于努力去了解它的变化；使我们对悬崖掉以轻心；也使我们对恋人的情况不做出敏锐的应对，因此只能被复仇之箭射中。

谨慎
TIMOR

选择"小不幸"的悲剧

《您喜欢勃拉姆斯吗》
弗朗索瓦丝·萨冈

受到很多伤害的人有一个共同的特征，就是从过度的被害意识中衍生出来的谨慎。他们总是有一种会被他人伤害的感觉，生活在这种感觉中的人在本应表现出积极态度的言语和行动上犹豫不决。即使什么也不做，也会遭到损失和伤害，担心伤害会不请自来。在遭受某种伤害时，希望不是因他而起，而是由于他人的过失，这种想法更能提供心理上的安全感。要去什么地方旅行，如果他说去阿姆斯特丹，在那里发生的不便很容易会被认为是由他造成的，所以听从对方去布拉格的建议才是明智的。只有这样，在今后无法预测的情况下才能推脱责任。要吃什么东西，要看什么电影，所有情况都是一样的。像这样深陷于受害意识的人在每件事情上都只能消极地对待。

事实上，解析束缚于受害意识的人的心理结构不难，过去他是否真的受到很大的伤害并不重要，重要的是他是否将伤害夸大。比如说，与他人相比，他所受到的伤害并不是很严重，但他会渲染夸大，使伤害成为记忆中的最大伤痛，更严重的是，他会因将来也有可能受到同样的伤害而惶恐不安，把更多的精力倾注在具有不确定性的未来，而不是具有确定性的现在上。这种忐忑不安的感觉在与比自己年纪小的恋人面前会更生动地显露出来。即使现在相爱，但人和爱情都要经历时间的考验。年长的一方对爱情更容易感到忧心忡忡，害怕自己年老色衰，再也得不到恋人的喜爱。

年长的一方仿佛已经看到自己将来被抛弃的样子，过度忧虑，因此更容易忽略现在应该享受的爱情，他们甚至还认为，现在享受的爱情所带来的快乐有可能成为未来被抛弃时所带来的挫败感的导火索。年长的一方会向给自己带来快乐的年轻恋人提出分手，以免自己受到伤害。年长的女人宝珥正是基于这种逻辑才和年轻的男人西蒙尽欢而散、依依惜别。

宝珥又忆起她最初遇到的身穿便袍、动作轻快、不知所措的西蒙，心里更想把他还给他本人，永远把他打发走，让他伤心一时，再去把他交给那些到处都有的娇憨小姐。教会他懂得人生，时间要比她做得更有效，西蒙的手放在她的手里，一动不动，她的手指感到他的脉搏跳动时，眼睛猛然涌下泪水，不知道这眼泪是为这个异常温柔的青年而抛洒，还是为她自己颇为凄凉的生活而流淌，她拉起这只手，放到唇边亲吻。

宝珥现在的眼睛符合三十九岁的年纪，这是一双周边留下了淡淡皱纹的眼睛，就是从这双眼睛中流下了串串泪珠，因为她已下定决心放弃她和年轻人西蒙之间的爱情，虽然西蒙曾经让她心如鹿撞。问着"您喜欢勃拉姆斯吗"的同时，却想着和让自己人生变得绚丽多彩的人分手，这可能是一件让人非常难过的事情。这也许是弗朗索瓦丝·萨冈的小说《您喜欢勃拉姆斯吗》中最令人心碎的场面。在两个男人之间摇摆不定的宝珥最终毅然决定离开让自己人生绽放光彩的西蒙，回到已经交往六年的浪荡子罗捷的身边。当然宝珥非常清楚，罗捷现在难以承受宝珥被西蒙所吸引这一点，但当宝珥离开西蒙回到罗捷身边时，罗捷依旧让她寂寞难耐。

宝珥害怕面对西蒙，害怕自己慢慢老去而西蒙却风华正茂，害怕不知何时起西蒙会发现她身上一点魅力也没有。相反，罗捷即使像现在一样到处拈花惹草，让她形单影只，他也会像老旧的家具一样，留在她的身边。宝珥的人生经验似乎太过丰富了，她认为罗捷虽然总是招蜂引蝶，但他还是不会离开自己，此外，罗捷会和自己一样慢慢走向衰老，过不了多久罗捷水性杨花的毛病就会根除。但西蒙和罗捷不同，西蒙是一个年纪很轻的男人，人生还没有到达顶峰，具有年轻人的魅力，如果西蒙走上了巅峰，还会爱着年长的宝珥吗？宝珥真正害怕的就是未来的不确定性。

害怕永远孤身一人的心态让宝珥无法自拔，若离开熟悉的生活，选择西蒙的话，只会得到一时的幸福，不久就会被抛弃。选择罗捷对现在来说是不幸的，但不会有被抛弃的危机感。可见在能否承受爱情危机的问题上，宝珥太谨慎了，与让人感到不安的爱情相比，选择不幸中的稳定看起来更自然。但斯宾诺莎却不这样认为。

> 谨慎是宁愿忍受较小的祸害而避免所恐惧的较大的祸害的欲望。
>
> ——斯宾诺莎，《伦理学》

斯宾诺莎所认为的善与恶和我们息息相关。善会给我们带来快乐和活力，恶会给我们带来痛苦和忧虑。但宝珥的悲剧是她不能肯定爱情所带来的片刻快乐，又对她与西蒙的爱情感到忧虑不安，因此，比起与罗捷在一起的孤寂生活，她与西蒙的爱情让她感觉是一种更大的祸害（恶）。也许宝珥不是一个憧憬爱情的人，儿时在被遗弃的孤独中独自生活，所以她害怕痛苦和忧伤。当宝珥决定和西蒙离别时，宝珥为什么泪流满面？

如果宝珥的决定是一种幸福的选择，她的泪水就没有任何意义。但是宝珥知道自己的决定源自谨慎，她也不喜欢自己在爱情面前畏畏缩缩的样子，这会让她不寒而栗。面对被遗弃的孤寂未来，因为无奈的恐惧而要放弃可以尽情享受的爱情，宝珥觉得自己很可怜，所以她才不知道这眼泪是为了那亲切的青年流下的，还是为了自己痛苦的生活流下的。表面上看起来她是为了西蒙的未来而做出分手的决定，但事实上是因为她缺乏承担爱情的勇气。

萨冈也许是想通过宝珥的伤心故事告诉我们，爱情是需要勇气才可以承担的。五十岁的萨冈因涉嫌吸毒而受到审判，站在法庭上，她说了一句话："我对他人没有造成伤害，我有让自己颓废的权力。"宝珥愿意承担崩溃的危险，却不能大胆地面对爱情，这种选择只是暂时地获得安全，但就是这种暂时的便利和安逸让我们的生活变得没有生机，更加沉重，慢慢地陷入无法掌控的边缘。所以，萨冈才会向我们呐喊：盲目地转变成他人难道就没有危险了吗？如果不和我们已习惯的生活告别，没有纵身跳下万丈悬崖的勇气，我们怎么能有希望品尝爱情的甜蜜呢？

弗朗索瓦丝·萨冈

(1935—2004)

"萨冈"是普鲁斯特小说《追忆似水年华》中人物的名字,弗朗索瓦丝选它来作为自己的笔名,在十八岁时发表了第一部小说《你好,忧愁》。这部小说成为全球畅销作品,作家弗朗索瓦·莫里亚克对她的评价是:"欧洲文坛上的迷人的小魔女"。《您喜欢勃拉姆斯吗》(1959)也是以描写萨冈特有的生活状态为主的小说,将大家所熟知的生活拒之门外。面对很久以来忘记自我却安于现状的宝珥,西蒙问了一个问题:"您喜欢勃拉姆斯吗?"这个问题让宝珥想起了那段依然没有结束的时节,冒着危险去寻找认同,以及自己面临的很多可能性。

宝珥开始听勃拉姆斯的协奏曲,觉得开头富于浪漫气息,但她在乐曲的中间没有听下去……她的注意力只能集中到布样上,集中到一个总不在眼前的男子身上,她忘记了自我,迷失了踪迹,永远回不到原地。"您喜欢勃拉姆斯吗?"她走到敞着的窗前,迎着耀眼的阳光伫立片刻。"您喜欢勃拉姆斯吗?"这短短一句话,仿佛突然向她揭示了茫茫一片的遗忘,换句话说,她所忘记的一切、她断然回避向自己提出的全部问题。

"为什么要为前程而搞砸现在呢?"由此西蒙并不喜欢甚至从来没有将自己的职业放在心上,且"像一个幸福的梦游人"环绕在宝珥周围,"西蒙心里充满了幸福。宝珥比他大十五岁,可是,他觉得对她比对一个十六岁的处女责任更大"。虽然西蒙此时迈进了全新的世界,但宝珥最终还是回到罗捷所存在的现实中,同时又一次失去自我,"闻到他身体、烟草的熟悉的味道,觉得自己既得救了,又毁掉了"。

哲学家的劝告

谨慎和大胆是人类所拥有的两极分化的情感。担心事情的结果不能如愿以偿,导致我们在每一件事上都谨小慎微。相反,若确信结果如愿以偿,我们就会在所有的事情上勇往直前。谨慎也好,大胆也好,这两种情感的共性都是极端的。即使如此,谨慎还是被认为是一种美德。未来未必尽遂人愿,谨慎的人可以做好准备而不受到任何打击,他们总是预感失败会降临到自己身上。反之,大胆的人"罹患"着难以预测的后遗症,把未来看得非常乐观和积极,一旦遭遇悲剧性的结局,就会受到严重的打击。然而未来总是不尽如人意,因为未来像经纬线一样纵横交错在一起。不管我们对未来做出怎样合理性的预测,他人的行为也会使我们的预测发生变化,或者干脆化为泡影。因此,不论是否如愿,都不能把原因完全怪罪在自己的头上。过于大胆的人还是需要谨慎一些,反之,过于谨慎的人也需要更大胆一些,只有这样才能对未来报以均衡的心态,在谨慎和大胆之间找到平衡点,这可能就是所谓的中庸之道吧。在克服谨慎之后,若结果不如意,此刻就需要"不是就不是了"这种干脆的酷极了的姿态,且这种姿态还需要反复练习,第一次实践的时候可能会辛苦一点,可过不了多久,你就会渐渐地具有不同于谨慎的面貌。

快感
TITILLATIO

放弃不了的虚幻辉煌

《弗洛尔和她的两个丈夫》
若热·亚马多

有关心灵和身体之间的关系，可以通过两种不同的传统来理解，一种是只重视心灵上的愉悦的传统，一种是身体和心灵上的愉悦都重视的传统。前者被称为精神主义，认为心灵上的努力和身体上的努力成反比，为了得到心灵上的愉悦，牺牲身体上的愉悦不但不能避免，而且是必要的选择。可见，性的快乐成了精神快乐的障碍物，西方和东方的主流文化圈标榜的就是这种基督教或者儒教所倡导的精神主义。相反，即使被称为感官主义也觉得无所谓的后者，认为心灵上的努力和身体上的努力之间存在着非常精准的比例。当身体充满愉悦时，我们的心灵也随之燃起兴奋之感。正是因为这一点，在其传统所认同的领域，性的快乐和精神的快乐不过是人类生活中相同快乐的两种表示而已。

南美文化的重要性就在于认为性的快乐和精神的快乐是同等重要的，而拉丁美洲文化告诉我们，身体上的快乐和心灵上的快乐是不可分割的，这里的快乐是指感官上的快乐。若热·亚马多的小说《弗洛尔和她的两个丈夫》也宣扬了这一观点。弗洛尔认为一个美丽的女人应该享受生活中的两种喜悦,一种是心灵上的,一种是身体上的,这部小说描述的就是弗洛尔体验这两种喜悦的过程。弗洛尔与绅士般的药剂师特奥多罗再婚,却无法忘记已经死去的第一任丈夫瓦迪尼奥,和第二任丈夫在一起的时间越长,她对死去的瓦迪尼奥的渴望就越强烈。第二任丈夫虽然给她带来精神上的喜悦,但是带给她的肉体上的喜悦却远远不如第一任丈夫。瓦迪尼奥以一种幻觉或者幽灵的形式出现在弗洛尔面前,并且理直气壮、毫无愧色地诱惑着已经成为别人妻子的弗洛尔。

当然,在最初的时候,弗洛尔对瓦迪尼奥的诱惑还是有些抵触情绪的,可是随后她渐渐明白如果没有肉体上的快乐,她能享受的快乐也只能是不正常的畸形快乐罢了,这样的觉醒通过瓦迪尼奥之口非常明确地表现出来。

"你的家、夫妇之间的贞洁、尊敬、秩序、体贴、安定。这些东西里都有那家伙的份儿。他的爱情只有高尚(还有无聊),你想幸福的话,这些是需要的,但是你的幸福中也需要我的爱情,淫荡扭曲的爱,晦涩粗暴的爱,折磨你的爱。……他是你的外表,我是你的内在,我们两个人的爱是你无法回避也不能回避的,我们是你的两个丈夫,你的两副面孔,你肯定的一面,也是你否定的一面,为了你的幸福,你是需要我们两个的。"

人类的时间观念有两种,一种是持续的时间,另一种是瞬间的时间。持续让我们可以预测未来的时间,并且带来心灵上的安全感。反之,瞬间就好像初次见面一样一下子将过去的安全带进崩溃的危险中。

所以瞬间与日常生活中使用的时间用语有所不同，并不是指由秒针所示意的概念，秒针代表的是以一秒钟为单位的流逝时间，秒针的累计带动分针的移动，分针的累计带动时针的移动，而事件发生的那一刻使这种持续的时间无效化，这一刻便是瞬间的概念，并不是时间用语的瞬间。例如，与一位男性刚见面的这一刻，觉得自己未来的人生会完全不同，这一刻是指觉得自己绝对不能回到过去的时刻，这就是所谓的瞬间。

持续的时间在婚姻生活中很容易确认，因为婚姻生活重视的是秩序、和谐以及稳定，而这些是通过持续的时间来体现的。相反，瞬间的时间是通过热恋而显现的，因为恋爱和结婚不同，没有秩序，受到激情和喜悦的控制，激情和喜悦是瞬间产生的。难道弗洛尔对这种持续的婚姻生活渐生厌倦了，才会导致她的第一任丈夫瓦迪尼奥在她的面前出现吗？瓦迪尼奥的出现虽说是一种幻觉，却可以打破弗洛尔这种持续的让人厌烦的生活气氛。根据弗洛伊德的梦的解析，受到压抑的幻想也可以戏剧性地出现在现实中。但是持续的时间必须存在，这才有可能找到被切断的瞬间时间的欲望，相反，瞬间并不是指停滞不前，而是由这一刻产生持续的欲望。

作家赋予女主人公"弗洛尔"的名字意义深长。弗洛尔与花谐音，写这部小说时正是作家人生当中最辉煌的瞬间，所以才会从文学角度来捕捉"弗洛尔"这鲜花盛开的瞬间，用鲜花来象征瞬间的时间，这种比喻简直是登峰造极。"现在即使死了也好。"发出这种感慨的瞬间，是否就是身心同时充满喜悦的瞬间呢？斯宾诺莎把这种情感称为快感或者愉快。

> 与精神和身体同时有关联的喜悦情绪可以称为快感或愉快。
>
> ——斯宾诺莎,《伦理学》

情感使我们的生活更加丰富多彩,它离不开身体和心灵任何一方,当然,彻底的喜悦并不是通过牺牲身体和心灵的任何一方来获得的。当身体和心灵都充满这种喜悦时,我们的生活就会因这种喜悦带来的快感而振奋不已,只有此刻才是我们像鲜花一样盛开的瞬间。认同瓦迪尼奥的诱惑的瞬间,弗洛尔就如花一样绽放,但是,瓦迪尼奥的出现若是幻觉,那么弗洛尔就无法感受到喜悦,因为只有和活着的男人相爱,她才能得到完完全全的喜悦。最终,弗洛尔和丈夫特奥多罗摆脱繁文缛节,通过真心结合的性,在没有瓦迪尼奥的幻觉的情况下,成功地得到了肉体上的愉快。就在此时,瓦迪尼奥的灵魂如雪人一样慢慢地消失了。

瓦迪尼奥真的回到地狱了吗?不,弗洛尔打破瓦迪尼奥的幻觉是出于肉体上的兴奋,所以感官上的愉悦对弗洛尔来说是永远存在的。也许瓦迪尼奥的消失是因为她从内心真正放下了,可以说弗洛尔通过身体得到的愉悦与对瓦迪尼奥的欲望相抵消了。所以弗洛尔有这样的呐喊。

> 没有爱我不能活,没有他的爱我更不能活,不如我和他一起去死,不能在他的身边,我会从街上来往的男人中,拼命地找到他,会努力从每一个男人的嘴中寻找他的味道,我会变成一只红眼的狼,往死里嚎叫,在街上疯跑,直到找到他,他就是我的命。

如果弗洛尔相信爱情是精神世界里一种伟大的情感，她就不会让瓦迪尼奥的灵魂进入她的内心，现在她也不会有这样宣告了。假如从丈夫那里没有得到瓦迪尼奥所象征的那种感官上的快感，她也会很愿意从别的男人那里找到。所谓的精神恋爱，其实不过是那些曾带来感官快感的人所留下的模糊记忆罢了。是生活在如花的记忆中，还是让新的记忆之花盛开呢？象征着南美精神的若热·亚马多大胆却认真地向我们提出这一问题：你是不是忘记了你的瓦迪尼奥？如果是，你是否可以再一次如花般地绽放。

若热·亚马多

（1912—2001）

亚马多是可可农场主的儿子，从儿时起就是看着劳动者的苦难生活长大的，所以他发表了以可可种植园农民的苦难生活为题材的小说。1945年，以巴西共产党党员的身份当选为联邦国会议员，但不久就受到政治迫害，开始了流亡生活。对穷苦的生活进行了真实描写的《巴伊亚》系列作品成为禁书且遭到被烧毁的命运。回到祖国的亚马多却只是埋头于写作，其后社会性的现实主义思想从他的小说中消失，取而代之的是南美特有的幽默和浪漫的情感，此类小说发表之后，使亚马多获得了巴西"平民作家"的称号。

小说《弗洛尔和她的两个丈夫》（1966）中，女主人公有两个丈夫，死去的前夫是一个花花公子，但在夫妻生活中能够满足她的性欲，而现在的丈夫虽说缺乏热情,却能给予她稳定的社会地位和平静温暖的生活。女主人公对前夫充满幻想,在现实中与现任丈夫却过着古板的夫妻生活,作家通过现实与虚幻的相悖关系,淋漓尽致、生动有趣地表现了人类多层面的欲望。

  多纳·弗洛尔成为被称为性欲的不正派情感的奴隶,她一直以来担心自己会屈服于瓦迪尼奥,但现在因为有了坚强意志的控制,所以是不可能的。然而坚定的决心一旦看见瓦迪尼奥的样子就会消失得无影无踪。只要他走近她,弗洛尔就会有一种眩晕的感觉,而这种突袭而来的感觉致使她被诱惑者玩弄于股掌中,现在她已不是自己肉体的主人,叛逆的肉体不再服从她的精神,反而听从了瓦迪尼奥的欲望。

《炼金术士》的作者保罗·科尔贺非常尊敬亚马多,称他为"我的真正的守护者",因为在保罗无名时期一直鼓励他坚持写作的就是若热·亚马多。

哲学家的劝告

  精神和肉体产生的所有快乐并不是经常存在的,首先只有身体活动起来,我们才能渴望得到快感。能让我们找到快感的事情有很多,具有代表性的有性爱、跳舞以及体育运动。但是，这些并不经常产生快感。当身体感到快乐时，我们的精神也一定会感到快乐。但当精神感到快乐时，身体并不一定会感到快乐。你与一个你并不十分喜欢的男人一时头脑发热而发生了性行为，虽然期待得并不多，却享受到非常尽兴、满足的性爱。之后，一旦想起他，你精神上就会充满快乐。相反，现在和你在一起的男人让你精神上被快乐浸透，你对和他在一起的夜晚也充满了期待，可惜他在性爱上不但草草了事，还根本不体贴你。之后，当你想起他时，你会快乐吗？因此我们知道，虽然我们的身体总是在活动，但是精神是不同的。斯宾诺莎说："我们并不知道能对自己的身体做什么。"我们需要一直关注自己的身体什么时候感到快乐，什么时候感到不幸福，无论精神上是否觉得幸福，只要身体上不能直接感到快乐，我们就绝对不会幸福。

痛苦
TRISTITIA

预感悲剧的苦闷的沉重

《美国悲剧》
西奥多·德莱塞

快乐和痛苦是相对的，不会有单纯的快乐，也不会有单纯的痛苦。现在的痛苦是因过去曾用快乐来粉饰，反之，现在的快乐是对过去的痛苦记忆所引起的。举个例子，无论父母多么疼爱你，一旦你与一位帅男共赴爱河，面对父母，你拥有的往往是痛苦的回忆。相反，你在过去一直被束缚在父母的权威下，直不起腰来，但雪上加霜的是，现在深陷于配偶的暴力中而痛苦地生活着。在这种情况下，毋庸讳言，你很容易想起跟父母在一起生活的快乐。一度带来快乐的女人，不知从何时起成为带来痛苦的对象，这时能带来更大快乐的女人出现了。一个名叫克莱德的男人就遇到了这样的苦恼，他与现在的女朋友罗伯达在一起的时候并不快乐，一位名叫桑德拉的女人登场，使罗伯达的角色发生了变化，沦为带来痛苦和被诅咒的对象。

如果他跟罗伯达一起乘上一只小船游玩，正在这恼人的问题折磨得他头都要爆炸的时候翻了船，这难道不是解脱的好机会吗？这个搞糟他未来、简直让人发疯的难题，不就迎刃而解了吗?! 可是，且慢！ 难道解决如此棘手的问题，就一定要犯下这骇人听闻的罪行吗？这种危言耸听的事情他不应该去想呀，这种残忍的事情……不过，如果是一场意外呢？这样的话，因罗伯达而产生的一切麻烦，瞬间不就一笔勾销了吗？之后也用不着害怕她了，她这样的障碍物消除的话，他克莱德也不会为了桑德拉而再感到惧怕和痛苦了。如果真的是这样，他目前的所有困难就这样不留痕迹地全部解决了，在他前头也就永远只有说不尽的欢乐了，只要是意外溺水事故，而不是预谋的，之后他也就前程似锦啦！

刚才我们所读的内容就是西奥多·德莱塞的小说《美国悲剧》中的一幕。主人公克莱德正在可怕地谋划着将自己一度深爱的女人罗伯达杀死，罗伯达虽然只是一位一无所有的女工，但也让曾经与之相爱的克莱德感到幸福，正如斯宾诺莎所说的那样，幸福正是与过去相比自己更加完美的感觉。既然这样，克莱德为什么不想与罗伯达走进婚姻的殿堂呢？因为对他来说，结婚是一条提高身份的捷径。罗伯达贫困交加，也是一个具有受害意识的女人，这让罗伯达很烦恼。当然，克莱德爱着罗伯达的事实也是可以肯定的，可是后来美貌和财富兼备的女人桑德拉出现了，让克莱德感到和罗伯达在一起是不幸的。但说不幸就一定是不幸吗？

实现社会地位上升的梦想的机会又一次降临到克莱德的身上，只要抓住桑德拉，他长久以来的梦想看起来就好像握在手中，这种野心的膨胀只能让他感觉到罗伯达是他社会地位上升之路的绊脚石。该怎么办呢？对正在追逐"青鸟"的克莱德来说，和桑德拉一道梦想的玫瑰色的未来，与从罗伯达那里得到的现实性稳定感相比，看起来更加有希望。与桑德拉的恋爱使克莱德被快乐的情感包围，相反，与罗伯达见面时，他好像是被推向了痛苦的边缘。此外，罗伯达的女性直觉告诉自己，克莱德在疏远她，所以她像跟踪狂一样对他紧追不放，而这使克莱德更加远离她，这一点罗伯达也非常清楚。最终，连与罗伯达见面也让克莱德痛苦不堪。

> 痛苦是一个人从较大的圆满到较小的圆满的过渡。
> ——斯宾诺莎，《伦理学》

斯宾诺莎所说的痛苦是指更多的圆满感觉过渡到更少的圆满感觉。当然我们会很努力地从越来越少的圆满感觉中脱离出来，因为人类的存在就是为了追求快乐或者幸福。于是，克莱德开始"梦想"除掉罗伯达，因为他想要幸福，而罗伯达却成了他得不到幸福的原因。一个女人曾经是快乐圆满的原因，现在沦落为痛苦的原因，这不能不说是具有悲剧色彩的。将一个好端端的女人杀死不可能逃得了干系，因此克莱德谋划着如何让罗伯达的死亡变成意外，一个谁也不会追询到自己罪责的圆满的因故死亡事件。所以如果能实现让阻碍幸福的绊脚石合法性完全消失的"梦想"，那么正如他说的那样，他也就前程似锦啦。

小说的书名就已经暗示了悲剧的影子。在我们安静地、沉重地靠近克莱德，罗伯达真的和克莱德一起坐小船时，如克莱德所料，罗伯达掉进水里淹死了。当然，克莱德在罗伯达刚刚掉进水里时，根本没有想过救她，不，准确地说，即使不是因故死亡，他也要伪装成因故死亡来除掉她，这也是他和她坐小船的目的。因故死亡事件真的发生了，克莱德没有料到悲剧结局也正向自己走来，拘捕他的司法当局做出罗伯达不是因故死亡而是他杀的判决。最后，不但克莱德一度爱过的女孩死于非命，甚至连他自己也坐上了电椅，结束了悲剧的一生。

这部小说绝对不能从世俗的角度来分析，因为现在我们还是在财富和爱情、资本和人性之间徘徊不定，但也不能说在财富和爱情中必须选择后者这种奢侈的道理，因为对生活没有着落的人来说，爱情是近似维持生计的手段，或者可以说是唯一的生存手段。在资本主义社会中，在财富和爱情中，不论选择哪一个，都无法回避悲剧。选择爱情的瞬间，两个人就已生活在不安定的环境中，若这种不安一直持续下去的话，他们的感觉与开始时相比会发生变化，从被祝福到被诅咒。可是选择金钱的瞬间，情况也不一定会变得更好，因为克莱德只能放弃罗伯达的爱情。一般来说，在选择的同时，也是在放弃。

从表面来看，克莱德好像因为桑德拉和罗伯达而烦恼，但是事实上他是因财富和爱情而苦恼。这是只有在资本主义体制下才会发生的苦恼，也许在今后一段时间里，我们会重蹈克莱德的覆辙，走克莱德走过的老路。所以在重复克莱德的矛盾和选择之前，我们必须铭记，在财富和爱情中，哪一个能带来快乐、哪一个能带来痛苦并不是问题的核心，更重要的是认识到强迫人们在两者之间做出选择的资本主义体制才是痛苦的起源。资本主义社会总是为了自己的威严而把我们扔进不稳定的生活中，因为金钱是非常清楚的，只有在这一时刻，我们才能向它低头。懦弱和稚嫩的我们会从制造悲剧的轮盘游戏中逃脱吗？也许现在德莱塞正带着痛苦的表情向我们提出这个问题。

西奥多·德莱塞

（1871—1945）

如果说约翰·斯坦贝克的小说《愤怒的葡萄》是20世纪30年代美国大萧条的真实写照，菲茨杰拉德的小说《了不起的盖茨比》是20世纪20年代美国泡沫经济时代的现实缩影，那么《美国悲剧》（1925）则是描写20世纪初急速普及的资本主义价值观如何扭曲人类精神思想领域的。

德莱塞喜爱阅读巴尔扎克和埃米尔·左拉的作品，同时也是美国文化史上自然主义文学的代表小说家。《美国悲剧》被称为美国版的《罪与罚》，在韩国也以改编电影《年轻人的良知》广为人知，受到很大的欢迎。《美国悲剧》的主人公是一位外表魅力无穷但价值观尚未确立的年轻人，作者通过他的白日梦描述了城市化加剧、社会弱势群体的生存问题、无法跟上时代变化的人类以及畸形的成功神话所导致的"美国悲剧"的发生。

在这种同情与厌恶混为一体的持续的情况中，克莱德终于下定决心，不管怎么样，他也要设法结束和罗伯达的这种关系，哪怕是把罗伯达推向死亡的边缘也在所不惜，反正他从来也没有对她说过要跟她结婚，如果她不是毫无怨言地同意放了他的话，那将会使他处于岌岌可危的处境。要知道是他先诱骗了这个姑娘，要不然，也不会产生这样麻烦的事情。突然克莱德对罗伯达重新有了一种怜悯的感觉，现在她成了绊脚石，他单方面地强烈要求分手，由于这种想法，他又深深感到自己是个狡猾、无耻、残酷的人。

作家德莱塞自己也像小说的主人公克莱德一样，反抗父亲所信仰的狭隘的天主教。虽然记者的生活枯燥无味，但以挖出事实真相的新闻文体写作形式，使他善于抓住事件的本质，由此他才对发生在美国纽约州的一起真实刑事案件的报道产生了兴趣，从而构想出《美国悲剧》的脉络。

哲学家的劝告

如果没有邂逅他人，自然也就不会产生感情。与一个人相遇，感觉生活更加充实，此时的情感可以称为快乐；反之，与一个人相遇，感觉生活一塌糊涂，此时的情感则是痛苦。当然绝对的快乐、绝对的痛苦之类的情感是没有的。我们不是永远可以被讴歌的神，而是不知何时只能消失的拥有有限生命的人类，所以对我们来说，所有的东西都是相对的、有条件的，我们的情感也是具有历史性的。维持和你不喜欢的人之间的关系，你会被痛苦的情感所支配，此时，若相对而言对你好一点的人出现，你很容易会陷入快乐的情感中。当然，你要和给你带来快乐的人在一起。与现在给你带来快乐的人相比，可能会出现比他带来更多快乐的人，这种可能性随时会发生。后者带来的快乐有多少，前者带来的痛苦就有多少。痛苦的情况也是如此，现在有给你带来痛苦的人，但出现了给你带来更多痛苦的另一个人，此时，前者在自己都不知道的情况下成为能带来快乐的人。我只能告诉大家，绝对不要错过能给你带来快乐的人，也要断然拒绝会给你带来痛苦的人，或者从他身边逃走，必须做出最佳选择。对于选择的结果，要负起责任，如果没有这样坚强的意志，我们绝对不能成为主宰自己情感的人，所以我们应该关注身边的人究竟能否给自己带来快乐。

耻 辱
VERECUNDIA

攻破瘫痪生活的

最后碉堡

《都柏林人》
詹姆斯·乔伊斯

不知从何时起，首尔站成为露宿者的固定安身之处，冬天可以避寒，夏天可以挡风，对这些露宿者来说，这里也许是他们的最后藏身之处。这些露宿者根本不在乎首尔站里来往市民的目光，也没有意识到自己的处境有多么糟糕。所以他们有时候看起来就好像冻尸和僵尸一样，从生物学的角度来看是活着的人，但从灵魂和情感方面来看，他们的人性已经被残酷地扼杀了，露宿者于自己于社会都是麻木的存在。在麻木不仁的人身上肯定不会找到自尊心，因为有自尊心的人在意识到别人的目光有所不同时，不可能不对此做出反思。当然，如果有自尊心的话，又怎么可能以露宿者的身份生活下去呢？可见，麻木不仁是一种便利的生活方式。

那么应该怎样做才能唤醒露宿者的人性，让他们复活成为有自尊心的人呢？答案可以在爱尔兰作家詹姆斯·乔伊斯的短篇小说集《都柏林人》中找到，它对人类的精神瘫痪进行了深刻的探讨。通过这部作品，作者讲述了都柏林人整体性瘫痪的现实情况，从表面来看，都柏林人看起来就像小说的主人公一样，但是小说真正的主人公是让所有居民陷入瘫痪的叫做"都柏林"的城市。其中最重要的一篇短篇小说《死者》可以说是压轴之作，也许是作者对自己将故乡都柏林描画成死气沉沉、麻木不仁，甚至连改变的出口也没有这一点感到抱歉，所以在最后的短篇小说中交代了都柏林从瘫痪之中挣脱的线索。

在《死者》中，乔伊斯提到瘫痪是指体会不到真实的感情，习惯性地过日子。为了摆脱这一点，需要将目光集中在一种情感上，这种情感就是羞耻。通过斯宾诺莎的定义，不难理解羞耻是如何成为摆脱瘫痪的契机的。

> 耻辱是从我们感觉羞耻的行为中产生的一种痛苦。相反，羞耻是畏惧或担心耻辱的一种情绪，这种情绪可以阻止人不去干某些卑鄙的行为。
>
> ——斯宾诺莎,《伦理学》

斯宾诺莎还下过这样的定义："耻辱是为我们想象着我们的某种行为受人指责的观念所伴随着的痛苦。"举个例子，当弱者阿谀奉承于强者，强者高高凌驾于弱者的时候，弱者或许因为担心自己的安危而不管恋人，此时就会受到来自他人的指责，他的身体也会因耻辱而发抖。按照斯宾诺莎所说的，耻辱是一种痛苦的感觉，人类不会乐于承受这样的痛苦，都尽可能地躲避它。人类总是倾尽所有想要拥有快乐，远离痛苦。羞耻是一种重要的情感，当我们面对耻辱不知所措时，羞耻便以恐惧和谨慎表现出来。斯宾诺莎就是以此来区别耻辱和羞耻的，耻辱是一种痛苦的情感，而羞耻就是拒绝这种痛苦情感侵袭的动力。所以，当我们感到羞耻时，其实并没有进入耻辱的状态，反而会向相反的方向发展,起到远离耻辱的作用。

具有羞耻心的人会把他人的指责第一时间拒之门外。感到羞耻时,我们不但在乎别人的目光,同时还要对自己的行为进行强烈的反思,这证明我们的精神和情感还处于鲜活的状态。但是从生活陷入瘫痪状态的人身上是无法找到羞耻二字的。下面这一段就是《死者》主人公加布里埃尔听到妻子格莉塔讲述初恋的故事时羞耻油然而生的场面。

  加布里埃尔感到丢脸,因为讽刺落了空,又因为一个在煤气厂干活的年轻人,现在又在死者的世界里,却让他的妻子难忘。他正满心都是他俩私生活的回忆,满心都是柔情、欢乐和欲望的时候,她却一直在心里拿他跟另一个人做比较。一阵对自身感到羞惭的意识袭击着他。他看见自己是一个滑稽人物,一个给姨妈们跑个腿儿、赚上一两个便士的小孩子,一个神经质的、好心没好报的感伤派,在一群俗人面前大言不惭地讲演,把自己乡巴佬的情欲当作美好的理想,他看见自己是他刚才在镜子里瞟到一眼的那个可怜又可鄙的愚蠢的家伙。他本能地把脊背更转过去一些,更多地挡住那道光,别让她看见自己羞得发烧的额头。

格莉塔的初恋情人是一个名叫迈克尔·富里的少年。少年为了等格莉塔,淋了一夜的雨,不幸染上肺炎,凄凉地离开人世。这不就是爱情吗?不顾自己,呆呆地等着所爱的人,哪个女人会忘记馈赠如此纯洁爱情的男人呢?格莉塔依然怀念那位少年是理所当然的,不,更准确地说,她的丈夫加布里埃尔忘记这种爱情的时间越长,格莉塔就越思念那位叫富里的少年。这种真切的思念表露在外的一刹那,加布里埃尔体验到无法压制的羞耻，这不只是因为嫉妒，还因为他通过妻子对迈克尔的怀念，了解到与纯真的迈克尔不同的自己是多么俗不可耐。

加布里埃尔终于觉悟到自己的堕落导致了妻子对迈克尔的思念加深，曾经纯洁地深爱过妻子的他不知道什么时候消失了，而在那段时间里，他深受都柏林的陈规陋习的侵蚀，变成了一个丑陋不堪的俗物，这一点正是让他感到羞愧的原因。不管怎样，基于这种羞耻感，现在的加布里埃尔正从束缚自己的瘫痪状态中慢慢地挣脱出来。乔伊斯对逃离瘫痪状态的加布里埃尔的样子进行了描写，让人深为感动，他还以此作为对小说的归纳和总结。

> 他想道，躺在他身边的她，是怎样多少年来在自己心头珍藏着她情人对她说他不想活的时候那双眼睛的形象。泪水大量地涌进加布里埃尔的眼睛。他自己从来不曾对任何一个女人有过那样的感情，然而他知道，这种感情一定是爱。泪水在他眼睛里积得更满了，在半明半暗的微光里，他在想象中看见一个年轻人在一棵滴着水珠的树下的身影。

在加布里埃尔真切的泪水中，我们可以想象他曾处于怎样的瘫痪状态。过去加布里埃尔没有把妻子看作一个具有自我本质的完整个体，而是一个只会做家务、需要她时能解决欲望的女人。但是现在，加布里埃尔所发现的不是妻子，而是格莉塔。对他来说，妻子是以他的意志存在的，而格莉塔是一个他人，拥有自己的过去和内在，此外，格莉塔的内在并没有像他那样深受都柏林的陈规陋习的侵蚀，而是心怀纯洁的爱情，非常高雅。加布里埃尔象征着老一套的庸俗，格莉塔则象征纯洁。在小说的这一幕中，作为把加布里埃尔从世俗劣根性中解救出来的女神，格莉塔让加布里埃尔重新认识了自己。加布里埃尔十分清楚，如果没有格莉塔，他绝对不能从都柏林的魔掌中逃脱。

詹姆斯·乔伊斯

（1882—1941）

乔伊斯离开祖国爱尔兰，辗转流浪于欧洲，在此期间，他写出《都柏林人》《青年艺术家的画像》《尤利西斯》"都柏林三部曲"，使都柏林成为文化史上的伟大城市。"都柏林是很多拥有数千年历史的欧洲首都中的一个，大英帝国的第二都市，面积几乎大于威尼斯三倍，尽管如此，至今依然没有任何一位艺术家使其名扬四海，真的是一件很奇怪的事情。"

乔伊斯的几部小说中都凝聚了自己的烦恼：对父亲的灰心，他因经济状况艰难而醉生梦死；对母亲的叛逆，她面对丈夫的暴力，凭借信仰忍气吞声；而乔伊斯本身为了从濒临崩溃的家庭，以及这种压抑的环境中挣脱出来，往返于红灯区，他感到如释重负又充满自责，这些都在小说中得到了细致入微的刻画。

特别是《都柏林人》，它细腻地描述了因"精神瘫痪"而失去人性的人们。小说《死者》的主人公加布里埃尔现在战战兢兢地担心着自己的演讲会被认为是炫耀高人一等的学问，同时也担心演讲会超出听他讲话的人们的知识水平。"但我们生活在一个充满怀疑,要是我能使用这个词的话,那就是一个饱受痛苦的时代;有时我担心,这新的一代人,这受过教育的,或者像他们现在的情况,受过太多教育的一代人,缺乏那些属于过去年代的仁爱、好客和多情多感的特有品质。"

加布里埃尔自认为是一个能对自己负责的市民,也是一个有修养的知识分子,却暴露出他是一个被狭隘思想所束缚的滑稽可笑的人,一个只关注外表的、活着的"瘫痪人"。所以作家通过加布里埃尔在镜子中的若隐若现的样子,谨慎地描绘出他的自觉的可能性。"当他经过旋转穿衣镜的时候,他看见自己的整个身影,看见他宽阔的、填得好好的硬衬胸,看见自己的脸孔,以及他亮闪闪的金丝眼镜。每当他在镜子中看见它的表情时总不免感到惑然。"

哲学家的劝告

成语"厚颜无耻"的意思是脸皮厚、不知道什么是羞耻。正常情况下,若做错了事情,至少应该因害羞而红了脸。在现实生活中,有些人即使闯了祸,或者做了不应该做的事情,也不会感到羞愧,坦荡地认为这没什么大不了的。在地铁里,看到有空位的时候,很多阿姨不顾自己庞大的身体飞奔而去,或者将自己的提包甩过去;排队时,很多上班族脸不红心不跳地插队,甚至还泰然自若地跟朋友打电话;很多人即使最后一个上电梯,导致电梯超员,也不下去。这些人当中,有的曾经是害羞腼腆的女高中生，有的曾经是见义勇为的青年志愿者。但不知从何时起，他们变成了自私自利的人，最终沦为完全只为自己而活的、不知羞耻的"老油条"。他们我行我素，从来不在乎别人的眼光，也就不会产生羞耻。我们要做到即使在别人的注目下，也觉得自己的行为无可挑剔、堂堂正正，只有在这种时候，我们才能保有自尊心或者自豪感。为了再次拥有自尊心和自豪感，首先就要知耻。那么，如何找回已经丢弃的羞耻心呢？除了顾及别人的眼光，别无他法，特别是在喜欢的人面前，这种方法更有效。女儿在身边的话，阿姨们是不会飞奔占座的；后辈在看着的时候，上班族也不会插队，不管是怎样厚脸皮的男人，在对自己有好感的女人面前，绝对不会走进已经满员的电梯。

复仇
VINDICTA

冷酷的氛围

导致万念俱灰

《冰点》
三浦绫子

"只有觉悟到自己因他人而做出很多牺牲,才会去杀人。"这是韩国诗人金秀英(音译)于1963年所写的诗《罪与罚》中的一句。决心拿起复仇之矛的人所要付出的代价是巨大的,不但有来自社会的歧视,还要受到良心上的谴责。虽然可以咬紧牙关忍受这些代价,但那种使双方以及所有人都陷于崩溃境地的复仇真的会实施吗?我们中的大部分人都会在即将实施复仇的刹那感到犹豫不决,因为一旦复仇之矛射出,一切都会发生天翻地覆的变化。有一位医生,他为人厚道,从来不做伤害他人的事情,他站在市政府前面犹豫了很长时间,准备实施一个惊人的复仇计划,而复仇的对象却是他的妻子。

站在市政府古老的门柱之前,启造又踌躇不决。"我真的会爱阳子吗?"他问自己,启造竖起大衣领子,"本意上,我是不可能疼爱阳子的。我只是想让夏枝抚养凶手的孩子。夏枝背叛我,与村井幽会,琉璃子才被人杀害,我是为了等待夏枝明白阳子的身世而痛苦的日子来临,才收养这孩子的。……难道我就不能把夏枝的不贞视为一时的过错而原谅她？是的，我本想这样做。琉璃子死后，夏枝悲伤欲绝，那时我原谅了她。但如果真正对琉璃子的死感到悲伤的话，就不会再度让村井拥抱了。……村井应该知道我多么爱夏枝，可是，村井和夏枝他们两人都背叛了我。"夏枝雪白的颈间那两块紫色吻痕，深深地刺痛了启造的心。

启造好像市政府门前的柱子一样，变得薄情寡义，沦为冷血动物，他的存在很容易让周围的气氛变得阴森冷漠。已经成为冷血动物的启造现在要以牙还牙，他要把他余下的痛苦原封不动地还给那个让他变得冷漠寡情的女人。三浦绫子的小说《冰点》是一部值得回味的小说，它揭示了一个"化学"规律：先变得无情冷漠的人，最终使旁人相互冷冻起自己的感情。医院院长启造的妻子夏枝在与一个名叫村井的年轻医生幽会，就在那一天，启造和夏枝的年幼女儿琉璃子变成了一具冷冰冰的尸体。夏枝为了能和村井尽情在一起，支开了仅三岁的女儿，任其一个人在外边玩耍。"虽然琉璃子并不是由村井和夏枝亲手害死的，但事实上和他们害死没有什么差别。"

刚开始，启造选择了原谅自己的妻子，因为他心里认为妻子只是出于一时的热情好客，粗心大意。正当他准备原谅妻子时，他的想法被无奈的事实真相撕得粉碎。女儿死后没多久，他就在夏枝的身上发现了她与村井偷吻的蛛丝马迹，在她魅力十足的后颈上非常清楚地印有紫色的瘀痕。此时，启造原谅妻子的心情一刹那冷却下来，涌上心头的是残忍的复仇之火。启造义无反顾决定复仇，他开始思索，如何让夏枝变得像自己一样铁石心肠、冷酷无情。

启造最终想到的方法不仅仅是残酷的，更是令人胆颤心寒，他计划把害死自己女儿、最终选择自杀的凶手的女儿收养在自己名下，这个孩子就是阳子。恰好在此时，不能再生育的夏枝正缠着启造，想要领养一个女孩来填补失去女儿琉璃子的感情空缺。启造等待的是，总有一天，他的妻子会知道她所养育的孩子是杀人犯的女儿，届时她也会和自己一样变成冷血动物。为了实现这个愿望，他还需要给妻子一定的时间，让她把足够的感情放在阳子身上，只有这样，妻子在知道自己所爱的阳子是杀人犯的女儿时，才能像现在的他一样，变得冷酷无情；只有这样，妻子才会了解到现在的他带着一颗冰冷的心苟延残喘地活在世上是一件多么痛苦的事情。

启造终于在市政府门前迈出了复仇的一步，办理着有关领养的手续，向妻子夏枝复仇的大门豁然打开了。这种被称为复仇的情感真的让人不寒而栗、毛骨悚然。对这种恐怖的情感，斯宾诺莎曾做过冷静的分析。

> 复仇是我们被相互的恨所激动而欲伤害那基于同样的情绪曾经伤害过我们的人的欲望。
>
> ——斯宾诺莎，《伦理学》

这个女人之所以令人生厌，是因为她留下了无法治愈的伤口。复仇是一种"对伤害过我们的人报以同样的伤害"的欲望，为此，首先灵魂要被复仇的情绪充分占有，如果不变得冷酷无情，也就是抵达"冰点"，那么就连复仇的想法也不会有，复仇的行动更无从谈起。所谓"冰点"，是指液体变为固体的温度值，作家想要通过这部小说告诉我们，不知道什么时候，人类的心脏就会变成无情的一块冰，这就是复仇之心。

为了加害于他人，就要把心变得像坚冰一样，没有一点情感，因为如果心里有一丝温柔尚存，就不可能给别人带来伤害。冰冷的心像铁块一样可以冲击他人，但不温不热的水只能弄湿别人的衣领。因此，仔细分析复仇内在的一面，为了不再受到更严重的伤害，就要唤起自我保护的本能。铁锹很容易铲进松软的土中，但在坚硬的冻土上却发挥不出作用。想要快速地平复伤口，就需要某种不让自己再受到伤害的意志。有意思的是，与"冰点"相对应的是"融点"，水在0℃结冰，冰在0℃化成水，促成复仇的冰点也可以演变为融点。

在小说的开头部分，作者给读者留下了这样的线索。

> 启造回想起"爱汝之敌人"，这是大学时代夏枝的父亲津川教授说过的话。"大家说德文难学，诊断病症也难学，我认为世界上再没有比耶稣所说'爱汝之敌人'这句话更难学的了。一般的事只要努力就能够完成，但爱自己的敌人却不是只有努力就能够做到的……"

原谅背叛自己的妻子，这才是让冷如坚冰的心灵不再冷硬下去的唯一的办法。然而如津川教授所言，原谅"不是只有努力就能够做到的"。复仇会造成一个又一个的悲惨危局，也许要经历这些危局，才能把冰点变成融点。正因如此，小说《冰点》才紧紧围绕着因冷酷锋利的伤痕而产生的复仇之心进行描述的。

三浦绫子

（1922—1999）

  三浦绫子任教小学七年，因国家的欺骗性而深感挫折：日本战败以后，三浦绫子从前的价值观完全崩溃，陷入自我怀疑之中，开始对昔日军国主义教育进行反思，于1946年辞去教师职务。婚后与丈夫一起经营一家杂货铺，生意兴隆，但因邻居家铺子的阻挠，不得不将自家铺子规模缩减，由于余下的时间比较多，于是开始文学创作。《冰点》（1964）就是在这种环境下诞生的。1964年朝日新闻社举行了"悬赏小说募集"（小说征文比赛），小说《冰点》入选，从而成为日本人气最高的畅销书。《冰点》是韩国光复以后，翻译译本最多、销售量最高的日本小说，迄今为止，数度被改编为广播剧、连续剧，在日本形成了《冰点》热潮且持久不衰。作家通过这部作品告诉读者，忘记仇恨和给予宽恕的过程是非常艰难的，同时也彰显了宽恕的伟大之处。

  如果她认为对琉璃子的死该负责任，就应该不会做出脖子上留下吻痕的事。夏枝，你这也算是琉璃子的母亲？启造想要高声质问，胸口剧痛，像是鲜血汩汩流淌着。夏枝熄灭了灯。启造在黑暗中瞪着她，刚才看到的紫色吻痕浮现在他的眼前，夏枝和村井亲热的场景仿佛历历在目，他仿佛看到夏枝的姿态妖冶、淫贱。启造落入了绝望的深渊。琉璃子被谋杀，夏枝红杏出墙，我一天到晚拼命工作是为了什么？突然他觉得一切都索然无味，毫无意义，今夜启造已没有拯救病人生命的骄傲，只觉得一切都是空虚的，夏枝的背叛掩盖了启造生活中的希望之光。

哲学家的劝告

《汉谟拉比法典》中有"以牙还牙,以血还血"之语。对我们好的人,我们回报其相应的好;对加害于我们的人,则以其人之道还治其人之身,这是千古不变的真理。但是,我们的生活却是大相径庭。对待对我们好的人,肆意任性,满不在乎;对加害于我们的人,迎合口味,百般讨好。若要贯彻和落实《汉谟拉比法典》,首先要深刻了解耶稣说的"爱汝之敌人"这句话所象征的奴役性道德。受到强者胁迫的弱者如何才能对强者做到以其人之道还治其人之身呢?只有在没有能力复仇的时候,耶稣的倾心教诲才会为我们懦弱的正当化找到说辞。"不要报复汝之仇人,而是爱汝之敌人,这是一件多么神圣而伟大的事情啊!"在听到这样的倾心教诲时,我们就会欺骗自己,似乎我们拥有可以向仇人复仇,也可以不向仇人复仇的自由和肚量。弱者放弃复仇的那一刻,就会从无法复仇于强者的自愧感中摆脱出来,爱也好,复仇也好,这些仅仅是自由的选择,或者只属于强者可以享受的欲望。弱者连原谅仇人的资格也没有,因为弱者只有成为强者,才会拥有原谅弱者的资格。虽然受到了危害,但如果懦弱得连复仇的能力也没有的话,最好是养精蓄锐,慢慢变得强大。五年也好,十年也好,不要忘记耻辱,要铭刻在心。最后,只要等到比加害于我们的人拥有绝对优势的那一天,我们才能平静做出决定,按照计划,要么进行复仇,要么选择原谅。

后记

超越善与恶。

至少这并不意味超越好与坏。

——弗里德里希·尼采

一

关于偏见，有一个陈旧的观念："因为情感是瞬间的，所以盲目追求很危险。"那么跟着感觉走真的很危险吗？的确，情感是瞬间产生又蹉跎岁月的，但仅仅因此就不跟着感觉走，那就错了。毋庸置疑，情感是生活的精髓。爱，可以说是情感的代名词，所有人都有爱上一个人的经历。

举个简单的例子，有这样一对恋人，很难知道女人为什么会爱上男人。男人并不是毕业于名牌大学，收入微薄，仅仅够家人糊口，但女人觉得只要跟他在一起就很幸福。这不是爱又是什么呢？想要跟他在一起，也只想跟他在一起，这就是一种对爱的渴求，一种坠入情网时的爱的体现。

他们也想结婚，如果不结婚，跟恋人在一起的生活是不完美的。但结婚并不容易，即使两人已经决定结婚，也难以付诸行动。他们会把结婚的消息告诉父母和朋友们，也会把爱人介绍给朋友们认识，自然见家长这一程序也是必不可少的，但父母和朋友们还是不赞成。"没有经济能力尚且不说，连最起码的生活能力也没有，还想跟他结婚？你是不是疯了？不要被瞬间的情绪所左右，好好想一想你的未来，现在看起来无所谓，但爱不会永远不变。感情会逐渐淡薄，到时候你肯定会抱怨，为什么我们会同意你嫁给他，你再好好想一想吧。"

假如因家人和朋友们的反对就放弃结婚，那么其背后真正的原因是女人觉得跟男人在一起的生活不稳定。最后她会放弃现在的感情，选择稳定的未来生活。现在，我们注意到爱情会让我们重视现在，而稳定生活会改变我们对未来的态度。为稳定生活而抹杀对现实生活的热情，为未来而牺牲现在的生活，这样真的会幸福吗？绝对不会。因为我们所想象的未来肯定是现在的延续，在即将成为现实的未来里，我们会为另一种未来而放弃现在的这一时刻。更遗憾的是，将目光放在未来而否定现在，结果还是无法避免死亡的到来，这就是残酷的现实生活，因为人的生命是有限的，所以不要把现实生活的幸福和快乐推到未来！

可见，女人的想法完全是错的，她应该跟所爱的人结婚。如果爱情在现实生活中永恒不变，那么两人的婚姻生活会充满幸福，这也是一种正确的选择。在现实生活中跟爱人相伴而眠，再一起迎接初升的太阳，这是一件多么幸福的事情啊！但爱情也会像花朵一样枯萎，会渐渐地销声匿迹，此刻，女人感觉到的不再是爱情，而是仇恨和慌张。不管是什么，这些情绪会一直束缚着她。

当爱情变成了仇恨或慌张时，与这样的人结婚就没有任何意义了。"花无十日红，此花无日不春风"，若只为怀念最好的时光而活着，人生还有什么意义呢？只追求未来和只活在过去都会使现在的生活变得贫乏无味。要谋求能释放仇恨或慌张的情绪的生活方式。不管别人如何看待，要为维护自己的感情而生活下去。实际上，要想获得充满活力的生活，就得主动地创造出与自己感情相符合的现实生活，这也是维护感情的最佳方法。当仇恨或慌张的情绪产生时，分居或离婚的情况也会随之出现。无论如何，跟一个让我们感到仇恨或慌张的人一起吃饭、睡觉，这是非常不幸的。这等同于失去追求幸福的动力，也会使我们的生活变得暗淡无光。

二

事实上，"情感是瞬间的"这句话本身就歪曲了情感的意义。情感不是永远不变的，但也不是瞬间的。情感可以持续下去。带给我们爱情的人不可能突然之间变成让我们产生仇恨的人，我们所仇恨的对象也不可能突然之间变成我们的爱人。情感像生活一样，是可以持续长久的，因此要相信情感！要尊重内心发出的情感之声，这是唯一可以让我们的生活充满活力的方法。可见，对周围的目光，需要采取任其自然、不卑不亢的态度。若你由于卑怯而不敢摘果子吃，当有人勇敢地摘吃那个果子时，你的心情肯定会不舒服，因为当你的卑怯暴露时，没有人会置之不理。

有人诅咒情感是瞬间的，目的在于否定现在，这样的人虽然活在当下，但总是追忆过去或憧憬未来，他们的行为准则是"善"（Good）与"恶"（Evil）。相反，倾听内心之声的人的行为准则是"好"（good）与"坏"（bad）。反过来讲，由于经济上的原因而放弃恋人的女人，她的行为准则不是"好"与"坏"，而是"善"与"恶"。跟一个不具备经济能力的男人结婚，对相信资本主义价值观的父母或朋友来说，就是"恶"。父母和朋友根本不考虑女人的情感，觉得她和男人生活在一起是否幸福并不重要。最令人感到悲哀的是，女人放弃了"好"，而接受了父母或亲戚所持有的价值观——"善"。她也许不知道，她放弃了作为生活精髓的情感。

简单地说，如果"善"与"恶"意味着大多数共同体成员的评判标准，那么"好"与"坏"不是某个人的评判标准，而是你的评判标准。所以尼采在叙述"善"与"恶"时，使用的是大写字母。"善"与"恶"是一种规律的象征，代表为了保障社会安全或遵守社会标准而让任何人必须遵循的绝对性和唯一性。尼采在叙述"好"与"坏"时则使用了小写字母，因为"好"与"坏"的标准和理念是因人而异的。由此可见，想要维护情感，不需要考虑"善"与"恶"，不需要看别人的眼色行事，只要区分"好"与"坏"即可。只要对方给你更强的人生意志，给你的生活增添一份活力，那就是"好"；相反，对方使你的意志更加薄弱，使你的人生暮气沉沉，这就是"坏"。

选择"好"而拒绝"坏"！选择让人生更加愉快，拒绝让人生变得忧郁！当然，有时也会拒绝"好"而选择"坏"。既然如此，为何还会发生抹杀自己情感的事情呢？原因有二，首先是直接接受父母或他人"善"与"恶"的评判标准，但本人对情感的重要性心知肚明，能够做到防患于未然。不跟着自己的感觉走，人生就不会幸福。其次，我们总是被多种多样的情感冲昏头脑。为了防止由此发生的悲剧，需要弄清楚自己的情感是快乐还是痛苦，这一点很重要。

背叛"好"与"坏"自身情感价值标准的两个原因当中，更重要的是第二个原因。比如，将怜悯误认为爱情而结婚。正如斯宾诺莎所指出的那样，怜悯是痛苦，是"坏"的情感。怜悯的对象从根本上说是给你痛苦情感的人，跟这样的人生活在一起，结果往往是不可避免的危机和悲剧。像这样完全分不清"好"与"坏"，不信任自己情感的人怎么会拒绝接受父母和社会理念呢？所以我们小心翼翼地将四十八种情感分成"好"的情感和"坏"的情感。此外，不要把"好"的情感误以为是"坏"的情感，或者将"好"的情感与"坏"的情感混淆在一起。混淆情感的人生将会一塌糊涂，最终让你变得难以相信自己的情感。有鉴于此，对于本书所介绍的四十八种情感，要做到了然于胸，只有这样，你才能对自己的情感了如指掌，当然也就拥有了判断"好"与"坏"的标准，并将这种标准贯彻到你的人生中。

三

在这本书即将完成之际，虽然有一点点失落，但心中还是充满幸福，因为与学习知识的人相比，传授知识的人总是得到得更多。我为了将自己既熟悉又陌生的四十八种情感介绍给大家，不但研究得更多，同时思考得也更深刻。在写这本书时，我并不感到寂寞，因为有伟大的哲学家斯宾诺莎和四十八位文豪，以及他们的著作与我相伴。特别是每一部伟大的作品都针对某一种特殊的情感的本质进行了深刻的描写。由此我非常感谢这四十八位文豪，是他们教会了我，让我能够了解这些情感。伟大的文学作品之所以伟大，是因为其对情感进行了细腻的描写，这也是我应该学习之处；换个角度来说，也是因为其将某种情感化为一种磁场，将所有的人物和事件固定在其中。

四十八种情感并没有排序，也没有优劣、主次之分，所有的情感都很重要。当然，不同的读者所关注的情感也不同。此刻，有的读者被嫉妒所控制，有的读者被失望所困扰，有的读者甚至正深陷于复仇之中。如果现在你是一位被某种强烈的情感所控制的读者，对于这种情感，这本书也许解释得不足，那么你需要仔细阅读有关这种情感的小说节选，那也许对你会有帮助。如果你被嫉妒控制，请阅读阿兰·罗布-格里耶的《嫉妒》；如果你陷入失望，请阅读本哈德·施林克的《朗读者》；如果你心中充满复仇之火，请阅读三浦绫子的《冰点》。阅读这些小说的过程中，你就有机会深刻地了解自己的情感。

最后，我要详细地说明一下这本书是如何诞生的。事情还要追溯到两年之前，当时我接到一个电话，打电话的人跟我素未谋面，竟然说想要见我，这个人就是本书的编辑。说真的，这位编辑很有个性，虽说是一位将近四十岁的"老姑娘"，看起来却好像是一位文学少女，她的穿着打扮与她的年龄也不相称，看起来很纯真，也可以说是很幼稚。这就是我与梁喜贞（音译）编辑的第一次会面时她留给我的印象，同时，我的心情也是非常激动的。作为哲学家，也作为人文学者，我知道我应该为读者写下一些作品，可以说我已经开始着手准备了。所以，在我与编辑交谈的时候，我的心就像大海一样汹涌澎湃，因为我又有机会学习该学的东西，写下我该写的东西。对一位寻找不到下一个旅游美景的旅行家来说，突然有人告诉他有一个地方值得一看，我想这位旅行家听到这个消息时，心情一定是很不平静的。我当时的心情也是如此。回想当时我们讨论的内容，大概就是有关情感的问题，比如说，人文学和艺术的发展动力是情感，压抑情感的社会就等同于极权主义的社会等。

是的，陷入爱情的人才能体会歌德所写的《少年维特的烦恼》，仔细阅读歌德作品的人才能深刻理解爱情的喜悦和失恋的痛苦，可见情感是人文学和艺术存在的理由，这也是我和编辑交谈之后所得出的结论。至此，才有了一系列研究各种情感的计划，当然不能随便选择，前提是这些情感必须是人类所拥有的情感。我建议编辑可以借助斯宾诺莎的理念。这一计划不但让人意兴盎然，也会让我和读者受益匪浅，最终一系列计划慢慢地走向成熟阶段。在编辑的帮助下，我不但看到了希望，同时也迎来了挑战。《中央周日》是《中央日报》的周末版，《情感管理的艺术》被隔周连载于《中央周日》的《S杂志》上，这一成果来自编辑的努力。事实上，我一直忙于写作和演讲，所以她一直担心我会延误连载的时间，但不管怎么说，她的策略成功了，连载四十五期，一次也没有拖延，顺利完成了任务。

在连载的过程中，曾经是文学少女的编辑担负了寻找有关四十八种情感的作家和作品的任务，托编辑的福，每隔一周，我都会欣赏到伟大作家的作品，这是一件多么值得感谢的好事呀！更值得一提的是，当我拒绝使用编辑选择的作品时，她并没有表示不快，甚至有时候我将她选择好的作品强加于其他的情感上时，她也没有表示出失望。因为她真正想要的不是来自我的认证，而是好的文章和好的书籍。也许现在，也就是在我写这篇后记的时候，她正在为挑选符合四十八种情感的美丽插图而竭尽全力，也为选择与这本书相匹配的封面而大伤脑筋。梁喜贞编辑就是这样的女性，比起我这个作家，更喜欢书籍。同时她清楚地知道，只有将书编辑好，才能衬托出作者的才华。我的写作已经接近尾声，身为作者的我算是完成了任务，因为我将书的封面和编辑的工作统统交给了她。我遇到了可以信赖的编辑，看来不但是我本人，连我的作品也交上了好运。